"十二五"职业教育国家规划教材

经全国职业教育教材审定委员会审定

花卉栽培

HUAHUI
ZAIPEI

第二版

周余华　居　萍　主编

化学工业出版社

·北京·

《花卉栽培》内容分为花卉生产基础、露地花卉的生产、盆花的生产、切花的生产、花卉的应用 5 个模块。花卉生产基础包括花卉生产基础理论、花卉生产技术基本技能 2 个项目，设计了花卉的识别与分类、花卉的有性繁殖、花卉的无性繁殖、花期调控 4 个任务。露地花卉的生产包括露地一二年生花卉、露地宿根花卉、露地球根花卉、水生花卉的生产 4 个项目，设计了一串红、矮牵牛、菊花、芍药、水仙花、大丽花、睡莲的生产 7 个任务。盆花的生产包括观叶盆花、观花盆花、多肉多浆植物的生产 3 个项目，设计了一品红、绿萝、蝴蝶兰、仙客来、芦荟、金琥的生产 6 个任务。切花的生产包括一二年生切花，宿根、球根切花，木本切花的生产 3 个项目，设计了切花金鱼草、切花紫罗兰、香石竹切花、切花菊、非洲菊切花、满天星切花、勿忘我（补血草）切花、月季切花的生产 8 个任务。花卉的应用包括室内盆栽花卉的应用，室内切花插花的应用，室外花卉的应用 3 个项目，设计了家庭居室的花卉应用、室内公共场所的花卉应用、插花材料的选择与造型设计、认识插花的流派与基本技法、礼仪插花与花饰设计、花坛设计与应用、花境设计与应用、花卉专类园设计与应用 8 个任务。本书配有电子课件，可从 www.cipedu.com.cn 下载使用。

　　本书适合作为高等职业院校花卉、园艺、园林相关专业的教材，也可以作为花卉生产技术人员和以花卉培育为乐趣的种植者的参考书使用。

图书在版编目（CIP）数据

花卉栽培/周余华，居萍主编. —2 版. —北京：化学工业
出版社，2016.10（2025.1重印）
"十二五"职业教育国家规划教材
ISBN 978-7-122-28009-1

Ⅰ.①花…　Ⅱ.①周…②居…　Ⅲ.①花卉-观赏园艺-职
业教育-教材　Ⅳ.①S68

中国版本图书馆 CIP 数据核字（2016）第 211558 号

责任编辑：李植峰　迟　蕾　张春娥　　　　　　　　装帧设计：史利平
责任校对：边　涛

出版发行：化学工业出版社（北京市东城区青年湖南街 13 号　邮政编码 100011）
印　　装：涿州市般润文化传播有限公司
787mm×1092mm　1/16　印张 14½　字数 354 千字　2025 年 1 月北京第 2 版第 6 次印刷

购书咨询：010-64518888　　　　　　售后服务：010-64518899
网　　址：http://www.cip.com.cn
凡购买本书，如有缺损质量问题，本社销售中心负责调换。

定　　价：32.00 元　　　　　　　　　　　　　　　版权所有　违者必究

《花卉栽培》（第二版）编写人员

主　　编　周余华　居　萍

副 主 编　李　丽　孙　燕　董　斌

参编人员　（按姓名汉语拼音排列）

董　斌（广东农工商职业技术学院）

缑艳霞（呼和浩特职业学院）

黄　敏（广东农工商职业技术学院）

居　萍（扬州职业大学）

李　丽（扬州职业大学）

祁连弟（包头轻工职业技术学院）

孙　燕（江苏农牧科技职业学院）

汤慧敏（广东农工商职业技术学院）

谢　丽（黑龙江农业职业技术学院）

张　宇（晋中职业技术学院）

赵迎春（扬州职业大学）

周余华（江苏农林职业技术学院）

前言
FOREWORD

近年来，随着居民消费能力的提高，对花卉产品的消费量不断增加，对花卉产品的多样化以及产品质量也提出了更高的要求。随之，花卉业也得到显著发展，花卉生产进入迅速扩张期，全国形成了几大花卉生产区域，花卉生产技术水平也不断升级。而随着政府相关政策的落实，以及法律法规的不断健全，花卉市场也得到有序发展。

花卉栽培是高等职业院校园林、林学及园艺专业重要的一门专业课，主要讲述花卉的分类、繁殖和培育，是一门实践性很强的课程。全国职教会议明确提出了高职高专要以培养高素质劳动者和技术技能型人才为宗旨，《花卉栽培》（第二版）即是依据这一指导思想，在第一版的基础上，打破传统技术和观念的束缚、推陈出新，着重强调以实践教学为主，在专业素质培养的基础上，加强实用技术的技能训练和操作，在内容选择和结构安排上进行了大胆的创新。本教材内容分为花卉生产基础、露地花卉的生产、盆花的生产、切花的生产、花卉的应用5个模块。花卉生产基础包括花卉生产基础理论、花卉生产技术基本技能2个项目，设计了花卉的识别与分类、花卉的有性繁殖、花卉的无性繁殖、花期调控4个任务。露地花卉的生产包括露地一二年生花卉、露地宿根花卉、露地球根花卉、水生花卉的生产4个项目，设计了一串红、矮牵牛、菊花、芍药、水仙花、大丽花、睡莲的生产7个任务。盆花的生产包括观叶盆花、观花盆花、多肉多浆植物的生产3个项目，设计了一品红、绿萝、蝴蝶兰、仙客来、芦荟、金琥的生产6个任务。切花的生产包括一二年生切花，宿根、球根切花，木本切花的生产3个项目，设计了切花金鱼草、切花紫罗兰、香石竹切花、切花菊、非洲菊切花、满天星切花、勿忘我（补血草）切花、月季切花的生产8个任务。花卉的应用包括室内盆栽花卉的应用，室内切花插花的应用，室外花卉的应用3个项目，设计了家庭居室的花卉应用、室内公共场所的花卉应用、插花材料的选择与造型设计、认识插花的流派与基本技法、礼仪插花与花饰设计、花坛设计与应用、花境设计与应用、花卉专类园设计与应用8个任务。

本书配套有丰富的立体化教学资源，可从 www.cipedu.com.cn 免费下载。

本书针对目前花卉产业的现状，以花卉、园艺、园林相关专业的学生为对象而编写，也可以作为花卉生产技术人员和以花卉培育为乐趣的种植者的参考书。

由于编者水平有限，书中难免有疏漏之处，敬请广大读者批评指正。

编者
2016 年 3 月

目录
CONTENTS

◎ **参考文献** 221

模块一 花卉生产基础

项目一 ▶▶ 花卉生产基础理论

理论一 花卉生产概述

 **学习目标** ▶▶

1. 理解花卉的含义及其在园林中的作用。
2. 了解国内外花卉生产栽培发展概况。

【相关知识】

一、花卉及花卉产业的概念

1. 花卉的概念

"花卉"是由"花"和"卉"组成,"花"是种子植物的有性繁殖器官,延伸为有观赏价值的植物,"卉"是草的总称。花卉的概念包括狭义与广义两个方面。狭义的花卉是指草本的观花植物和观叶植物。如一串红、仙客来、菊花、彩叶草等。广义的花卉是指除具有一定观赏价值的草本植物以外,还包括有观赏价值的灌木、乔木、藤本、草坪和地被植物等。如橡皮树、杜鹃、牡丹、玉兰等。

2. 花卉产业的概念

花卉产业是指将花卉作为商品,进行研究、开发、生产、贮运、营销以及售后服务等一系列活动内容的产业。花卉产业包含的内容极为广泛,例如鲜切花、盆花、种苗、种球、种子的生产;相关产品如花盆、花肥、栽培基质、各种资材的制造;花店营销、花卉产品流通、花卉装饰等售后服务工作均属于花卉产业的范畴。

二、花卉生产栽培的作用

1. 花卉在园林绿化中的作用

(1) 绿化效应 花卉是城乡园林绿化的重要材料。在园林应用中,其具有绿化、美化、彩化、香化的重要作用。花卉美丽的色彩和细腻的质感，使其形成细致的景观，常常作前景或近景，形成亮丽的色彩景观。

（2）生态效应 花卉是人工植物群落重要的组成部分，能和树木配合产生较好的生态效应，从而改善和保护环境。花卉能调节空气的温度、湿度，吸收有害气体和烟尘，防止水土流失，调节生态平衡。

2. 花卉在文化生活中的作用

（1）能充实人们的文化生活 随着社会的进步和人民生活水平的不断提高，花卉已经成为现代人生活中的消费品之一，用花卉美化环境早已成为一种时尚。

（2）花卉文化的象征意义 从古至今，很多文人墨客在种花赏花的同时，常将花作为吟族作画的题材，并赋予其深刻寓意。如"欺霜傲雪"的梅花，其铮铮铁骨的精神影响着一代又一代炎黄子孙。而"国色天香"的牡丹花，其雍容华贵、端庄富丽的气质激励着每一位中国人不断地努力，使我们的生活富贵安康。因此，我们已不能仅仅是简单地感知花卉形态上的特质，也要从古人留下的财富中去探讨花卉与文化、经济及环境之间的联系。

（3）花卉语言 每种花都有特定的语言，如"玫瑰花"其世界通用语言即是"爱情"，因此在"情人节"玫瑰是表达爱情的礼物；探访病人可以送康乃馨等。各国有特定的国花，甚至各省市都有自己的省花和市花。我国是一个多民族的国家，每个民族赋予花卉的语言也不尽相同。

3. 花卉在经济上的作用

（1）繁荣市场 花卉作为商品，其本身就具有重要的经济价值，花卉业是农业产业的重要组成部分，花卉业的发展带动了诸如基质、肥料、农药、容器、包装和运输等许多相关产业的发展。如盆花生产、鲜切花生产、种子、球根和花苗等的生产，其经济效益远远超过一般的农作物、水果和蔬菜。鲜切花一般每公顷产值在 15 万～45 万元以上，春节盆花一般在 45 万～75 万元以上，种苗生产的效益会更高。甚至有些地区已经把花卉苗木发展成当地的支柱产业之一。

（2）花卉出口 花卉可以出口换取外汇，如我国的漳州水仙、兰州百合、云南山茶、菊花、风信子、香石竹；荷兰以出口郁金香、风信子等球根花卉为主；新加坡和泰国以培植和出口热带兰花为主。在我国花卉业现已成为高效农业之一。

（3）其他用途 许多花卉除具有较高的观赏价值以外，还具有药用、香料和食用等多种实用价值，这些常常是园林绿化结合生产，从而取得多方面综合效益的重要内容。

三、花卉栽培简史

1. 我国丰富的花卉资源

我国是世界上花卉种质资源丰富的宝库之一。已栽培的花卉植物，初步统计约有 113 科 523 属，达数千种之多，其中将近 100 属半数以上的种均产于我国。

有些属我国所产种数虽不及半数或更少，但却具有极高的观赏价值，如乌头属、紫菀属、七叶树属、小檗属、醉鱼草属、苏铁属、独蒜兰属、万年青属、蔷薇属、雀梅藤属、景天属、瑞香属、卫矛属、龙胆属、金丝桃属、楼斗菜属、紫金牛属、银莲花属、冬青属、凤仙花属、百合属、忍冬属、木兰属、绣线菊属、芍药属、野茉莉属等。这些属中有一些种或是常见常栽或是具观赏潜势尚待开发利用。

很多西方国家庭院中都引种、培育有中国原产的花卉，如许多蔷薇类育成品种中都含有月季花、香水月季、玫瑰、木香花、黄刺玫、峨嵋蔷薇的"血统"；茶花类如山茶花变异性强，云南山茶花大色艳，两者进行杂交也培育了许多新品种。西方栽培的观赏树木，如银杏、水杉、珙桐、玉兰、泡桐以及松柏类，全部或大部分来自中国；花灌木类如六道木、醉鱼草、小檗、枸子、连翘、金缕梅、八仙花、山梅花、火棘、杜鹃花、绣线菊、紫丁香、锦带花等属，草本花卉如菊花、萱草、乌头、射干、百合、飞燕草、石竹、报春花、龙胆、绿绒蒿、翠菊、虎耳草属中都有一些种为世界各地引种或作为杂交育种的亲本。

2. 我国花卉栽培史

我国的花卉栽培历史悠久。公元前11~7世纪西周的著作《周礼·天官·大宰》中出现了"园圃毓草木"的诗句，说明人们已经在园圃中培育草木了。春秋时代已有栽植观赏山茶与海棠的记载。秦汉时代王室贵族如汉成帝在都城长安兴建上林苑，不仅栽培露地花卉，还建有保温设施，种植各种热带、亚热带观赏植物达2000余种。西晋时代稽含的《南方草木状》，记载两广和越南栽培的园林植物如茉莉、菖蒲、扶桑、刺桐等80种。东晋陶渊明诗集中著有"九华菊"品种名，还有芍药开始栽培的记载。唐代花卉事业繁盛，花卉种类和品种不断增加，出现了王芳庆的《园庭草木疏》、李德裕的《平泉山居草木记》等著作。宋代的花卉栽培有了长足的发展，其中代表性的花卉的著作有王观的《芍药谱》、刘蒙的《菊谱》、王学贵的《兰谱》等。元代，战争频繁，花卉栽培衰落。明代，造园栽花之风渐盛，明代后，花卉栽培开始了商品化生产。清代前期花卉园艺亦颇兴盛，出现了许多系统论述花卉分类、栽培的专著，如赵学敏的《凤仙谱》、评花馆主的《月季花谱》、陈淏子的《花镜》等。民国时期花卉栽培事业虽有发展，但专业书刊出版亦少。1949年后，花卉园艺事业恢复，但在20世纪60年代初期，又曾一度中断，直至1978年实行改革开放政策以后花卉事业又得到恢复并不断发展，逐渐成为农业产业结构调整的重要措施，同时国内外交流频繁，大量引入花卉栽培品种和技术，各项工作全面展开，生产快速发展，产品结构不断丰富，花卉市场逐步繁荣。

四、我国花卉栽培现状

1. 发展中成长

（1）花卉生产面积、产值继续增长　据统计，截至2013年，全国花卉种植面积达122.71万公顷，销售额达到1288.11亿元，出口创汇6.46亿多美元。花卉面积增长较快的地区有江苏、河北、云南、河南、福建等地。

（2）出现了区域化布局　目前基本形成了四大生产区域，即：以云南、北京、上海、广东、四川、河北为主的切花生产区域；以江苏、浙江、四川、广东、福建、海南为主的苗木和观叶植物生产区域；以江苏、广东、浙江、福建、四川为主的盆景生产区域；以及以四川、云南、上海、辽宁、陕西、甘肃为主的种球（种苗）生产区域。传统产区进一步巩固和发展优势品种，如河南鄢陵腊梅、洛阳牡丹，福建漳州水仙花。另外，一些地方根据市场需求，大力发展特色品种，如有些地方一村一品。

（3）品种和技术得到广泛应用与推广　各地根据市场需求，加大新品种选育、引进和推广力度，如引进的国外优良品种有美女樱、多头小菊、郁金香等，自育成的新品种如早小菊等，抗逆性强，有利于园林绿化。与此同时，各地也注重提高花卉产品的科技含量，加大技术培训力度，提高花农的整体素质。花卉的技术研究也有了新的进展，如针对南北不同气候，对生态优质盆花和种苗生产技术研究获得新成果，保证"南花北调"和"北花南调"。另外，无土栽培、组培快繁及苗木脱毒技术也在花卉生产中得到应用。

（4）市场活跃，进出口贸易保持平稳　花卉出口主要集中在广东、浙江、山东、云南、福建、上海，占80%，品种主要有传统名花：牡丹、国兰、水仙、荷花等。

2. 花卉栽培存在问题

我国花卉栽培存在生产水平较低、信息不畅、产销脱节、科研相对滞后，以及进口冲击较大和出口增长较慢等问题。针对这些问题，我们首先应该认识到这是我国花卉栽培生产发展到一定阶段的必然结果。但着眼未来，我国花卉生产仍有许多有利条件：其一是我国是世界花卉原产地之一，有着丰富的种质资源；其二是幅员辽阔，气候带广，是花卉生长最佳区域或适宜区域，具有较强的生态资源优势；其三是劳动力资源丰富，花卉产品成本较低，具有较强的价格优势；四是随着我国国民经济的持续发展，节日庆典消费和集团消费将不断增加，市场十分广阔；五是我国加入WTO以后，为花卉的出口创汇提供了良好的机遇。

五、我国花卉发展对策

1. 指导思想

以市场为导向，以社会化服务为手段，依靠科技进步，调整和优化产业布局和结构，大力实施优质名牌战略，积极推进市场体系建设，努力提高集约化水平和整体素质。今后几年重点是稳定面积，主攻质量，增加效益。

2. 强化政府职能，加强宏观指导

进一步强化政府职能，建立和健全有关花卉产业方面的政策法规，鼓励其他行业向花卉业发展。加强品种资源保护、新品种开发专利、投资税收、进出口贸易、产品价格等方面的研究，提出相应的政策措施。加快花卉质量标准的制定步伐，认真执行全国花卉产业统计报表制度。

3. 加大市场开拓力度，建立健全市场体系

加强市场建设与管理，统一规划，逐步完善销售体系，不断提高产品的市场竞争力。

4. 加强基地建设，夯实产业基础

加强育种、良种繁育、良种生产、科研示范、市场示范等基地的建设，在基地上运用高科技，集中力量进行协作攻关，提高花卉质量，提高生产和销售水平，带动整个花卉产业发展。积极引导企业投资规模化、集约化和专业化的生产基地；加强企业承建和企业经营。

5. 加大科技兴花力度，调整和优化品种结构

花卉作为技术密集型产业，必须加大科技兴花力度，不断提高产品的科技含量，从而提高产品质量和市场竞争力。明确主攻方向，集中科研力量，搞好协作攻关，加强技术示范和推广。加强我国花卉种质资源保护，科学开发利用优良的花卉种质资源，运用先进的育种技术，培育具有自主知识产权的名、特、优花卉新品种。

6. 积极推进花卉产业化，提高产品出口创汇的能力

通过产业化经营，把生产、加工、运输、销售组成有机整体，形成产加销一条龙、贸工农一体化，提高综合效益。进一步促进花农与企业联合，切实改变一家一户的生产方式，规模生产，降低生产和经营成本，共同开拓市场和抵抗市场风险。通过产业化经营，努力提高产品出口创汇能力。

六、国外花卉栽培现状与发展趋势

1. 世界花卉生产的特点

（1）花卉生产区域化、专业化　在最适宜地区生产最适宜的花卉，以收事半功倍之效。如荷兰主要生产香石竹、郁金香和月季花，哥伦比亚主要生产香石竹、月季花、大丽花，以色列主要生产月季花、香石竹，日本为百合花和菊花，丹麦为观叶植物。这样既有利于栽培技术的提高，也便于商品化生产。以以色列为例，花卉企业大多能根据自身条件及特点，结合市场需求，专业主攻1~2种花卉，这种专业化能比较有效地集中技术力量进行专项研究，为保证产品质量奠定了坚实的基础，更好地创造自己的品牌和提高信誉，且提高了产品在世界上的知名度。花卉生产的规模化，可以有效地形成周年生产，方便管理，利于产品分级包装、运输以及进行质量监督。

（2）生产现代化　耕作灌溉和化肥农药撒布均实行机械化，栽培环境能自动调控，可适应植物的要求，充分利用空间采取立体种植等。

（3）产品优质化　引种各种良种，运用选育手段使生产的种和品种保持优质，保证纯正，不断更新，从而使产品常处在畅销不衰的地位。

（4）生产、经营、销售一体化　鲜花是生活的有机体，为了保持新鲜状态，应减少中间环节，尽快到达消费者手中。所以必须使栽培、采取、整理、包装、贮藏、运输和销售等各个环节紧密配合，形成一个整体，以减少可能发生的损失。

（5）花卉的周年供应　花卉消费虽然因季节不同而有差异，节假日一般会出现旺销，但平时也有各种不同的需要，因此，作为销售者应时时备有各种不同种或品种的花卉，以满足不同消费者的不同需求。

2. 世界花卉生产发展趋势

（1）切花市场逐年增加　国际市场对月季花、菊花、香石竹、满天星、唐菖蒲、六出花以及相应的配叶植物，还有球根类的种球、小型盆景和干花的需求有逐年增长的趋势。

（2）观叶植物发展迅速　随着城镇高层住宅的普建，室内装饰要求的提高，室内观叶植物逐渐受到人们的喜爱。这类植物属喜荫或耐荫的种类，常见栽培的如豆瓣绿、秋海棠、花烛、姬凤梨、绿萝、吊兰、朱蕉、花叶芋、龟背竹、玉簪、鸭跖草、文竹、肖竹芋、竹芋等。

（3）转移基地，扩大生产面积　随着花卉需要量的增加，世界花卉栽培面积也在不断扩大。如2009年荷兰花卉生产面积26908hm²，为了降低生产成本，生产基地正向世界各处转移。如哥伦比亚、新加坡、泰国等已成为新兴的花生产和出口大国。

（4）野生花卉的引种　为了丰富花卉的种类，通过种质资源的调查，将观赏价值高的花卉或直接引种栽培，或用作育种亲本，这是一种培育新种的既快又好的方法。

（5）研究培育开发新品种　利用各种有效的手段，培育生产型的新品种，如适于露地栽培或是适于促成栽培的，适于切花用或是适于盆栽的，常见花色或是稀有花色，大花型或是小花型等，以满足不同的要求。以色列有庞大的农业科研机构，仅国家农科院有博士学位以上的科研人员就达300多人。其下属的花卉系有50人，主要从事花卉育种、引种和植物生理研究。在育种上的研究有转基因技术、杂交和花粉保存等；在引种上，一是派专门人员到各地搜集资源，二是与各国合作进行科研开发，共享成果。在植物生理研究上，创造了世界一流的全电脑人工控制气候模拟室，为花卉生产特别是反季节花卉的生产创造了条件。在植物栽培技术上，采用无土栽培和滴灌技术，所有灌溉都采用计算机控制。以色列还研究出世界一流的采后贮藏保鲜技术，同时通过科技力量改变产品品种以适应市场，3～5 年更新品种一次，而个别品种如康乃馨则基本上每年更换一次。

【思考与练习】

一、名词解释

花卉、花卉产业。

二、问答题

1. 如何理解花卉生产栽培的含义？
2. 国内外花卉发展的现状有哪些特点？

理论二 花卉与环境

 学习目标 ▶▶

1. 了解花卉发育与环境因素之间的关系。
2. 掌握花卉生长发育对环境的需求。

【相关知识】

一、温度

1. 温度与花卉的生长发育

① 温度三基点 温度是影响花卉生长发育最重要的环境因子之一，它们之间的关系也最为密切，因为温度影响着植物体内的一切生理变化。每一种花卉的生长发育，对温度都有一定的要求，都有温度的"三基点"，即最低温度、最适温度和最高温度。花卉种类不同，原产地气候型不同，温度的"三基点"也不同（表 1-1）。

表 1-1 主要花卉的最适温度

种类	最适温度/℃		种类	最适温度/℃	
	白天	夜间		白天	夜间
杜鹃	17～27	13～18	百日草	16～23	13～18
凤仙花	18～23	13～18	天竺葵	16～18	13～16
康乃馨	19～22	10～12	铁炮百合	18～21	16～18
花叶芋	27～29	21～24	八仙花	18～20	13～16
长寿花	21	16	碧冬茄	15～21	10～16
荷包花	12～15	9～10	月季	21～24	16～17
菊花	18～20	16～17	三色堇	8～13	5～10
金鱼草	16～18	10	倒挂金钟	18～24	13
一串红	16～23	13～18	一品红	24～25	16～17
仙客来	16～20	10～16	万寿菊	16～23	13～18
瓜叶菊	15～18	10～15	飞燕草	9～15	4～10

原产热带的花卉，生长的基点温度较高，一般在 18℃ 开始生长。如热带水生花卉王莲的种子，需在 30～35℃ 水温下才能发芽生长；仙人掌科的蛇鞭柱属多数种类则要求在 28℃ 以上的高温才能生长。

原产温带的花卉，生长基点温度较低，一般在 10℃ 左右就开始生长。如原产温带的芍药，在冬季低于 -10℃ 条件下，地下部分不会枯死，次春 10℃ 左右即能萌动出土。

原产亚热带的花卉，其生长的基点温度介于以上两者之间，一般在 15～16℃ 开始生长。生长最适温度，是在这个温度下，不仅生长快，而且生长健壮、不徒长。

② 温度与花卉生长发育　温度影响各种花卉生长发育的每一过程和时期。如种子或球根的休眠、茎的伸长、花芽的分化和发育等。同一种花卉的不同发育时期对温度有不同的要求。以一年生花卉来说，种子萌发可在较高温度下进行，幼苗期间要求温度较低，但从幼苗到开花结实阶段，对温度的要求逐渐增高。二年生花卉种子的萌芽在较低的温度下进行，在幼苗期间要求温度更低，否则不能顺利通过春化阶段，而当开花结实时，则要求稍高于营养生长时期的温度。栽培中为使花卉生长迅速，最理想的条件是昼夜温差要大，白天温度应在该花卉光合作用的最佳温度范围；夜间温度应尽量在呼吸作用较弱的温度限度内，以得到较大的温差，使积累的有机物质更多，才能生长更迅速。

2. 温度与分布

不同气候带分布着不同的花卉。如气生兰类主要分布在热带、亚热带；百合类绝大部分分布在北半球温带；仙人掌类大多数原产于热带、亚热带干旱地区的沙漠地带或森林中。不同的海拔高度也分布着不同的花卉。著名的高山花卉如雪莲、各种龙胆、绿绒蒿、杜鹃、报春等分布在高海拔地区。有些广泛分布的品种，如龙芽菜可在多种海拔高度出现，既生长于华东浙江天目山下，也常出现于华北的一些山地中。

由于不同气候带，气温相差甚远，花卉的耐寒力也各不相同，通常依据耐寒力的大小可将花卉分成如下三类。

（1）耐寒性花卉　如原产于温带及寒带的二年生花卉及宿根花卉，抗寒力强，在我国寒冷地区能在露地越冬，一般能耐 0℃ 以上的温度，其中一部分种类能忍耐 -5～10℃ 以下的低温。在南京如三色堇、诸葛菜、金鱼草等能在露地越冬。多数宿根花卉如蜀葵、玉簪等，当冬季严寒到来时，地上部分全部干枯，到翌年春季又重新萌发新芽而生长开花。二年生花卉在生长时期不耐高温，在炎夏到来之前完成其结实阶段而枯死。

（2）半耐寒性花卉　这一类花卉多原产于温带较暖处，耐寒力介于耐寒性与不耐寒性花卉之间，在北方需防寒才可越过冬季。如金盏菊、紫罗兰等，通常在秋季露地播种育苗，在早霜到来前移于冷床（阳畦）中，以便保护越冬，待春季晚霜过后定植于露地，此后在春季冷凉气候条件下迅速生长开花，在初夏较高温度中结实，夏季炎热时期到来后死亡。

（3）不耐寒性花卉　一年生花卉及不耐寒的多年生花卉属此类，多原产于热带及亚热带，在生长期间要求高温，不能忍受 0℃ 以下的温度，其中一部分种类甚至不能忍受 5℃ 左右的温度，在这样的温度条件下植物停止生长甚至死亡。因此，这类花卉的生长发育能在一年中无霜期内进行，在春季晚霜过后开始生长发育，在秋季早霜到来时死亡。

3. 温度与花卉开花

植物形成茎叶，不断进行营养生长的时候，如果遇到一定的温度就会诱导花芽形成。有些种类温度是直接诱导成花的因子，有些种类温度和光相对活动诱导成花。植物对昼、夜最适温度的要求，是植物生活中适应温度周期性变化的结果，即季节变化和昼夜变化。这种周期性变温环境对许多植物的生长和发育是有利的，而不同气候型植物，其对昼夜的温差也不相同，一般热带植物的昼夜温差为 3～6℃，温带植物为 5～7℃，沙漠地区原产的植物，如仙人掌类则为 10℃ 或以上。当然昼夜温差也有一定范围，并非温差愈大愈好，否则对生长也不利。

温度对花卉的花芽分化和发育有明显的影响，如前所述，春化阶段的通过是花芽分化的前提，但通过春化阶段以后，也必须在适宜的温度条件下花芽才能正常分化和发育（表 1-2）。花卉种类不同，花芽分化和发育所要求的适温也不相同，大体上有以下两种情况。

表 1-2　生长开花与温度及日长的关系（鹤岛久男，1996）

种类	适当的夜间温度/℃		长日的影响	短日的影响
	生育	开花		
翠菊	10～16	长日下与温度没关系，其他21～32℃开花提前	茎秆长高，开花推迟	幼苗莲座化低，开花变早，株矮
杜鹃花	13～18	21～32℃蕾发育，4.5～12.5℃发育	促进开花	花蕾变多
四季海棠	13～18	21℃以下	发育提早	生育推迟
三角花	15.5～21	不明	着蕾变少	着蕾增加
荷包花	7.5～15	7.5～18.5	促进开花，但花茎瘦弱	抑制开花
康乃馨	7～13	7℃以上	开花提早，茎弱，花茎变小	—
仙人指	13～24	13～18	无关系	17～18℃花芽形成
秋菊	7～18	16℃以上	妨碍花芽形成	形成花芽
茼蒿菊	10～16	不必要	促进花芽形成	形成花芽
瓜叶菊	7.5～15	18℃以下	促进开花但花茎瘦弱	推迟开花
香雪兰	16～18	不明	开花减少	开花增多
唐菖蒲	13～18	没必要	育花减少	育花增加
天竺葵	10～11	不明	生育变弱	生育旺盛
八仙花	13～18	18℃以下	促进生长但变软弱	没关系
古代稀	13～18	不明	促进花蕾发育	推迟发育
荷兰鸢尾	8～13	—	提早开花	推迟开花
长寿花	10～21	不明	营养生长变旺	促进花芽形成
天竺葵	10～16	16℃	—	—
碧茄冬	13～24	20～24℃	17～18℃形成花芽	17～18℃抑制花芽
一品红	13～18	15～18℃	妨碍花芽形成	促进花芽形成
樱草	10～16	长日下16℃以下	16℃以上妨碍花芽形成	促进花芽形成
月季	15～18	无关系	生长提早，茎变弱	生长推迟
一串红	13～24	13～16℃	16℃以下抑制开花	16℃以上促进开花
蛾蝶花	8～13	不明	促进花蕾发育和开花，但花茎长而弱	生育降低，抑制发蕾
非洲紫罗兰	16～21	无关系	生长早	生长迟
金鱼草	7～13	无关系	株矮，茎变弱	茎变长但健壮

续表

种类	适当的夜间温度/℃		长日的影响	短日的影响
	生育	开花		
紫罗兰	7～16	18℃以下	花芽发育早茎变弱	推迟生长
香豌豆	7～16	无关系	提早生长，提早开花	生长开花推迟
三色堇	8～13	不明	花径小，茎长花数多，开花也早	茎健壮且多

（1）在高温下进行花芽分化 许多花木类如杜鹃、山茶、梅、桃、樱花和紫藤等都在6～8月份气温高至25℃以上时进行分化，入秋后，植物体进入休眠，经过一定低温后结束或打破休眠而开花。许多球根花卉的花芽也在夏季较高温度下进行分化，如唐菖蒲、晚香玉、美人蕉等春植球根于夏季生长期进行，而郁金香、风信子等秋植球根是在夏季休眠期进行。

（2）在低温下进行花芽分化 许多原产温带中北部以及各地的高山花卉，其花芽分化多要求在20℃以下较凉爽的气候条件下进行，如八仙花、卡特兰属和石斛属的某些种类在低温13℃左右和短日照下促进花芽分化，许多秋播草花如金盏菊、雏菊等也要求在低温下分化。

温度对于分化后的花芽发育有很大的影响，荷兰的 Blaauw 和一些共同研究者在"温度对几种球根花卉花芽发育的影响"研究中，认为花芽分化以高温为最适温度的有郁金香、风信子、水仙等（见表1-3）。花芽分化后的发育，初期要求低温，以后温度逐渐升高能起促进作用，此时的低温最适值和范围因花卉种和品种不同而异，郁金香为2～9℃、风信子为9～13℃、水仙为5～9℃，必要的低温时期为6～13周。

表 1-3 在促成半促成栽培中主要球根的温度处理（鹤岛久男，1996）

种类	栽植期/月份	温度处理			备注
		打破休眠效果	促进开花效果	开始低温处理	
铁炮百合	10 11～3	低温处理前用45℃温水浸60min	10℃ 45天 8℃ 45天	6月下旬 7月中旬至8月下旬	低温处理预冷较好
透百合	11～12 1～2	处理前用45℃温水浸30～40min	5℃ 45～50天	8月下旬 9月上旬	
喇叭水仙 大杯水仙	12～1 1～2	高温处理30℃	3℃ 45～50天	8月中下旬 8月下旬至9月中旬	
郁金香	12 1～2	32℃ 4～7日	5℃ 40～45天	8月下旬 9月下旬	根据品种处理，温度稍有不同也必须预冷
香雪兰	12 1～2	高温和熏烟处理	10℃ 33～35天 10℃ 30天	9月上旬 9月下旬	
鸢尾	12	熏烟处理3天	8～10℃ 45天	8月上旬	根据品种处理，温度、天数稍有不同

4. 温度与花色

温度是影响花色的主要环境条件，有很多花卉，特别是温度和光强作用，对它们的花色有很大的影响，随着温度的升高和光强的减弱，花色变浅，如落地生根属和蟹爪属，尤其是落地生根的品种，对不适环境条件的反应非常明显，有些品种在弱光、高温下所开的花，几乎不着色，有些品种的花色变浅，但仍很鲜艳。产生这些现象的原因目前还不清楚。

原产墨西哥的大丽花，如果在暖地栽培，一般炎热夏季不开花，即使有花，花色也暗淡，至秋凉后才变得鲜艳，而在寒冷地区栽培的大丽花，盛夏也开花。月季的花色在低温下呈浓红色，在高温下呈白色。

二、光照

阳光是花卉赖以生存的必要条件，是植物制造有机物质的能量源泉，它对花卉生长发育的影响主要表现在三个方面，即光照强度、光照长度和光的组成。

1. 光照强度

光照强度常依地理位置、地势高低以及云量、雨量的不同而有变化，其变化是有规律性的：随纬度的增加而减弱，随海拔的升高而增强。光照强度不仅直接影响花卉光合作用的强度，而且还影响到一系列形态和组织上的变化，如叶片的大小和厚薄、茎的粗细、节间的长短、叶肉结构以及花色浓淡等。另外，不同的花卉种类对光照强度的反应也不一样，多数露地草花，在光照充足的条件下，植株生长健壮，着花多，花也大；而有些花卉，如玉簪、万年青等在光照充足的条件下生长不良，在半荫条件下就能健康生长。因此，常依花卉对光照强度要求的不同分为以下几类。

（1）阳性花卉　该类花卉必须在完全的光照下生长，不能忍受荫蔽环境，否则生长不良。原产于热带及温带平原上、高原南坡上以及高山阳面岩石的花卉均为阳性花卉，如多数露地一二年生花卉及宿根花卉、仙人掌科、景天科等多浆植物。

（2）阴性花卉　该类花卉要求在适度蔽荫下才能生长良好，不能忍受强烈的直射光线，生长期间一般要求有50%～80%荫蔽度。它们多生于热带雨林下或分布于林下及阴坡，如蕨类植物、兰科植物、凤梨科、姜科、天南星科以及秋海棠科等植物都为阴性花卉。许多观叶植物也属于此类。

（3）中性花卉　该类花卉对于光照强度的要求介于上述两者之间，一般喜阳光充足，但在弱荫条件下生长也良好，如萱草、耧斗菜、桔梗等。

一般植物的最适需光量大约为全日照的50%～70%，多数植物在50%以下的光照时生长不良。就一般植物而言，2000～4000lx即可达到生长、开花的要求。在夏季各月的平均照度可达50000lx，一半的照度即为植物所需要的最适照度，过强的光照会使植物的同化作用减缓。当日光不足时，因同化作用及蒸发作用减弱，植株徒长，节间延长，花色及花的香气不足，分蘖力减弱，且易感染病虫害。

光照强弱对花蕾开放时间也有很大的影响。酢浆草必须在强光下开花，紫茉莉、晚香玉在傍晚时盛开且香气更浓，昙花更需在夜间开花，牵牛只盛开于每日的晨曦中，而大多数花卉则是晨开夜闭。

光照强度对花色也有影响，紫红色的花是由于花青素的存在而形成的，花青素必须在强光下才能产生，在散光下不易产生，如春季芍药的紫红色嫩芽以及秋季红叶均为花青素的颜色。花青素产生的原因除受强光影响外，一般还与光的波长和温度有关。春季芍药嫩芽显紫红色，这与当时的低温有关，白天同化作用产生的碳水化合物，由于春季夜间温度较低，在转移过程中受到阻碍，滞留于叶中而成为花青素产生的物质基础。

光照强弱对矮牵牛某些品种的花色有明显影响，Harder等的研究指出，具蓝和白复色的矮牵牛花朵，其蓝色部分和白色部分的比例变化不仅受温度影响，还与光强和光的持续时间有关，用不同光强和温度共同作用的实验表明：随温度升高，蓝色部分增加；随光强增大，则白色部分变大。

2. 光照长度

光照长度是每一种植物赖以开花的必需因子，但除开花以外，植物的其他生长发育过程，如植物种类的分布、植物的冬季休眠、球根的形成、节间的伸长、叶片的发育以及花青素的形成等都与光照长度有一定的关系。

日照长度与植物的分布：日照长度的变化随纬度而不同，也必然与植物的分布有关。在低纬度的热带和亚热带地区（赤道附近地区），由于全年日照长度均等，昼夜几乎都为12h，所以原产于该地区的植物必然属于短日照植物；偏离赤道南北较高纬度的温带地区夏季，日照渐长而黑夜缩短，冬季日照渐短而黑夜渐长，所以原产该地区的植物必然为长日照植物。也就是说，长日照植物仅分布在南温带和北温带，而短日照植物常分布于热带和亚热带。

常依据植物对日长条件的要求划分为长日照植物、短日照植物和中性植物。每天日照长度超过12h的为长日照植物，不足12h的则为短日照植物。

（1）长日照植物　这类植物要求较长时间的光照才能成花。一般每天有14～16h的日照时，可以促进开花，若在昼夜不间断的光照下，则有更好的促进作用。相反，在较短的日照下，便不开花或延迟开花。二年生花卉秋播后，在冷凉的气候条件下进行营养生长，在春天长日照下迅速开花。瓜叶菊、紫罗兰于温室内栽培时，通常7～8月份播种，早春一二月便可开花，若迟至九十月播种，在春季长日照下也可开花，但因植株未能充分成长而变得很矮小。早春开花的多年生花卉，如锥花福禄考若在冬季低温条件下满足其春化要求，也能在春季长日照下开花。

（2）短日照植物　这类植物要求较短的光照就能成花。在每天8～12h的短日照条件下能够促进开花，而在较长的光照条件下便不能开花或延迟开花。一年生花卉春天播种发芽后，在长日照下生长茎、叶，在秋天短日照下开花繁茂。若春天播种较迟，当进入秋天后，虽植株矮小，但由于在短日照条件下，仍如期开花。如波斯菊通常4月份播种，9月中旬开始开花，株高可达2m；如迟至六七月份播种，至9月中旬仍可开花，但株高仅为1m。

秋天开花的多年生花卉多属短日照植物，如菊花、一品红等在短日照条件下才能开花，因此，为使它们在"十一"国庆节开花，必须进行遮光处理。

（3）中性植物　这类植物在较长或较短的光照下都能开花，对于光照长短的适应范围较广，大约在10～16h光照下均可开花。这类花卉有大丽花、香石竹、扶桑、非洲紫罗兰、花烟草、非洲菊等。

植物的春化作用和光周期反应两者之间有着密切的关系，既相互关联又可相互取代。许多春化性植物，往往对光周期反应也很敏感，不少长日照植物，如果在高温下，即使在长光照条件下也不会开花或大大延迟花期，这是由于高温"抑制"了长光照对发育影响的缘故。

一般在自然条件下，长日和高温（夏季）、短日和低温（冬季）总是相互伴随着。另外，短日照处理在某种程度上可以代替某些植物的低温要求；在某些情况下，低温也可以代替光周期的要求，因此应当把光周期和温度因子结合起来进行分析。

日照长度还能促进某些植物的营养繁殖，如某些落地生根属的种类，其叶缘上的幼小植物体只能在长日照下产生，虎耳草腋芽发育成的匍匐茎，也只有在长日照中才能产生。另外，长日照还能促进禾本科植物的分蘖，短日照能促进某些植物块茎、块根的形成和生长，如菊芋块茎的发育是在短日照中发生的，于长日照下只在土层下产生匍匐茎，并不加粗。反之，在短日照下匍匐茎会膨大形成块茎。大丽花块根的发育对日照长度也很敏感，某些在正常日照中不能很快产生块根的变种，经短日照处理后也能诱导形成块根，并且在以后的长日照中也能继续形成块根。具有块茎类的秋海棠，其块茎的发育也为短日照所促进。日照长度对温带植物的冬季休眠有着重要的意义和影响：短日照通常促进休眠，长日照通常促进营养生长。因此，休眠能够在短日照处理的暗周期中间，曝以间歇光照，从而获得长日照效应。

3. 光的组成

光的组成是指具有不同波长的太阳光谱成分。不同波长的光对植物生长发育的作用不同。实验证明，红光、橙光有利于植物碳水化合物的合成，加速长日照植物的发育，延迟短日照植物的发育。相反，蓝紫光能加速短日照植物发育，延迟长日照植物发育。蓝色有利于蛋白质的合成，而短光波的蓝紫光和紫外线能抑制茎的伸长和促进花青素的形成，紫光还有利于维生素 C 的合成。植物同化作用吸收最多的是红光和橙光，其次为黄光，而蓝紫光的同化作用效率仅为红光的 14%，在太阳直射光中红光和黄光最多只有 37%，而在散射光中却占 50%～60%，所以散射光对半阴性花卉及弱光下生长的花卉效用大于直射光，但直射光所含紫外线比例大于散射光，对防止徒长、使植株矮化的效用较大。一般高山上紫外线较多，能促进花青素的形成，所以高山花卉的色彩比平地的艳丽，热带花卉的花色浓艳也是因热带地区含紫外线较多之故。

另外，光对花卉种子的萌发有不同的影响。有些花卉的种子，曝光时发芽比在黑暗中发芽的效果好，一般称为好光性种子，如报春花、秋海棠等，这类好光性种子，播种后不必覆土或稍覆土即可。有些花卉的种子需要在黑暗条件下发芽，通常称为嫌光性种子，如喜林芋属等，这类种子播种后必须覆土，否则不会发芽。

三、水分

1. 花卉对水分的需求

水为植物体的重要组成部分，也是植物生命活动的必要条件。植物生活所需要的元素除碳和少量氧外，都来自水中的矿物质，这些矿物质被根毛所吸收后供给植物体生长和发育。光合作用也只有在水存在的条件下，光作用于叶绿素时才能进行，所以植物需水量很大。由于花卉种类不同，需水量有极大差别，这同原产地的雨量及其分布状况有关。为了适应环境的水分状况，植物体在形态上和生理机能上形成了特殊的要求。通常依花卉对水分的要求分为以下几类。

（1）旱生花卉　这类花卉耐旱性强，能较长期忍受空气或土壤的干燥而继续生活。为了适应干旱的环境，它们在外部形态上和内部构造上都产生了许多适应的变化和特征，如叶片变小或退化成刺毛状、针状或肉质化、表皮角质层加厚，气孔下陷；叶表面具厚茸毛以及细胞液浓度和渗透压变大等，这就大大减少了植物体水分的蒸腾，同时该类花卉根系都比较发达，能增强吸水力，从而增强了适应干旱环境的能力。多数原产炎热而干旱地区的仙人掌科、景天科等花卉即属此类。

（2）湿生花卉　该类花卉耐旱性弱，生长期间要求经常有大量水分存在，或有饱和水的土壤和空气，它们的根、茎和叶内多有通气组织的气腔与外界互相通气，吸收氧气以供给根系需要。如原产热带沼泽地、阴湿森林中的植物，一些热带兰类、蕨类和凤梨科植物，还有荷花、睡莲、王莲等水生植物。

（3）中生花卉　该类花卉对于水分的要求和形态特征介于以上两者之间。

　　此外，有些花卉种类的生态习性偏向旱生花卉特征；另一些种类则偏向湿生花卉的特征。大多数露地花卉属于这一类。在园林中，一般露地花卉要求适度湿润的土壤，但因花卉种类不同，其抗旱能力也有较大的差异。凡根系分枝力强，并能深入地下的种类，能从干燥土壤及下层土壤吸收必要的水分，其抗旱力则强。一般宿根花卉根系均较强大，并能深入地下，因此多数种类能耐干旱。一二年生花卉与球根花卉根系不及宿根花卉强大，耐旱力亦弱。

2. 水分与生育

　　同一种花卉在不同生长时期对水分的需要量亦不同。种子发芽时，需要较多的水分，以便透入种皮，有利于胚根抽出，并供给种胚必要的水分；种子萌发后，在幼苗时期因根系弱小，在土壤中分布较浅，抗旱力极弱，必须经常保持湿润；到成长时期抗旱能力虽较强，但若要生长旺盛，也需给予适当的水分；生长时期的花卉，一般都要求湿润的空气，但当空气湿度过大时，植株易徒长；开花结实时，要求空气湿度小，不然会影响开花和花粉自花药中散出，使授粉作用减弱；而在种子成熟时，更要求空气干燥。

　　水分对花芽分化及花色的影响：控制对花卉的水分供给，以控制营养生长，促进花芽分化，这在花卉栽培中应用很普遍。如广州的盆栽年橘就是在 7 月份控制水分，使花芽分化、开花结果而获得的。凡球根花卉类型中含水量少，则花芽分化也早；早掘的球根或含水量高的球根，花芽分化延迟。球根鸢尾、水仙、风信子、百合等可用 $30 \sim 35 ℃$ 的高温处理，使其脱水而达到提早花芽分化和促进花芽伸长的目的。

　　花色的正常色彩需适当的湿度才能显现。在水分不足的情况下，色素形成较多，所以色彩变浓，如蔷薇、菊花等。在花卉栽培中，当水分不足时，即呈现萎蔫现象，叶片及叶柄皱缩下垂，特别是一些叶片较薄的花卉更易显露出来。中午由于叶面蒸发量大于根的吸水量，常呈现暂时的萎蔫现象，此时若使它在温度较低、光照较弱和通风减少的条件下，就能较快恢复过来；若让它长期在萎蔫状况下，则老叶及下部叶子就先脱落死亡，如果采取措施能迅速补救，可避免进一步损害。多数草花在干旱时，所呈现的症状虽没有上述明显，但植株各部分由于木质化的增加，常使其表面粗糙而失去叶子的鲜绿色泽。相反，水分过多时，植株呈现的情况极似干旱，这是由于水分过多使一部分根系遭受损伤，同时由于土壤中缺乏空气，使根系失去正常作用，吸水减少而呈现生长不正常的干旱状态。水分过多，还常使叶色发黄或植株徒长，易倒伏，易受病菌侵害。因此，过干、过湿对植株生长都不利。

四、土壤

1. 土壤的物理性质

　　土壤的物理性质因为土壤颗粒的大小、含有腐殖质和有机物的多少不同，使土壤中的孔隙组成不同，对植物根的发育、养分的吸收有很大的关系，因此土壤的物理性质和土壤的通气性、透水性及有效水分的保持有着密切的关系。土壤性状主要由土壤中的矿物质、有机质、温度、水分及土壤中的微生物、酸碱度等因素所决定。

　　（1）土壤质地　通常按照矿物质颗粒粒径的大小将土壤分为沙土类、黏土类及壤土类 3 种。沙土类土粒间隙大、通透性强、排水良好，但保水性差；土温易增易降，昼夜温差大；有机质含量少，肥力强但肥效短；常用作培养土的配制成分和改良黏土的成分，也常作为扦插用土或栽培幼苗和耐干旱的花卉。黏土类土粒间隙小，通透性差，排水不良但保水性强；含矿质元素和有机质较多，保肥性强且肥效也长；土温昼夜温差小，尤其是早春土温上升慢，对幼苗生长不利，除适于少数喜黏质土壤的种类外，对大多数花卉的生长不利，常与其他土类配合使用。壤土类土粒大小居中，性状介于以上两者之间，通透性好，保水保肥力强，有机质含量多，土温比较稳定，对花卉生长比较有利，适应大多数花卉种类的要求。

多肉植物、兰类还有高山性植物适合用沙土或沙壤土，大多数花卉用壤土对其生育较好。

（2）土壤三相　土壤由固体、液体和气体三种成分组成，把它们分别叫做土壤的固相、液相和气相，统称土壤的三相。由于土壤三相比例不同，表现为土壤的透水性、保水性、通气性以及保肥能力也不相同。

土壤固相固体成分包括土壤矿物质、有机质和微生物等，液体物质主要指土壤水分，气体是指存在于土壤孔隙中的空气。土壤中这三类物质构成了一个矛盾的统一体，它们互相联系、互相制约，为作物提供必需的生活条件，是土壤肥力的物质基础。其中液体和气体存在于土壤空隙之中。土壤颗粒变小，则液相比例变大，颗粒变大，则气相比例变大。适度保持液相和气相的比例，保水通气性能较好。土壤水分中含有多种无机、有机离子及分子，形成土壤溶液。土壤中气体的物质种类与大气相似。

土壤的组成成分并不是孤立存在，而是密切联系，相互影响，共同作用于土壤肥力的。按体积百分比计，疏松肥沃的表土是：固体物质和孔隙各占 50% 左右，在固体物质中，矿物质约占 45%，有机质则小于 5%；在土壤孔隙中，水分与空气则各占 50% 左右。肥力较低的土壤，一般孔隙的体积比较小。

土壤有机质是土壤养分的主要来源，在土壤微生物的作用下，分解释放出植物生长所需要的多种大量元素和微量元素，所以有机质含量高的土壤，不仅肥力充分而且土壤理化性质也好，有利于花卉的生长。

土壤空气、土壤温度和水分直接影响花卉的生长和发育。如根系的呼吸、养分的吸收、生理生化活动的进行以及土壤中一些物质的转化等都与这些因子有密切的关系。

土壤宜在湿润、酥软（脆）、松散无可塑性、黏结性低、易散碎不成块的状态下耕作。一般土壤外白（干）、里暗（湿），或干一块、湿一块呈花脸时为宜耕状态；用手摸，当捏不成团，手松不粘手，落地即散时为宜耕期。

2. 土壤的化学性质

土壤的化学性质包括离子交换、酸碱度、磷吸收和盐类浓度等。

（1）离子交换　分阳离子交换和阴离子交换。阳离子交换是指土壤胶体吸附的阳离子与土壤溶液中的阳离子进行交换，阳离子由溶液进入胶核的过程称为交换吸附，被置换的离子进入溶液的过程称解吸作用。各种阳离子的交换能力与离子价态、半径有关。一般价数越大，交换能力越大；水合半径越小，交换能力越大。一些阳离子的交换能力排序如下：$Fe^{3+} > Al^{3+} > H^+ > Ca^{2+} > Mg^{2+} > K^+ > NH_4^+ > Na^+$。在土壤吸附交换的阳离子的总和称为阳离子交换总量，其中 K^+、Na^+、Ca^{2+}、Mg^{2+}、NH_4^+ 称之为盐基性离子。当土壤胶体吸附的阳离子全是盐基离子时呈盐基饱和状态，称为盐基饱和的土壤。正常土壤的盐基饱和度一般在 70%～90%。盐基饱和度大的土壤，一般呈中性或碱性，盐基离子以 Ca^{2+} 为主时，土壤呈中性或微碱性；以 Na^+ 为主时，呈较强碱性；盐基饱和度小则呈酸性。

阴离子交换：由于在酸性土壤中有带正电的胶体，因而能进行阴离子交换吸附。阴离子吸附交换能力的强弱可以分成：①易被土壤吸收同时产生化学固定作用的阴离子，如 $H_2PO_4^-$、HPO_4^{2-}、PO_4^{3-}、SiO_3^{2-} 及其某些有机酸阴离子；②难被土壤吸收的阴离子，如

Cl^-、NO_3^-、NO_2^-；③介于上述两类之间的阴离子，如 SO_4^{2-}、CO_3^{2-} 及某些有机阴离子。

离子交换能力强的土壤能吸收到较多的交换性阳离子，土壤保肥力就强，离子交换容量黏土成分多的较高，有机物比无机物高，因此在旱田里施入堆肥、腐叶土等，不但能改良土壤的物理性质，也提高了保肥能力。在盆栽用土中加入腐叶土、泥炭正是出于以上目的。

（2）酸碱度（pH）　土壤酸碱度对必要的有效肥料形态有很大的影响，从而影响植物的生育。如磷在土壤显酸性时，铁铝呈游离状态，易使磷酸被固定；土壤呈碱性，易形成石灰盐沉淀而难以溶解，最易被植物吸收的状态是 pH 在 5.5～6.5 之间。

土壤酸碱度与花卉的生长发育有密切的关系，由于酸碱度与土壤理化性质和微生物活动有关，所以土壤有机质和矿质元素的分解及利用也与土壤酸碱度紧密相关。土壤反应有酸性、中性和碱性 3 种情况，过强的酸性或碱性对花卉的生长都不利，甚至使花卉无法适应而死亡。各花卉对土壤酸碱度的适应力有较大差异，大多数露地花卉要求中性土壤，仅有少数花卉可以适应强酸性（pH 4.5～5.5）或碱性（pH 7.5～8.0）土壤。温室花卉几乎全部种类都要求酸性或弱酸性土壤。

土壤酸碱度对某些花卉的花色变化有重要影响，八仙花的花色变化即由土壤 pH 值的变化而引起。

不同种类的花卉要求不同的酸碱度，按照花卉对土壤酸碱度要求的高低，可将其分为以下三类。

① 酸性花卉　这类花卉性喜土壤酸性，土壤 pH 值一般在 6.8 以下才能生长良好，例如杜鹃、山茶、栀子、八仙花、观赏蕨类、兰科花卉、观赏凤梨等。

② 中性花卉　这类花卉要求土壤 pH 值在 6.5～7.5 之间，绝大多数花卉属这种类型。

③ 碱性花卉　这类花卉能忍耐土壤 pH 值 7.5 以上。这些花卉在家庭养花中较少，常见的有石竹、香豌豆、天竺葵、玫瑰、迎春、侧柏、夹竹桃、榆叶梅、黄杨等。

（3）土壤改良　大多数花卉使用的为弱酸性土壤。土壤酸碱度的测定可用石蕊试纸，在纸盒内装有一个标准比色板，测定时取少量土壤放入干净的玻璃杯，按土水 1∶2 的比例加入凉开水，经充分搅拌沉淀后，再将石蕊试纸放入溶液内，约 1～2s 取出试纸与标准比色板比较，找到颜色与之相近的色板号，即为这种土壤的 pH 值。如土壤酸性过高，可在盆土中加少量石灰粉等；而若碱性过高，则可在盆土中加少量硫黄粉等。

3. 连作

连作是在一块田地上连续栽种同一种作物。连作会导致土壤病害发生。其危害有以下几方面：①病原菌累积严重，病虫害发生频繁，逐渐加重。尤其是土传病害不断发生，如十字花科的软腐病、菌梗病等已成为生产中的主要威胁。②土壤变劣，造成土壤微生物活性降低，对养分分解作用下降；植物酶活性降低，细胞分裂减缓，膜结构破坏，从而影响矿质元素的吸收及运输。③土壤含盐量及 pH 失衡随栽培年限的延长而加重，并逐渐向表层聚集，造成表土层板结、理化性质恶化，pH 值增高，影响作物对养分的吸收。

五、空气

1. 氧气（O_2）

植物呼吸需要氧气，空气中氧含量约为 21%，能够满足植物的需要。在一般栽培条件下，只在土壤过于紧实或表土板结时才引起氧气不足，此时会影响气体交换，致使二氧化碳大量聚集在土壤板结层之下，使氧气不足，根系呼吸困难。种子由于氧气不足，停止发芽甚至死亡。松土使土壤保持团粒结构，空气可以透过表土层，使氧气到达根系，以供根系呼吸，也可使土壤中二氧化碳同时散发到空气中。

2. 二氧化碳（CO_2）

空气中二氧化碳的含量虽然很少，仅有 0.03% 左右（约 $300mL/m^3$），但对植物生长影响却很大，是植物光合作用的重要物质之一。增加空气中二氧化碳的含量，就会增加光合作用的强度，从而可以增加产量。多数试验证明，当空气中二氧化碳的含量比一般含量高出 $10\sim20$ 倍时，光合作用则有效地增加，但当含量增加到 2%~5% 以上就会引起光合作用过程的抑制。

一般温室二氧化碳可以维持在 $1000\sim2000mL/m^3$。花卉种类繁多，栽培设施也多种多样，究竟施用多大浓度二氧化碳既安全又能增加光合作用强度，需进行试验。国外已大量应用二氧化碳施肥，收到了良好的效果。根据日本阿部定夫博士的资料：月季增施到 $1200\sim2000mL/m^3$，就有增收效果；菊花和香石竹也因增施二氧化碳而大大提高了产品的质量。过量的二氧化碳，对植物有危害，在新鲜厩肥或堆肥过多的情况下，二氧化碳含量会高达 10% 左右，如此大量的二氧化碳会对植物产生严重危害。在温室或温床中，施用过量厩肥，会使土壤中二氧化碳含量增多 1%~2%，若土壤中的二氧化碳浓度维持时间较长，植物将发生病害现象，而给予高温和松土，可防止这一危害的发生。

3. 二氧化硫（SO_2）

二氧化硫主要是由工厂的燃料燃烧而产生的有害气体。当空气中二氧化硫含量增至 0.002%（$20mL/m^3$），甚至为 0.001%（$10mL/m^3$）时，便会使花卉受害，浓度愈高，危害愈严重。因二氧化硫从气孔及水孔浸入叶部组织，破坏细胞叶绿体，使组织脱水并坏死，表现症状即在叶脉间发生许多褐色斑点，受害严重时，叶脉变为黄褐色或白色。

各种花卉对二氧化硫的敏感程度不同，常发生不同的症状，综合一些报道材料，对二氧化硫抗性强的花卉有金鱼草、蜀葵、美人蕉、金盏菊、百日草、晚香玉、鸡冠花、大丽花、唐菖蒲、玉簪、酢浆草、凤仙花、扫帚草、石竹、菊花等。

4. 氨（NH_3）

在保护地大量施用有机肥或无机肥常会产生氨，氨含量过多，对花卉生长不利。当空气中氨含量达到 0.1%~0.6% 时就可发生叶缘烧伤现象；含量达到 0.7% 时，质壁分离现象减弱；含量若达到 4%，经过 24h，植株即中毒死亡。施用尿素后也会产生氨，最好在施后盖土或浇水，以避免发生氨害。

5. 氟化氢（HF）

氟化氢是氟化物中毒性最强、排放量最大的一种，其主要来源于炼铝厂、磷肥厂及搪瓷厂等厂矿区。它首先危害植株的幼芽和幼叶，先使叶尖和叶缘出现淡褐色至暗褐色的病斑，然后向内扩散，以后出现萎蔫现象。氟化氢还能导致植株矮化、早期落叶、落花及不结实。抗氟化氢的花卉有棕榈、大丽花、一品红、天竺葵、万寿菊、倒挂金钟、山茶、秋海棠等，抗性弱的有郁金香、唐菖蒲、万年青、杜鹃等。

6. 其他有害气体

其他有害气体如乙烯、乙炔、丙烯、硫化氢、氯化氢、一氧化碳、氯、氰化氢等，它们多从工厂烟囱中散出，对植物有严重的危害，即使它们在空气中的含量极为稀薄，如乙烯含量只有 $1mL/m^3$，硫化氢含量仅有 $40\sim400mL/m^3$ 时，也可使植物遭受损害。而冶炼厂放出的沥青气可使距厂房附近 $100\sim200m$ 地面上的花草萎蔫或死亡。此外，从冶炼厂放出的烟尘中含有铜、铅、铝及锌等矿石粉末，常使植物遭受严重损害。因此，在工厂附近建立防烟林，选育抗有害气体的树种、花草及草坪地被植物，用于净化空气是行之有效的措施。

各种花卉对有害气体的抗性差异很大，在选用抗性强的种类的同时，也不能忽视那些对有害气体特别敏感的植物。在低浓度的有害气体下，往往人们还没有感觉时，植物已表现出受害症状，如二氧化硫在 $1\sim5mL/m^3$ 时人才能闻到气味，在 $10\sim20mL/m^3$ 时才感到有明显的刺激，而敏感植物则在 $0.3\sim0.5mL/m^3$ 时便会产生明显受害症状，有些剧毒的无色无臭的气体（如有机氟）很难使人察觉，而敏感植物能及时表现出症状，所以在污染地区还应重视和选用敏感植物作为"报警器"，以监测预报大气污染程度，起指示植物的作用。

常见的敏感指示花卉有以下几种。

监测二氧化硫：向日葵、波斯菊、百日草、紫花苜蓿等。

监测氯气：百日草、波斯菊等。

监测氮氧化物：秋海棠、向日葵等。

监测臭氧：矮牵牛、丁香等。

监测过氧乙酰硝酸酯：早熟禾、矮牵牛等。

监测大气氟：地衣类、唐菖蒲等。

六、营养

1. 花卉对营养元素的要求

维持植物正常生活所必需的大量元素，通常认为有 10 种，其中构成有机物的元素有 4 种，即碳、氢、氧、氮，形成灰分的矿质元素有 6 种，即磷、钾、硫、钙、镁、铁。在植物生活中，氧、氢两元素可自水中大量取得，碳素可取自空气中，矿物质元素均从土壤中吸收。氮素不是矿物质元素，天然存在于土壤中的数量通常不足以满足植物生长所需。除上述大量元素外，尚有植物生活所必需的微量元素，如硼、锰、锌、铜等，它们在植物体内的含量甚少，占植物体重量的 $0.0001\%\sim0.001\%$。此外，尚有多种超微量元素，亦为植物生活所需要。近来试验证明，如镭、钍、铀等天然放射性元素，也是植物所必需，它们有促进植物生长的作用。

在植物栽培中，除大量元素以不同形态作为肥料供给植物需要外，各种微量元素已开始应用于栽培中。主要元素对花卉生长的作用如下所述。

(1) 氮　促进植物的营养生长，促进叶绿素的产生，使花朵增大、种子丰富。但如果超过花卉的生长需要就会延迟开花，使茎徒长，并降低植物对病害的抵抗力。

一年生花卉在幼苗时期对氮肥的需要量较少，随着生长的需要而逐渐增多。二年生和宿根花卉，在春季生长初期即要求大量的氮肥，应该满足其要求。观花的花卉和观叶的花卉对氮肥的要求是不同的，观叶花卉在整个生长期中，都需要较多的氮肥，以使其在较长的时期中，保持叶丛美观；对观花种类来说，只是在营养生长阶段需要较多的氮肥，进入生殖阶段以后，应该控制使用，否则将延迟开花期。

(2) 磷　磷肥能促进种子发芽，提早开花结实，这一功能正好与氮肥相反。磷肥还能使茎发育坚韧，不易倒伏；能增强根系的发育；能调整氮肥过多时产生的缺点，增强植株对于不良环境及病虫害的抵抗力。因此，花卉在幼苗营养生长阶段需要有适量的磷肥，进入开花期以后，磷肥需要量更多。

(3) 钾　钾肥能使花卉生长强健，增强茎的坚韧性，不易倒伏，促进叶绿素的形成和光合作用的进行，因此在冬季温室中，当光线不足时施用钾肥有补救效果。钾能促进根系的扩大，对球根花卉如大丽花的发育有极好的作用。钾肥还可使花色鲜艳，提高花卉的抗寒、抗旱及抵抗病虫害的能力。但过量的钾肥会使植株生长低矮，节间缩短，叶子变黄，继而变成褐色而皱缩，以致在短时间内枯萎。

（4）钙　钙用于细胞壁、原生质及蛋白质的形成，促进根的发育。钙可以降低土壤酸度，在我国南方酸性土地区亦为重要肥料之一。钙可以改进土壤的物理性质，重黏土施用石灰后可以变得疏松；沙质土施用钾肥后，可以变得紧密。钙可以为植物直接吸收，使植物组织坚固。

（5）硫　硫为蛋白质成分之一，能促进根系的生长，并与叶绿素的形成有关。硫可以促进土壤中微生物的活动，如豆科根瘤菌的增殖，可以增加土壤中氮的含量。

（6）铁　在叶绿素的形成过程中有重要作用，当铁缺少时，叶绿素不能形成，因而碳水化合物不能制造。在通常情况下不发生缺铁现象，但在石灰质土或碱土中，由于铁易转变为不可给态，虽土壤中有大量铁元素，仍会发生缺铁现象。

（7）镁　在叶绿素的形成过程中，镁是不可缺少的，镁对磷的可利用性有很大的影响，因此植物的需要量虽少，但也有重要的作用。

（8）硼　硼能改善氧的供应，促进根系的发育和豆科根瘤的形成，还有促进开花结实的作用。

（9）锰　锰对叶绿素的形成和糖类的积累转运有重要作用；对于种子发芽和幼苗的生长以及结实均有良好影响。

2. 花卉的营养贫乏症

在花卉的生长发育过程中，当缺少某种营养元素时，在植株的形态上就会呈现一定的病状，这称为花卉营养贫乏症。

但各元素缺少时所表现的病状，也常因花卉的种类与环境条件的不同而有一定的差异。为便于参考，将主要元素贫乏症检索表分列如下。

花卉营养贫乏症检索表（录自 A. laurie 及 C. H. Poesch）：

（1）病症通常发生于全株或下部较老叶子上。

（2）病症经常出现于全株，但常是老叶黄化而死亡。

① 叶淡绿色，生长受阻，茎细弱并有破裂，叶小，下部叶比上部叶的黄色淡，叶黄化而干枯，呈淡褐色，少有脱落，缺氮。

② 叶暗绿色，生长延缓，下部叶的叶脉间黄化，而常带紫色，特别是在叶柄上，叶早落，缺磷。

（3）病症常发生于较老、较下部的叶上。

① 下部叶有病斑，在叶尖及叶缘常出现枯死部分。黄化部分从边缘向中部扩展，以后边缘部分变褐色而向下皱缩，最后下叶和老叶脱落，缺钾。

② 下部叶黄化，在晚期常出现枯斑，黄化出现于叶脉间，叶脉仍为绿色，叶缘向上或向下反曲，而形成皱缩，叶脉间常在一日之间出现枯斑，缺镁。

（4）病症发生于新叶。

（5）顶芽存活。

（6）叶脉间黄化，叶脉保持绿色。

① 病斑不常出现。严重时叶缘及叶尖干枯，有时向内扩展，形成较大面积，仅有较大

叶脉保持绿色，缺铁。

② 病斑通常出现，且分布于全叶面，极细叶脉仍保持为绿色，形成细网状。花小而花色不良，缺锰。

③ 叶淡绿色，叶脉色浅于叶脉相邻部分。有时发生病斑，老叶少有干枯，缺硫。

（7）顶芽通常死亡。

① 嫩叶的尖端和边缘腐败，幼叶的叶尖常形成钩状。根系在上述病症出现以前已经死亡，缺钙。

② 嫩叶基部腐败；茎与叶柄极脆，根系死亡，特别是生长部分，缺硼。

【思考与练习】

一、名词解释

寒害、阳性花卉、长日照花卉、短日照花卉、旱生花卉、湿生花卉。

二、问答题

1. 花卉种类不同，花芽分化和发育所要求的温度也不同，大体上有哪两种情况？

2. 光照长度对花卉的影响有哪些？

3. 同一种花卉在不同生长期对水分有何要求？

4. 土壤的哪些性质影响花卉生长发育？

5. 空气中不同气体对花卉有何影响？

理论三 花卉栽培的设施与设备

学习目标 ▶▶

1. 了解温室的分类及其结构与性能。

2. 掌握温室设计的基本原理。

3. 了解其他设施和容器的种类。

【相关知识】

花卉种类繁多，不同的花卉需要不同的生长环境。恰当利用各种花卉栽培设施，则可以不受地区、季节限制，集世界各地不同生态环境的奇花异卉于一地，进行周年生产。花卉栽培的主要设施有温室、大棚、荫棚和相关的灌溉设施及加温、降温设施等，还包括其他一些栽培设备，如机械化、自动化设备及各种机具和用具等。

花卉栽培比一般农作物栽培更加精细复杂，因此，必须有一定的栽培设施作为保障。近三十年来，设施园艺发展迅速，已成为花卉等作物高产优质的重要保障。人们将设施内进行的花卉栽培称为花卉设施栽培。设施栽培，即采用一定的设施和工程技术手段改变自然环境，在环境可控条件下，按照植物生长发育要求的光照、温度、湿度、营养等，进行现代化的农业生产，使单位面积的产量、品质和效益大幅度提高。

花卉设施栽培和露地栽培相比有许多优点：

（1）花卉设施栽培不受季节和地区限制，可全年生产多种花卉；

（2）能集约化栽培，提高单位面积产量，实现工厂化生产；

（3）能生产出优质高档花卉，经济效益显著，一般是露地花卉产值的5~10倍。

其缺点有：

（1）设备费用高，初期投资大，生产成本就高；

（2）栽培管理技术要求严格；

（3）消耗能源多，需要一定的经济实力和条件。

一、温室

温室对环境因子的调节和控制能力较其他栽培设施更强、更全面，是花卉栽培中最重要的，同时也是应用最广泛的栽培设备之一。

1. 温室栽培的作用

在日常生活中，对于花卉有周年供应的要求，因此，在冬春寒冷季节、自然条件不适合植物生长的场合，应用温室创造适于植物生长的环境栽培花卉，可在缺花季节供应鲜花，满足人们的需要。

对热带和亚热带植物而言，它们原产地的气温较高，年温差较小，如在温带地区栽培这些植物，则必须设置温室以满足冬季对温度的要求，才能进行正常生长。

通常在露地栽培的花卉，在冬季利用温室进行促成栽培，可提早并延长花期。一些原产于温暖地区、不能露地越冬的花卉，常利用低温温室来保护越冬，也用于春播花卉的提前播种。

2. 国内外温室发展概况

（1）我国温室发展概况　我国早在唐代就出现温室栽培杜鹃花的记载。以后到明清时期，劳动人民就用简易的土温室进行牡丹和其他花卉的促成栽培。20世纪50年代以前，我国一直沿用风障、阳畦、地窖、土温室等简易保温、保湿设施栽培花卉。到50年代初才大量应用土温室，后来出现了日光温室以及废热加温温室，并在60年代得到大发展。至1970年，全国温室面积达2万亩（1亩≈666.67m²），1978年达8万亩。80年代，各地温室事业发展很快，在结构设计、设备改进和栽培管理技术各方面都有显著的进展，同时也从国外引进温室设施20多公顷。

20世纪90年代，也是我国花卉业发展较快的时期，此时期，遍及全国的"花卉热"带起了国外温室引进热，它们来自荷兰、美国、日本、法国、意大利和以色列等国家。从应用情况看，有成功的经验，也有惨痛的教训，出现的主要问题是投资大、运作成本高、管理不善、低产高耗等。这给我国温室的发展提供了一个良好的契机，截至2005年，我国温室产业发展顺畅，且已走出国门，参与国际竞争。

总的看来，目前我国花卉生产温室，虽有引进的国外设施温室，也有利用国外技术改良的温室，但大多数仍是结构较简单、设备较陈旧、生产效率较低的温室，这些温室在一定程度上能因地制宜，节省能源和投资，故在一定时期内仍有利用价值。为适应花卉产品愈来愈高的质量要求，温室发展一定会立足国情，逐步实现专业化和现代化。

（2）国外温室发展概况　17世纪，荷兰使用了单斜面玻璃日光温室，这是西方世界最早的温室结构类型。以后随着美洲大陆的移民，温室技术传到了美国。1764年，美国出现了第一家商业温室。及至20世纪，随着科学技术日新月异，温室的结构和设备也不断完善，机械化、自动化水平日益提高。1949年，美国加利福尼亚Farhort植物实验室，创建了世界上第一个完全由人工控制环境条件的人工气候室，此人工气候室的发明，促进了温室花卉产业的不断发展。温室发展目前已呈现出三个明显的趋向，即温室大型化、温室现代化和花卉生产工厂化，简略介绍如下。

① 温室大型化　其优点为：第一，在结构相同的条件下，温室越大型化，室内温度越稳定，夜间最低温度不太低，白天最高温度也不太高，即日温差越小。第二，便于机械化操作，实现温室作业机械化。第三，造价低，单位面积的建筑费和设备费都较低。由于有以上优点，温室建筑有向大型化、超大型化发展的趋向。如荷兰，着重发展超大型温室，小的一栋1hm²，中型的3hm²，大型的6hm²；而日本由于防风、防雪及防寒冷等原因，较少发展超大型温室，90％的温室1栋不超过5亩，70％为面积在2亩左右的轻型钢架和钢木混合结构温室。

② 温室现代化　通常包括以下几方面。

a. 温室结构标准化：根据当地自然条件、栽培制度、资源情况，设计合适的、能充分利用太阳辐射能的一种至数种标准型温室，构件由工厂进行专业化配套生产。

b. 温室环境调节自动化：根据花卉种类在一天中不同时间或不同条件下对温度、湿度及光照的要求，定时、定量地进行调节，保证花卉有最适合的生长发育条件，并用计算机自动控制。目前，在日本、荷兰、美国、以色列等国家，已能根据温室作物的要求和特点，对温室内的诸多环境因子进行自动调控。美国和荷兰还利用差温管理技术，实现对花卉、果树等产品的开花和成熟期进行调节和控制，以满足生产和市场的需要，并且研究的重点正朝着完全自动化方向发展。此外，对自动化温室环境优化控制研究也已在进行。日本还利用传感器和计算机技术进行多因素环境远距离控制装置的开发；英国伦敦大学农学院研制的温室计算机遥控技术，可以观测50km以外温室内的光、温、湿、气、水等环境状况，并进行远程遥控。

③ 栽培管理机械化　灌溉、施肥、中耕及运输作业等，都应用机械化操作。

④ 栽培技术科学化　花卉在不同的季节、不同的发育阶段、不同的气候条件下，对各种生态因子的要求，都要有一整套具体的指标。一切栽培管理都按栽培生理指标进行。温度、光照、水分、养分及CO_2的补充等措施都根据当时测定的数据进行科学管理。

温室环境条件的调节和控制已经由一般的机械化、电气化发展到计算机控制，并生产了专门适用于温室管理的园艺电子计算机。它可以程序化调节控制温室的小气候，控制温室附设的各种设备，进行远距离操纵；可以做到节省人力、提高效率、及时精确管理，以创造更加稳定和理想的栽培环境。

⑤ 花卉生产工厂化　1964年在奥地利首都维也纳建成了世界上第一条植物工业化连续生产线。它采用了三维式的光照系统，植物用营养液栽培，室内温度、湿度、营养液和水分的供给以及CO_2的补充等均实行自动监测和控制。该生产线的特点为：应用范围广，可生产花卉、蔬菜、树苗以及青饲料、蘑菇、草莓等多种植物；占地面积小，单位面积产量高，可比露地高10倍；周年连续均衡生产；厂房是密闭的，并采用无土栽培方式，通常不用杀虫剂，所以产品基本没有污染；操作机械化、自动化，节省人工；可连续生产供应市场，产品有良好的新鲜度；可建于消费中心地带，减少了贮存运输的消耗和损失；大大缩短生产周期，如树苗，在常规栽培下3年的生长量这里一年即可达到。这种不用日光能的温室后来经过改进，采用了自然光照系统，被称作为第三代人工气候室。

3. 温室的种类

温室的种类很多，通常依据温室应用的目的、栽培用途、温度、植物种类、结构形式及设立的位置等区分。

（1）依应用目的区分

① 观赏温室 这种温室专供展览、观赏、普及科学知识之用，一般设置于公园及植物园内，外形要求美观、高大，吸引和便于游人流连、观赏、学习。如北京中山公园的唐花坞、中国科学院北京植物园温室等。在一些国家更设有大型的温室，内有花坛、草坪、水池、假山、瀑布等，冬季供游人游览，特称"冬园"。如美国宾夕法尼亚州的郎乌德（Longwood）花园的大温室花园即属此类。

② 生产栽培温室 以花卉生产栽培为主，建筑形式以适合于栽培植物的需要和经济实用为原则，不追求外形美观与否。一般建筑低矮，外形简单，热能消耗少，室内生产面积利用充分，有利于降低生产成本。根据栽培花卉种类的不同可分为切花温室、盆栽温室等。

③ 繁殖温室 这种温室专供大规模繁殖之用，温室建筑多采用半地下式，以便维持较高的湿度和稳定的温度环境。

④ 促成或抑制栽培温室 供温室花卉催延花期，保证周年供应使用。要求温室具有较完善的设施，如温度和湿度调节、加光、遮光、增施二氧化碳等设施。

⑤ 人工气候室 即室内的全部环境条件，皆由人工控制。一般供科学研究用，在国外已有大型人工气候室用于花卉生产。

（2）依温度区分

① 低温温室 室温保持在3～8℃之间，用以保护不耐寒植物越冬，也作耐寒性草花栽培。夜间应保持在3～5℃之间，如报春花、瓜叶菊、小苍兰、紫罗兰、倒挂金钟等一般在低温温室中生长良好。

② 中温温室 室温在8～15℃之间，用以栽培亚热带植物及对温度要求不高的热带花卉。夜间温室温度需要在8～10℃以上，如仙客来、香石竹、天竺葵等适于在中温温室中生长。

③ 高温温室 室温在15℃以上，也可高达30℃左右，主要栽培热带植物，也用于花卉的促成栽培。夜间温度需要在10～15℃左右，如筒凤梨、变叶木、发财树等需在高温温室中生长。

（3）依栽培植物区分 植物种类不同，对温室环境条件也有不同的要求，常依一些专类花卉的特殊环境要求，分别设置专类温室，如棕榈科植物温室、兰科植物温室、蕨类植物温室、仙人掌科和其他科多浆植物温室以及食虫植物温室等。

（4）依建筑形式区分 温室的形式决定于观赏或生产栽培上的需要，观赏温室的建筑形式很多，有方形、多角形、圆形、半圆形及多种复杂的形式等，以尽可能满足美观上的要求，屋面也有部分采用有色玻璃的。栽培温室的形式只要求满足栽培上的需要，通常形式比较简单，基本形式有以下四类（图1-1）。

① 单屋面温室 温室屋顶只有一向南倾斜的玻璃屋面，其北面为墙体。

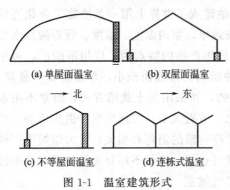

(a) 单屋面温室　　(b) 双屋面温室

→ 北　　　　→ 东

(c) 不等屋面温室　　(d) 连栋式温室

图1-1　温室建筑形式

② 双屋面温室　温室屋顶只有 2 个相等的玻璃屋面，通常南北延长，屋面分向东西两方，但也偶有东西延长的。

③ 不等屋面温室　温室屋顶具有 2 个宽度不等的屋面，向南一面较宽、向北一面较窄，二者的比例为 4∶3 或 3∶2。

④ 连栋式温室　又名连续式温室，由相等的双屋面或不等屋面温室借纵向侧柱或柱网连接起来，相互通连，可以连续搭接，形成室内串通的大型温室。

（5）依建筑材料区分

① 木结构温室　结构简单，屋架及门窗框等都为木制。所用木材以坚韧耐久、不易弯曲者为佳。木结构温室造价低，但使用几年后，温室密闭度常常降低。使用年限一般为 15～20 年。

② 钢结构温室　柱、屋架、门窗框均用钢材制成，坚固耐久，可建筑大型温室。用料较细，遮光面积较小，能充分利用日光。缺点是造价较高，容易生锈，由于热胀冷缩常使玻璃面破碎，一般可用 20～25 年。

③ 钢木混合结构温室　此种温室除中柱、桁条及屋架用钢材外，其他部分都为木制，由于温室主要结构应用钢材，可建造较大的温室，使用年限也较久。

④ 铝合金结构温室　结构轻、强度大，门窗及温室的结合部分密闭度高，能建大型温室。其使用年限较长，一般可用 25～30 年；但是造价高。铝合金结构温室是国际上大型现代化温室的主要结构类型之一。在荷兰，此种结构温室应用较多。

⑤ 钢铝混合结构温室　柱、屋架等采用钢制异形管材结构，门窗框等与外界接触部分是铝合金构件。这种温室具有钢结构和铝合金结构二者的长处。其造价比铝合金结构的低，是大型现代化温室较理想的结构。

（6）依屋面覆盖材料区分

① 玻璃温室　以玻璃为屋面覆盖材料。为了防雹有用钢化玻璃的。玻璃透光度大，使用年限久。

② 塑料温室　设置容易，造价低，更便于用作临时性温室，近 20 年来应用极为普遍。其形式多为半圆形或拱形，也有采用双屋面等形式的。

另外，用玻璃钢（丙烯树脂加玻璃纤维或聚氯乙烯加玻璃纤维）可建大型温室，此在日本应用较为广泛。目前国际上大型现代化温室多用塑料板材（玻璃纤维塑料板、聚氯乙烯塑料板、丙烯硬质塑料板等）覆盖。

4. 各类温室的特点

依建筑形式作为分类依据的各类温室，其特点分述如下。

（1）单屋面温室　这种温室仅有一向南倾斜的玻璃屋面，构造简单，小面积温室多采用此种形式。一般跨度为 3～6m，玻璃屋面倾斜角度可大一些，以便充分利用冬季和早春的直射光线；温室北墙可以阻挡冬季的西北风，容易保持温度。通常北墙高 2.7～3.5m，前墙为 0.60～0.90m，不宜过高，否则遮挡光线，一般以栽培种类的高矮而定。如植株较矮，且要定植于地床者，前墙以矮为宜，所以也有前墙全部改为玻璃窗者；栽培植株低矮的盆花，而放置于植物台上者，则可较高。这种温室的优点是光线充足，保温良好，建筑容易，但其光线仅自一面射入，因此，植株有向南面弯曲的缺点，尤其是对生长迅速的花卉种类，如草花影响较大，要经常进行转盆，以调整株态；而对木本花卉则影响较小。

（2）不等式温室　由于南北两屋面不等，向南一面较宽，日光自南面照射较多，因此室内植物仍有向南弯曲的缺点，但比单屋面温室稍好，并且北向屋面易受北风影响，保温不及单屋面温室，南向屋面的倾斜角度一般为28°～32°、北向屋面为45°。前墙高0.60～0.70m，后墙高2～2.5m，一般室宽为5～8m，适宜于小面积温室用。此式北墙高、南墙低，而向南的屋面倾斜角度较北向的屋面为小，因此在建筑上及日常管理上都感不便，一般较少采用。

（3）双屋面温室　这种温室因有向东、向西两个相等的玻璃屋面，因此室内全部面积上都有均匀的光照，植物没有弯向一面的缺点。通常建筑较为宽大，一般跨度为6～10m，也有达15m的。宽大的温室具有较大的空气容积，当室外气温变化时，温室内温度和湿度不易受到影响，有着较大的稳定性，但温室过大时也会有通风不良之弊。双屋面温室四周短墙的高度，在高设栽培床时，高为0.60～0.90m；而在低设栽培床时，高为0.40～0.50m。此种温室玻璃屋面倾斜角度较单屋面式为小，一般在28°～35°，由于玻璃屋面较大，散热较多，维持室内温度消耗热能较多，所以必须有完善的加温设备。

（4）连栋式温室　又名连续式温室。双屋面温室由于建筑设计上的限制，不宜过大。如为玻璃屋面，宽度不宜超过10m，长度不要超过50m，即面积不宜大于500m²。若为合成树脂屋面者，宽度可增大至15m，即面积可增至750m²。若需面积再大就应选用连栋式。国际上大型、超大型温室皆属此式。大的一栋面积可达6hm²。

连栋式温室可以使用简单的屋架结构，造价较低，加温容易，温度也比较容易维持，但日照稍差，空气流通不畅。就一般情况看，对花卉和花木类的栽培尚为适宜。但在冬季多降大雪的地区，则不宜采用，因为屋面连接处大量积雪容易发生危险。

现代化的连栋式温室土地利用率高，内部作业空间大，每日有充足的阳光直射，自动化程度较高，内部设备配置齐全，便于机械化操作和工厂化生产。内部配置上的设备一般包括自然通风系统、强制通风系统（湿帘/风扇降温系统）、加温系统、外遮阳系统、内保温遮阴系统、灌溉系统、施肥泵系统、二氧化碳施肥系统、苗床系统、补光系统、计算机控制系统以及防虫网系统等。

5. 温室设计

（1）温室设计的基本要求　设计温室的基本依据是栽培花卉的生态要求。温室设计能最大限度地满足栽培花卉的生态要求，不同的花卉，其生态习性不同，如多浆植物，喜强光、耐干燥；而蕨类植物则喜蔽荫又潮湿的环境。同时栽培花卉在不同生长发育阶段，对环境也有不同的要求。因此，要求温室设计者对各类花卉的生长发育规律和不同生长发育阶段对环境的要求应有确切的了解，充分运用建筑工程学等学科的原理和技术，才能获得较理想的设计效果。

另外，温室设计要考虑到符合使用地区的气候条件，不同地区气候条件各异，温室性能只有符合使用地区的气候条件，才能充分发挥其作用。如在我国南方夏季潮湿闷热，若温室设计成无侧窗，用冷湿帘加风机降温，则白天温室温度会很高，难以保持适于温室植物生长的温度，不能进行周年生产。再如昆明地区，四季如春，只需简单的冷室设备即可进行一般的温室花卉生产，若设计成具有完善加温设备的温室，则完全不适用。因此，要根据温室使用地区的不同气候条件来设计和建造温室。

（2）温室设置地点的选择　温室设置的地点，必须有充足的日光照射，不可有其他建筑物及树木的遮阴，否则光照不足有碍植物的生长发育。在温室的北面和西北面宜有防风屏障，最好北面有山，或有高大建筑物及防风林等，以防寒风侵袭，从而形成温暖的小气候环境。要求设置在土壤排水良好，且地下水位较低之处，因温室加温设施通常在地面以下，而且有些温室建筑采用半地下式，如地下水位高则难以设置，日常管理及使用也较困难。在选择地点时还应注意水源便利，水质优良，交通方便。

（3）温室的排列　在进行大规模花卉生产的情况下，对于温室群的排列及荫棚等附属设备的设置，应有全面合理的规划。在规划各温室地点时，应首先考虑避免温室之间互相遮阴，但不可相距过远，过远不仅容易造成工作不便，而且对防风、保温不利，还因延长了敷设管线，增加了设备投资和能源消耗。因此，在互不遮阴的前提下，温室间的距离越近越为有利。当温室为东西向延长时，南北两排温室间的距离通常为温室高度的2倍；当温室为南北向延长时，东西两温室之间的距离应为温室高度的2/3。当温室高度不等时，其高的应设置在北面、矮的设置在南面，工作室及锅炉房应设在温室的北面或东西两侧。若要求温室设施比较完善，则建立连栋式温室较为经济实用，温室内部可区分成独立的单元，分别栽培不同的花卉。

（4）玻璃屋面倾斜度的确定　太阳辐射热是温室基本热量的来源之一，温室屋面角度的确定是能否充分利用太阳辐射能和衡量温室性能优劣的重要标志。如单屋面温室太阳辐射热的吸收，主要是通过向南倾斜的玻璃面吸收的，而吸收太阳辐射热的多少，取决于太阳的高度角和向南玻璃屋面的倾斜角度，一般保持30°～32°即可。

二、其他设备设施

1. 塑料大棚

（1）塑料大棚的类型

① 固定式塑料大棚　利用钢材、木料、水泥预制件作骨架，其上盖一层塑料薄膜，这种形式的大棚称为固定式塑料大棚。其规格有单栋大棚、连栋大棚等，结构有立柱、拱杆、拉杆、压杆、薄膜、压杆拉线、门窗等组成。目前，国内一些厂家已生产定型大棚，骨架配套，可长期固定使用。固定式塑料大棚不需拆卸，薄膜需2～3年更换一次。

② 简易式塑料大棚　利用轻便器材如竹竿、木棍、钢筋等，做成半圆形或屋脊形支架，然后罩上塑料薄膜，就形成了简易式塑料大棚，多用于扦插育苗及盆花越冬等，用后即可拆除。

上述不论哪种形式，一般出入门均留在南侧，薄膜之间连接牢固，接地四周用土压紧，以保持棚内温度，免遭风害。天热时可揭开薄膜通风换气。大棚拆除后，仍可继续栽培花卉。

对于要求温度、湿度较高的播种、扦插，还可在大棚内设置塑料小拱棚，以起到增温保湿的效果。

（2）塑料大棚的设计　塑料大棚设计、建造科学合理，才能营造适于花卉生长、发育的综合环境条件，从而栽培出高品质的花卉产品。

① 建造场地的选择　棚址宜选在背风、向阳、土质肥沃、便于排灌、交通方便的地方。棚内应有自来水设备。

② 大棚的面积概算　从光、温、水、肥、气等因素综合考虑，江苏一带单栋式大棚面积一般以0.5亩左右较为有利。当然，不同种类的花卉，对环境要求也不同，大棚的长、宽、高、面积可酌情变动。

③ 大棚的方向设置　从光照强度及受光均匀性方面考虑，大棚一般多按南北长、东西

宽的方向设置。

④ 棚间距的确定　集中连片建造大棚，又是单栋式结构时，一般两棚之间要保持 2m 以上的距离，前后两排距离要保持 4m 以上。当然，也可依棚高等因素酌情确定。总之，以利于通风、作业和设排水沟渠、防止前排对后排遮阴为原则。

2. 荫棚

荫棚也是花卉栽培必不可少的设备之一。温室花卉移出温室后，为适应从温室高温高湿环境向露地条件的过渡，需要置于荫棚下养护。温室花卉大部分种类属于半阴性植物，夏季既不耐温室内的高温，又不耐强烈的日光照射，一般在夏季均置于荫棚下养护。夏季的软材扦插和播种育苗也需在荫棚下进行。一部分露地栽培的切花品种，如设置荫棚保护，可获得比露地栽培更好的效果。

荫棚的种类和形式很多，可大致分为永久性和临时性两类。永久性荫棚一般与温室结合，用于温室花卉的夏季养护；临时性荫棚多用于露地繁殖床和切花栽培时使用。在江南地区，栽培兰花、杜鹃等耐荫植物时，也常设置永久性荫棚。

温室花卉应用的永久性荫棚，多为东西向延长，设于温室近旁通风良好又不积水的地方。一般高为 2.5～3m，用铁管或水泥柱构成主架，棚架覆盖遮阴网，遮光率视栽培花卉的种类而定，有的地方用葡萄、凌霄、蔷薇、蛇葡萄等攀援植物作为遮阴材料，既实用又颇具自然情趣，但需经常管理和修剪，以调整遮光率。为避免上午和下午的阳光从东面和西面照射到荫棚内，在荫棚的东西两端常设倾斜的荫帘，荫帘下缘距地面 50cm 以上，以利通风。荫棚宽度一般为 6～7m，不宜过窄，以免影响遮阴效果。荫棚下宜设置花架，供摆放盆花使用。如盆花摆放在地面时，地面宜铺以陶砾、炉渣或粗沙，以利于排水，也可防止下雨泥水溅污花盆和枝叶。

夏季扦插和播种床所用荫棚也是临时性荫棚，一般比较低短，高度为 50～100cm。其用木棒支撑，以竹帘或苇帘覆盖，在扦插未生根或播种未出芽前可覆盖 2～3 层，当开始生根或出苗后，可逐渐减至一层，最后全部除去，以增加光照，有利于植物生长。

3. 灌溉设施

(1) 漫灌　漫灌是我国农业上传统的灌溉方式。漫灌系统由水源、动力设备和水渠组成，其设备比较简单。灌溉时由水泵将水提至水渠，然后分流至各级支渠，最后送至田间。一般采用大水漫灌，水面灌满种植畦。目前仍有部分切花生产者沿用这种灌溉方式。

而采用这种方式灌溉，无法准确测量田间需水量，也无法有效地控制灌水量；另一方面，当水源通过各级水渠时，渗漏损失严重。因此，这种灌溉方式水资源利用率很低。此外，漫灌方式由于水流浸透整个表土层，在一定时间内，水分充满了所有毛细管，而将其中的空气排出，使花卉处于缺氧状态，无法进行呼吸，影响花卉的正常生长发育。这种缺氧状态对土壤微生物的繁衍亦极为不利。因此，若长期使用这种灌溉方式，表土层会逐渐变得板结，土壤通透性也会变得越来越差，这对花卉和土壤微生物均十分有害。

(2) 滴灌　滴灌是现代花卉栽培广泛采用的灌溉方式。标准滴灌系统应包括水源（要有一定的压力）、过滤器、肥料注入器、输入管道、滴头和控制器等组成。

使用滴灌系统进行灌溉，水分在根系周围的分布情况与漫灌时的情况大不相同。滴灌时水分仅浸透根系分布的局部土壤，保证该区域水分的稳定供应，有效地避免了土壤板结，大大降低了土壤表面蒸发的损失。此外，滴灌常与施肥结合进行，可以大大提高肥料的利用率。

（3）喷灌 这也是现代花卉栽培多用的灌溉方式，其优点在于：水量可以较为准确地控制，节约用水，灌溉均匀；可以增加空气湿度，具有一定的降温作用。

喷灌系统的原则是：喷水速率略低于基质的渗水速率；每次喷水量应等于或略小于基质最大的持水量，只有这样才能避免水资源的浪费和土壤结构的破坏。

喷灌系统有两种形式：移动式和固定式。移动式喷灌的喷水量、喷灌时间及两次喷灌之间的间隔时间等均能自动控制，且使用方便，故温室内的花卉栽培中常被采用。相比之下，固定式喷灌的设施较为简单。

另外，目前生产上广泛采用的全光自动间歇喷雾装置，能自动控制喷雾次数，在花卉扦插育苗中多采用。

4. 加温设施

在寒冷的冬季，为保证花卉生长发育的适宜温度，温室和大棚也需用人工加温来提高温度。加温方法一般有下列几种。

（1）热水加温 通过锅炉加热，将热水送至热水管，再通过管壁辐射，使室内温度增高。采用这种加温方法温度均衡持久，缺点是费用较大。若能利用附近工厂中冷却排出的废热水，则不失为一种较为经济的加温方法。

（2）蒸汽加温 利用蒸汽锅炉发生的蒸汽加热，热量分布均匀，能迅速提高室温，较适应大型的温室。其缺点是：停火后散热器冷却较快，不易经常维持室温的均衡；且其设备费用较高，耗燃料也较多。

（3）电热加温 电热加温是一种比较灵活方便的方法，它是采用电加热元件对温室内空气进行加温或将热量直接辐射至植株上。可根据加温面积的大小，相应采用电加温线、电加温管、电加温片、电加温炉等。但由于耗电较多，大面积推广使用还难以进行。

（4）热风机加温 近几年大多采用该法加温，其主要燃料为柴油、天然气或液化气，故分别称为燃油热风机或燃气热风机，主要是利用燃料在燃烧室中燃烧产生巨大的热量，将机内空气加热，再由强排风机将热空气排出，通过强迫室内空气循环使热量分配到温室内各处，从而起到加温效果。有些较为先进的加温机，如意大利产倍利加温机，在机内加装热能交换器使得燃烧器内热量不是直接被送入空气中，而是通过交换器与空气进行热量交换，再由强排风机送出，使热效率达90%，从而可节省大量燃料。与其他加热方式相比，热风机具有安装操作方便、初装和运行成本低以及热利用率高的优点。

5. 降温设施

在炎热的夏季，温室需要配置降温设施，以确保花卉免受高温的不利影响，从而生长发育良好。

（1）通风窗降温 我国传统的温室（如单屋面温室）中，一般没有完善的降温系统，仅在温室的顶部、侧方和后墙设置通风窗，当气温升高时，将所有通风窗打开，以通风换气的方式达到降温的目的。该方法没有任何能量的损耗，但其降温效果不够理想。

（2）排风扇和水帘降温 现代化的温室具有高效的降温系统，一般由排风扇和水帘两部分组成。排风扇装于温室的一端（一般为南端），水帘装于温室的另一端（一般为北端）。水帘由一种特制的"蜂窝纸板"和回水槽组成。启动后，冷水由上水管经"蜂窝纸板"缓缓下流，由回水槽流入缓冲水池。另一端的排风扇同时启动，将热空气源源不断地排出室外，如此，经过水冷的空气进入温室，吸收室内热量之后，又被排出室外，从而有效地降低了温室内的温度，同时增加了空气湿度。

（3）微雾降温　微雾降温法是当今世界上最新的温室降温技术。它的降温原理是：利用多功能微雾系统，将水以微米级或 $10\mu m$ 级的雾滴形式喷入温室，使其迅速蒸发，利用水的蒸发潜热大的特点，大量吸收空气中的热量，然后将湿热空气排出室外，从而达到降温的目的。该法的降温成本较低，降温效果明显，降温能力一般在 $3\sim10℃$ 左右，对自然通风温室尤为适用。

6. 调节光照设施

温室内要求光照充足且分布均匀，因此，在设计和建造温室时，必须从结构、屋面覆盖物、屋面倾斜角及坐落方位等方面综合考虑，合理规划，以保证室内良好的光照条件。在必要时还需采取补光、遮光和遮阴措施。

（1）补光　补光的目的一是可以满足光合作用的需要，在高纬度地区冬季进行切花生产时，温室内光照时数和光照强度均不足，因此需补充高强度的光照。其次是调节光周期，为了调节花期，达到周年生产，需延长或缩短日照长度，这种补光不要求高强光。在温室内安装光照设备时，所有的供电线路必须用暗线，灯罩为封闭式的，灯头和开关要选用防水性能好的材料，以防因室内潮湿而漏电。

（2）遮光　在高纬度地区栽培原产热带、亚热带的短日性花卉，让其于春夏长日照季节开花时，需用遮光来调节。常在温室外部或内部覆盖黑色塑料薄膜或外黑里红的布帐，根据不同花卉对光照时间的不同要求，在下午日落前几小时覆盖，使室内每天保持一定时间的短日照环境，以满足短日性花卉生长发育的生理需要。

（3）遮阴　夏季在温室内栽培花卉时，常由于光照强度太大而导致室内温度过高，影响花卉的正常生长发育，所以可用遮阴方法来减弱光照强度。具体方法有如下几种。

① 覆盖帘子　在夏季中午前后（10：00～16：00）于温室外部覆盖苇帘或竹帘，帘子编织的密度依所栽培的花卉对荫蔽度的要求而定，如多浆植物在50%左右、喜阴的秋海棠在70%左右、兰花在80%左右。用帘子还可起到降温和防止冰雹危害的作用。

② 遮阴幕（网）　这是一种耐燃的黑色化纤织物，其孔隙大小亦根据花卉要求的荫蔽度而定。国外现代化花卉生产中，还使用彩色遮阴幕，有乳白、浅蓝、绿、橘红等色，上面粘有宽度不同的、反射性很强的铝箔条，遮阴度在25%～99.9%，因此适于各种类型花卉生长发育的需要。

③ 涂白　将生石灰5kg加少量水粉化，经过滤后加入25kg水和0.25kg食盐，用喷雾器均匀地喷洒在温室外面的玻璃屋面上，能经久不落。由于白色能够大量地反射太阳光，从而可起到减弱室内光强的作用。

④ 室内外种植藤本植物　主要种植叶子花、薜荔等多年生藤本植物，使其枝蔓攀缘于屋架上，造成下部荫蔽的环境。采用此法达到的效果与自然界郁闭的森林环境极为相似，荫蔽效果好，且能展示出植物生态群落的景观。

7. 温室附属建筑设施

（1）室内通路　观赏温室内的通路应适当加宽，一般为 $1.8\sim2m$，路面可用水泥、方砖或花纹卵石铺设。生产温室内的通路则不宜太宽，以免占地过多，一般为 $0.8\sim1.2m$，多用土路，永久性温室的路面可适当铺装。

（2）水池　为了在温室内贮存灌溉用水并增加室内湿度，可在种植台下建筑水池，深一般不超过50cm。在观赏温室内，水池可修建成观赏性的，带有湖石和小型喷泉，栽培一些水生植物，放养金鱼，更能点缀景色。

（3）种植槽　观赏温室用得较多。将高大的植物直接种植于温室内，应修建种植槽，上沿高出地面 10～30cm，深度为 1～2m，这样可限制营养面积和植物根的伸展，以控制其高度。

（4）台架　为了经济地利用空间，温室内应设置台架摆设盆花，结构可为木制、钢筋混凝土或铝合金。观赏温室的台架为固定式，生产温室的台架多为活动式。靠窗边可设单层台架，与窗台等高，为 60～80cm；靠后墙可设 2～3 层阶梯式台架，每层相隔 20～30cm 中部多采用单层吊装式台架，既利用了空间，又不妨碍前后左右花卉的光照。

（5）繁殖床　为在温室内进行扦插、播种和育苗等繁殖工作而修建，采用水泥结构，并配有自动控温、自动间歇喷雾的装置。

三、资材

1. 栽培容器

（1）花盆　花盆是花卉栽培中广泛使用的栽培容器，其种类有很多，通常依质地和使用目的而分类。

① 依质地分类

a. 素烧盆：又称瓦盆，以黏土烧制，有红盆及灰盆两种，虽质地粗糙，但排水良好，空气流通，适于花卉生长，且价格低廉，应用广泛。素烧盆通常为圆形，大小规格不一，一般最常用的盆其口径与盆高约相等，因栽培种类不同，其要求最适宜的深度不一，如杜鹃盆、球根盆较浅，牡丹盆与蔷薇盆较深，播种与移苗用浅盆，一般深 8～10cm。最小口径为 7cm，最大不超过 50cm。通常盆径在 40cm 以上时因易破碎即用木盆，这一类素烧盆边缘有时加厚，成一明显的盆边，盆底都有排水孔，以排除多余水分。

b. 陶瓷盆：陶盆有两种，一种叫素陶盆，用陶泥烧制而成，有一定的排水、通气性；还有一种叫釉陶盆，即在素陶盆的外面加一层彩釉，精致美观，主要产于广东及江苏宜兴。瓷盆多为白色高岭土烧制而成，上涂彩釉，质地细腻，加工精巧，以江西景德镇产品最受欢迎。釉陶盆和瓷盆外形美观，但通气性差，对花卉栽培不适宜，一般多作套盆或作短期观赏使用。陶瓷盆外形除圆形外，亦有方形、菱形、六角形等。

c. 紫砂盆：以江苏宜兴产品为最好，河南、山西也生产，形式多样，造型美观，透气性能稍差，多用来养护室内名贵盆花及栽植树桩盆景之用。

d. 木盆或木桶：素烧盆如过大时容易破碎，因此，当需要用 40cm 以上口径的盆时，即采用木盆。木盆形状仍以圆形较多，但也有方形的，盆的两侧应设把手，以便搬动。木盆形状也应上大下小，以便于换盆时能倒出土团，盆下应有短脚。木盆用材宜选材质坚硬而不易腐烂的如红松、槲、栗、杉木、柏木等，且外部刷以油漆，既防腐，又美观，内部应涂以环烷酸铜加以防腐，盆底设排水孔，此种木盆多用于花木盆栽。

e. 塑料盆：质轻而坚固耐用，可制成各种形状，色彩也极为多样，是国外大规模花卉生产常用的容器，国内也应用较多。水分、空气流通不良，为其缺点，应注意培养土的物理性状，使之疏松通气，以克服此缺点。

② 依使用目的分类

a. 水养盆：专用于水生花卉盆栽之用，盆底无排水孔，盆面阔大而较浅，形状多为圆形。此外，如室内装饰的沉水植物，则采用较大的玻璃槽，以便观赏。球根水养用盆多为陶制或瓷制的浅盆，如我国常用的"水仙盆"。风信子也可采用特制的"风信子瓶"，专供水养之用。

b. 兰盆：兰盆专用于气生兰及附生蕨类植物的栽培，其盆壁有各种形状的孔洞，以便流通空气。此外，也常用木条制成各种式样的兰筐以代替兰盆。

c. 盆景用盆：盆景用盆，根据用途分为两大类，即树木盆景用盆和山水盆景用盆，前者盆底有排气孔，形状多样，色彩也很丰富，后者盆底无孔，均为浅口盆，形状单一。盆景用盆除包括紫砂陶盆、釉陶盆、瓷盆外，还有石盆、水泥盆等。石盆是采用汉白玉、大理石、花岗岩等加工而成，多见于长方形、椭圆形浅盆，适用于山石盆景使用。

（2）育苗容器 花卉种苗生产中常采用的育苗容器有育苗盘、穴盘、育苗钵等。

① 育苗盘 育苗盘也叫催芽盘，多由塑料制成，也可用木板自行制作。用育苗盘育苗有很多优点，如对水分、温度、光照容易调节，便于种苗贮藏和运输等。

② 穴盘 穴盘是用塑料制成的蜂窝状的、由同样规格的小孔组成的育苗容器。盘的大小及每盘上的穴洞数目不等。一般规格为 128～800 穴/盘。穴盘能保持花卉根系的完整性，节约生产时间，提高生产的机械化程度，便于花卉种苗的大规模工厂化生产。

③ 育苗钵 育苗钵是指培育小苗用的钵状容器，规格很多。按制作材料不同可划分为两类：一类是塑料育苗钵，由聚氯乙烯和聚乙烯制成，多为黑色，个别为其他颜色；另一类为有机质育苗钵，它是以泥炭为主要原料制作的，还可用牛粪、锯末、黄泥土或草浆制作。这种容器质地疏松、透气透水，装满水后能在底部无孔情况下 40～60min 内全部渗出。由于钵体会在土壤中迅速降解，不影响根系生长，移植时育苗钵可与种苗同时栽入土中，不会伤根，无缓苗期，成苗率高，生长快。

2. 其他器具

（1）浇水壶 有喷壶和浇壶两种。喷壶用来为花卉枝叶淋水除去灰尘，增加空气湿度。喷嘴有粗、细之分，可根据植物种类及生长发育阶段以及生活习性灵活取用。浇壶不带喷嘴，是直接将水浇在盆内，一般用来浇肥水。

（2）喷雾器 防虫防病时喷洒农药使用，或作温室小苗喷雾，以增加湿度，或作根外施肥，喷洒叶面等。

（3）修枝剪 用以整形修剪，以调整株形，或用作剪裁插穗、接穗、砧木等。

（4）嫁接刀 用于嫁接繁殖，有切接刀和芽接刀之分。切接刀选用硬质钢材，是一种有柄的单面快刃小刀；芽接刀薄，刀柄另一端带有一骨片。

（5）切花网 用于切花栽培防止花卉植株倒伏，通常用尼龙制成。

（6）遮阳网 又称寒冷纱，是高强度、耐老化的新型网状覆盖材料，具有遮光、降温、防雨、保湿、抗风及避虫防病等多种功能。生产中根据花卉种类选择不同规格的遮阳网，用于花卉覆盖栽培，借以调节、改善花卉的生长环境，实现优质花卉的生产目的。

（7）覆盖物 用于冬季防寒，如用草帘、无纺布制成的保温被等覆盖温室，与屋面之间形成防热层，可有效地保持室内温度，亦可用来覆盖冷床、温床等。

（8）塑料薄膜 主要用来覆盖大棚。塑料薄膜质轻、柔软、容易造型、价格低，适于大面积覆盖。其种类有很多，生产中应根据不同的温室和花卉采用不同的薄膜。

此外，花卉栽培过程中还需要竹竿、棕丝、铅丝、铁丝、塑料绳等用于绑扎支柱，还涉及各种标牌、温度计与湿度计等材料。

【思考与练习】

问答题

1. 根据建筑形式的不同，将温室分为哪几种类型，在生产中，如何根据使用要求选择不同的温室类型？

　　2. 温室在设计中，需综合考虑哪些因素？

　　3. 常见的灌溉方式有哪些，各有什么特点？

　　4. 温室加温设施和降温设施有哪些？

　　5. 根据质地不同，将花卉栽培分为哪些类型，各有什么优缺点？

项目二 ▶▶ 花卉生产技术基本技能

任务一　花卉的识别与分类

 知识目标 ▶▶

1. 掌握花卉分类的各种方法。
2. 熟悉不同分类类型花卉的特点与代表性种或品种。

技能目标 ▶▶

1. 识别常见花卉的系统分类。
2. 正确并能熟练地对所识别的花卉进行综合分类。

【知识准备】

一、按植物分类系统分类

　　按植物分类系统分类又叫自然分类法或系统分类法。每一个种在植物分类系统中都有一定的地位，并且仅占一个席位，同时力求按植物的进化程度及亲缘关系顺序排列，因而揭示了植物界系统发育和个体发育的规律，理顺了植物之间的亲缘关系。分类阶层的顺序是界、门、纲、目、科、属、种，各级以下又分亚级、亚纲、亚目、亚科，种以下增加了变种、变型、品种。此又分为恩格勒分类系统和哈钦松分类系统，本书是按 Hans Melchior 修订的 Engler 分类系统进行介绍的。

　　花卉依植物分类系统分类在应用上有其缺点，主要表现在：一是花卉的专业性太强，二是此种分类有时与生产实践不一致，不能显示其栽培和观赏特点。如温室花卉中便包括不同的许多种植物；肉质多浆花卉的形态、生理和生态相似，栽培方法也一致，但竟来自不同的40余科。并且在分类方法中对品种（variety）和变种要区别开来。

二、按花卉的原产地分类

　　花卉原产地或分布区的环境条件包括气候、地理、土壤、生物及历史等方面。其中以气候条件，主要是水分与温度状况，起着主导作用。因此，常按不同的气候型划分花卉的原产地，即按不同的气候型分别列举出原产地的花卉种类。

1. 中国气候型

中国气候型亦称大陆东岸气候型。其特点是冬寒夏热，年温差较大，夏季降水量较多。属于此气候型的地区有：中国的大部分地区、日本、北美东部、巴西南部、大洋洲东部、非洲东南部等地。依冬季气温的高低可分为温暖型和冷凉型。

（1）温暖型 包括中国长江以南、日本南部、北美东南部等地。原产的花卉有：中国石竹、百合、非洲菊、报春花、福禄考、天人菊、矮牵牛、半支莲、麦秆菊、一串红、凤仙花、美女樱、马蹄莲、石蒜、唐菖蒲等。

（2）冷凉型 包括中国北部、日本东北部、北美东北部等地。原产的花卉有：花菖蒲、燕子花、菊花、翠菊、荷兰菊、黑心菊、荷包牡丹、芍药、非洲矢车菊、金光菊等。

2. 欧洲气候型

欧洲气候型亦称大陆西岸气候型。其特点是冬季温暖，夏季气温不高，一般气温不超过15～17℃；降水量较少，但四季较均匀。属于此气候型的地区有：欧洲大部分、北美西海岸中部、南美西南部、新西兰南部等地。原产的花卉有：矢车菊、紫罗兰、三色堇、耧斗菜、毛地黄、铃兰、宿根亚麻、羽衣甘蓝、雏菊、喇叭水仙等。

3. 地中海气候型

地中海气候型以地中海沿岸气候为代表。其特点是冬季最低温度为 6～7℃，夏季为20～25℃；自秋季至次年春末为降雨期，夏季极少降雨，为干燥期。多年生花卉常呈球根状态。属于该气候型的地区有：南非好望角附近、大洋洲和北美的西南部、南美智利中部、北美洲加利福尼亚等地。原产这些地区的花卉有：高山石竹、紫罗兰、金盏菊、风信子、郁金香、水仙、瓜叶菊、香雪兰、蒲包花、天竺葵、鹤望兰等。

4. 墨西哥气候型

墨西哥气候型又称热带高原气候型。其特点是周年温度为 14～17℃，温差小，降雨量因地区而不同，有的雨量充沛均匀，也有集中在夏季的。属于该气候型的地区除墨西哥高原之外，尚有南美洲安第斯山脉、非洲中部高山地区、中国云南省等地。主要的花卉有：百日草、波斯菊、大丽花、晚香玉、万寿菊、藏报春、一品红、球根秋海棠等。

5. 热带气候型

该气候型的特点是周年高温，约为 30℃，温差小；空气湿度较大，有雨季与旱季之分。属于此气候型的又可分为以下两个地区。

（1）亚洲、非洲、大洋洲的热带地区 原产该地区的花卉有：鸡冠花、彩叶草、凤仙花、猪笼草、非洲紫罗兰、蟆叶秋海棠、虎尾兰、万带兰等。

（2）中美洲和南美洲热带地区 原产该地区的花卉有：紫茉莉、卵叶豆瓣绿、四季秋海棠、竹芋、大岩桐、椒草、美人蕉、水塔花、卡特兰、朱顶红等。

6. 沙漠气候型

该气候型的特点是周年降雨少，气候变化极大，昼夜温差也大，干旱期长；多为不毛之地，土壤质地多为沙质或以沙砾为主。属于该气候型的地区有：非洲、大洋洲中部、墨西哥西北部及我国海南岛西南部。原产地花卉有：芦荟、龙舌兰、仙人掌类、龙须海棠、伽蓝菜等多浆植物。

7. 寒带气候型

该气候型的特点是气温偏低，尤其是冬季漫长寒冷，而夏季短暂凉爽。植物生长期只有2～3 个月。我国西北、西南及东北山地一些城市，地处海拔1000m 以上也属高寒地带，栽培花卉时要考虑到气候型的因素。属于该气候型的地区有：阿拉斯加、西伯利亚、斯堪的纳维亚等寒带地区及高山地区。主要的花卉有绿绒蒿、雪莲、细叶百合、镜面草、龙胆等。

三、按花卉生活型分类

1. 一二年生花卉

（1）一年生花卉 又称春播花卉。从种子发芽开始一年内完成其生长、发育、开花、结实直至死亡的生命周期，即经过春天播种，夏秋开花、结实后枯死。如一串红、鸡冠花、万寿菊、孔雀草、千日红、翠菊、麦秆菊、波斯菊、硫华菊、百日草、半支莲、五色草、藿香蓟、凤仙花等。

（2）二年生花卉 又称秋播花卉。从种子发芽开始，在第一个生长期内继续生长，至翌年的第二生育期内开花、结实直至死亡的花卉，即经过秋天播种、幼苗越冬，翌年春夏开花、结实后枯死。如须苞石竹、毛地黄、羽衣甘蓝、金盏菊、雏菊、金鱼草、三色堇、桂竹香、风铃草、矮雪轮、矢车菊等。

2. 宿根花卉

地下部分的形态正常，不发生变态现象；耐寒性较强，能露地越冬，地上部分表现出一年生或多年生性状。地上部分表现为一年生性状的如福禄考、芍药、菊花、蛇鞭菊、宿根天人菊、金光菊、紫松果菊、一枝黄花、乌头、楼斗菜、铁线莲、荷包牡丹、蜀葵、剪秋罗、随意草、桔梗、射干、火炬花、萱草、玉簪等；地上部分表现为多年生性状的有万年青、吉祥草、麦冬、沿阶草等。

3. 球根花卉

地下部分的根或茎发生变态，形成膨大的部分，以度过寒冷的冬季或干旱炎热的夏季（呈休眠状态）。根据地下茎或根的形态不同，可分为以下几类。

（1）鳞茎类 鳞茎是易于与其他地下变态相区别的变态茎。在鳞茎类占比例最大，可见部分是变态叶。其茎肉质扁平而短缩，位于鳞茎的基部，称鳞茎基或鳞茎盘。中央有顶芽，将来长成叶片、花葶或地上枝。顶芽被一至多数肉质鳞叶包围。肉质鳞叶是由叶或叶的基部变态形成。鳞茎大致可分为有皮鳞茎和无皮鳞茎两大类。有皮鳞茎是鳞茎的最外层，尤其是在休眠的成熟鳞茎中，有一层至少数几层干膜质的鳞片叶包被，对内部的肉质鳞叶起保护作用，如郁金香（图1-2）、水仙、石蒜、葡萄、风信子等。无皮鳞茎是外表无干膜质的鳞片叶包被，肉质鳞叶不成筒状而为鳞片状，旋生在鳞茎盘上，如百合、贝母等。

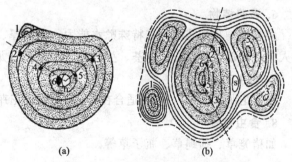

图1-2 郁金香新球的形成

（a）种植时种球的横断面 （b）掘起时新球的排列

1—外子球；2～5—子球形成顺序；6—中心球；

n—芽；s—旧花梗

（2）球茎类 球茎是比较短缩的变态茎，它有明显的节与节间，节上环生干膜质鳞片，将球茎包被起保护作用。球茎有发达的顶芽，将来抽叶开花，如唐菖蒲、小苍兰等。

（3）块茎类 块茎是由地下根状茎的顶端膨大而形成的。它的节不明显，但有螺旋状着生而易辨认的芽及退化叶脱落后留下的叶痕。在它的上面不直接产生根。如马蹄莲等。

（4）根茎类　它是横卧地下、节间伸长、外形似根的变态枝。有明显的节、节间、芽和叶痕，易与根区别。根状茎在植物中普遍存在，在蕨类、双子叶植物、单子叶植物中均能看到。如美人蕉、荷花、睡莲等。

（5）块根类　块根是由不定根或侧根膨大而形成的。其功能为贮存养分和水分。一般在块根上不形成不定芽，故块根一般不直接作繁殖用。如大丽花、花毛茛等。

4. 水生花卉

水生花卉是指生长在水中或沼泽地中耐水湿的多年生花卉。它们中的绝大多数要分布在1～2m深的水中，常见的如荷花、睡莲、萍蓬草、菖蒲、香蒲、黄菖蒲、水葱、芡实、千屈菜、凤眼莲等。按水生花卉的生长习性与水的关系可分为：

（1）挺水植物　根生于泥中，茎叶挺出水面，如荷花、水生鸢尾、千屈菜、水葱、菖蒲、香蒲、雨久花等。

（2）浮水植物　根生于泥中，叶片浮于水面或略高出水面，如睡莲、王莲、萍蓬草、莼菜等。

（3）沉水植物　根生于泥中，茎叶全部沉于水中，或水浅时偶露于水面，如金鱼藻、玻璃藻等。

（4）漂浮植物　根伸展在水中，叶片浮于水面，随水漂动，在水浅处也可扎根泥中，如凤眼莲、浮萍、莕菜等。

前两种常用于园林水面绿化。

5. 兰科植物

（1）依其生态习性不同，又可分为两类：一类是生长在土壤上的地生兰类，如春兰、建兰、蕙兰、墨兰、寒兰等；一类是着生在树木岩石上的附生兰类，如卡特兰、蝴蝶兰、石斛、兜兰等。后者有气生根，假球茎肥大能贮存养分和水分。还有一类为腐生兰，不常见。

（2）根据形态可分为单分枝兰和多分枝兰。

6. 多浆植物

多浆植物是指茎叶具有特殊贮水能力，呈肥厚、多汁、变态状的植物，并能耐干旱，如仙人掌、蟹爪兰、昙花、芦荟、生石花、玉米石、龙凤木、龙舌兰等。

7. 岩生花卉

岩生花卉是指耐旱性强，适合在岩石园栽培的花卉，如虎耳草、香堇、蓍草、景天类等。

8. 食虫植物

如猪笼草、捕蝇草、瓶子草等。

四、按花期分类

根据长江中下游地区的气候特点和花卉自然开花的盛花期进行分类。

（1）春季花卉　指2～4月期间盛开的花卉，如三色堇、金盏菊、虞美人、郁金香、花毛茛、风信子、水仙等。

（2）夏季花卉　指5～7月期间盛开的花卉，如金鱼草、荷花、火星花、石竹等。

（3）秋季花卉　指在8～10月盛开的花卉，如一串红、万寿菊、翠菊、大丽花等。

（4）冬季花卉　指在11月至翌年1月开花的花卉。因冬季严寒，长江中下游地区露地栽培的花卉花朵能盛放的种类稀少，常用观叶花卉代之，如羽衣甘蓝、红叶甜菜。温室内开花的有多花报春、鹤望兰等。

五、按观赏部位分类

按花卉可观赏的花、叶、果、茎等器官进行分类。

（1）观花类　以观花为主的花卉，欣赏其色、香、姿、韵。如火炬花、月季、牡丹、山茶、鸢尾、虞美人、菊花、风信子、荷花、霞草、飞燕草、晚香玉等。

（2）观叶类　以观叶为主的花卉，其叶形奇特，或带彩色条斑，富于变化，具有很高的观赏价值，如苏铁、橡皮树、朱蕉、龟背竹、红背桂、月桂、金边吊兰、花叶芋、彩叶草、五色草、蔓绿绒、旱伞草、蕨类等。

（3）观果类　植株的果实形态奇特、艳丽悦目，挂果时间长且果实干净，可供观赏。如金橘、五色椒、金银茄、冬珊瑚、佛手、乳茄、气球果等。

（4）观茎类　这类花卉的茎、分枝或叶常发生变态，表现出婀娜多姿，具有独特的观赏价值。如文竹、竹节蓼、山影拳、虎刺梅、木瓜、光棍树等。

（5）观芽类　主要观赏其肥大的叶芽或花芽，如结香、银芽柳等。

（6）其他　有些花卉的其他部位或器官具有观赏价值，如马蹄莲观赏其色彩美丽、形态奇特的苞片；海葱则观赏其硕大的绿色鳞茎。

六、按经济用途分类

（1）药用花卉　如百合、芍药、麦冬、桔梗、贝母、石斛等。

（2）香料花卉　如晚香玉、香雪兰、香董、玉簪、薄荷等。

（3）食用花卉　如百合、菊花脑、黄花菜、落葵、藕、芡实等。

（4）其他花卉　可生产纤维、淀粉及油料的花卉，如鸡冠花、扫帚草、黄秋葵、马蔺、含羞草、蜀葵等。

七、按栽培方式分类

按栽培方式分为露地栽培、温室栽培、切花栽培、促成栽培、抑制栽培、无土栽培、荫棚栽培和种苗栽培等。

任务实践与要求 ▶▶

1. 任务要求

正确认识校园或附近居住区、公园应用的花卉种类并进行分类；对校园或周围环境中所选择使用花卉的适宜性进行分析，从而指导花卉生产和园林绿化合理进行。

2. 工具与材料

记录板、扩大镜、卷尺以及《花卉识别记录手册》等。

3. 实践步骤

由教师现场指导识别花卉，并按生活型、栽培方式、观赏特性等进行分类；学生3～5人一组，通过观察分析并对照识别手册或相关专业书籍，记载花卉主要观赏部位的形态，并记忆花卉中文名和学名，归纳其所属类别；观察不同生长条件或栽培方式下花卉的生长发育表现，了解各花卉的生态习性；以列表的形式介绍各种花卉的分类。

4. 任务实施

识别300～400种或品种花卉。

任务二　花卉的有性繁殖

 **知识目标** ▶▶

1. 了解有性繁殖的特点及其适用范围。
2. 掌握影响种子的选择要求和播种发芽条件。
3. 掌握播种繁殖的方法。

技能目标 ▶▶

1. 会选择优良种子。
2. 能根据不同种子选用对应的播前处理方法。
3. 能合理运用花卉播种的三种方式的操作技法。
4. 能独立进行花卉穴盘育苗的基本操作。

【知识准备】

一、有性繁殖的概念及特点

花卉繁殖是花卉繁衍后代、保持种植资源的手段。只有将种植资源保持下来，繁殖一定的数量，才能为园林绿化所应用，满足园林绿化的需要，并为花卉选育品种提供必要的材料。

花卉繁殖的方法有多种，大致可分为有性繁殖、无性繁殖和组织培养。

有性繁殖也称为种子繁殖或播种繁殖，是指用种子培养成新植株的方法。用种子繁殖的苗，称为实生苗或播种苗。采用播种繁殖的花卉，根系强健、入土深，生长旺盛、寿命长，但后代容易出现分离，产生退化和变异。

二、种子来源与品质

采用植物种子播种获得幼苗的繁殖方法称为播种繁殖。播种繁殖是花卉生产中最常用的繁殖方法之一。凡是能采收到种子的花卉均可进行播种繁殖。其内容包括制种与采种、种子贮藏及播种几个环节。

1. 花卉种子的来源

种子是有生命力的生产资料。种子来源最常见的三条途径分别为采收、购买和交换。目前，国际上一些著名的种苗公司逐步进入中国市场，它们通过国内经销商代理或合资、独资经营的方式提供最新、最具优良品质的新品种或 F1 代杂交种。生产商通过购买优质花卉种子进行花卉生产是目前最为常用的途径。生产商之间的种子交换，是获得种子的又一途径。通过购买和交换的种子只需进行播种前处理即可进行播种。

2. 优良种子的条件

优良种子是花卉栽培成功的重要保证，优良种子应具有以下条件。

（1）品种纯正　品种纯正的种子是顺利进行花卉生产的基础和保证。花卉种子形状各异，通过种子的形状可以确认品种，如弯月形（金盏菊）、地雷形（紫茉莉）、鼠粪形（一串红）、肾形（鸡冠花）、卵形（金鱼草）、椭圆形（四季秋海棠）等。

在种子采收、处理去杂、晾干、装袋贮存整个过程中，要标明品种、处理方法、采收日期、贮藏温度、贮藏地点等，以确保品种正确无误。

（2）发育充实 优良的种子具有很高的饱满度，发育已完全成熟，播种后具有较高的发芽势和发芽率。这类种子常常籽粒大而饱满，含水量低，种子色泽深沉，种皮光亮。

通常大粒种子，千粒重约为 10g，如牵牛花、紫茉莉、旱金莲等；中粒种子，千粒重约为 1g，如一串红、金盏菊、万寿菊等；小粒种子，千粒重约为 0.5g，如鸡冠花、石竹、翠菊、金鸡菊等；微粒种子，千粒重约为 0.1g，如矮牵牛、虞美人、半枝莲等。

（3）富有生活力 种子成熟后，随时间的推移，生活力逐日下降。新采收的种子比陈旧种子的发芽率及发芽势均高，所长出的幼苗多半生长强健。

花卉种类不同，其种子寿命长短差别也较大，如翠菊、福禄考、长春花等，寿命年限在 1 年左右；虞美人、金鱼草、三色堇等寿命年限在 2～3 年内；而鸡冠花、凤仙花、万寿菊等的寿命年限为 4～5 年。

（4）无病虫害 种子是传播病害及虫害的重要媒介，因此，要建立种子检疫及检验制度以防各种病虫害传播。一般而言，种子无病虫害幼苗也健康。

三、种子的发芽条件

花卉种子，只有在水分、温度、氧气和光照等外界条件适宜时才能顺利发芽生长。对于休眠种子来说，还得首先打破休眠状态。

1. 水分

花卉种实萌发首先需要吸收充足的水分。种子吸水后，开始膨胀使种皮破裂，种子呼吸强度加大，其内部各种酶的活动也随之旺盛起来，贮存在种子内部的蛋白质、脂肪、淀粉等物质即行分解、转化成可被吸收利用的营养物质，输送到胚以保证胚的生长发育，幼芽也随之萌出。

此外，对于一些种皮较厚、坚硬、吸水困难的种子（通称硬实种子），如牡丹、牵牛花、美人蕉、香豌豆等通常要在播种前把种子浸在 70℃的温水中 5min，或用小刀进行刻破、挫伤等预处理，以保证播种后能顺利吸水、正常发芽。而万寿菊、千日红等种皮外被绒毛的花卉，播种前最好先去除绒毛或直接播种在蛭石里，以促进吸水、保证萌发。

2. 温度

花卉种实萌发的适宜温度依种类及原产地的不同而异。通常原产地的温度越高，种子萌芽所要求的温度也越高（表1-4）。发芽适温是温带植物 10～15℃，亚热带、热带植物 25～30℃。一般花卉种子萌芽适温要比生育适温高出 3～5℃。

表1-4 观赏植物贮藏与温度发芽的关系

种类	贮藏/月		最低温度		最适温度		最高温度		对光反应
	<3℃	3～10℃	温度/℃	发芽率/%（发芽天数/天）	温度/℃	发芽率/%（发芽天数/天）	温度/℃	发芽率/%（发芽天数/天）	
翠菊	>52 以上	41			25	84～98（4～6）			无关系
文竹	24	12	10	4～13（33～37）	20～25	85～96（15～21）	35	69～96（16～25）	

续表

种类	贮藏/月		最低温度		最适温度		最高温度		对光反应
	<3℃	3~10℃	温度/℃	发芽率/%（发芽天数/天）	温度/℃	发芽率/%（发芽天数/天）	温度/℃	发芽率/%（发芽天数/天）	
长寿花	18	12			20	89~95(7~16)	30~35	4~15(18~11)	必需
荷包花	4	4	10	28~37(15~16)	15	82~94(9~11)	30	3~55(17~31)	无关系
仙客来	52	52	10	16~18(51~54)	25	88~98(11~13)	30	16~33(41~48)	黑暗条件下发芽
紫罗兰	52	41			20	83~99(4~7)			必需
百日草	41	41			20~25	81~100(4~5)			无关系
碧冬茄	>52	>35	10	27~31(24~25)	25	85~96(4~6)			
半边莲	35	35	10	49~67(22~22)	20	81~91(4~6)	35	35~60(6~7)	无关系
金鱼草	>52	13			20	60~99(14~21)	35	4~12	无关系
万寿菊	>52	>52	10	58~62(9~10)	20	83~90(4~5)	35	60~76(5~7)	无关系

3. 氧气

没有充足的氧气，种子内部的生理代谢活动就不能顺利进行，因此种子萌发必须有足够的氧气，这就要求大气中含氧充足，播种基质透气性良好。当然，水生花卉种子萌发所需的氧气量是很少的。

4. 光照

大多数花卉种子的萌发对光照要求不严格，但是好光性种子萌芽期间必须有一定的光照，如毛地黄、矮牵牛、凤仙花等；而嫌光性种子萌芽期间必须遮光，如雁来红、黑种草等。

四、种子的采收

对于常规花卉的种子则可以自行制种和采种。

1. 选择留种母株

要得到优质的花卉种子，一定要对留种植株进行选优。留种母株必须选择生长健壮、能充分体现品种特性而无病虫害的植株。要在始花期开始选择，以后要精细栽培管理。

大面积栽培，应选地势高燥、阳光充足、土壤肥沃、土质良好的圃地作留种地，并进行留种母株的专门培养，以保证种子粒大饱满。在种植时为了避免品种混杂，对一些近缘的异花授粉花卉要隔离种植。还要对母株进行严格的检查、鉴定，及时淘汰劣变、混杂的植株。同时还要注意一些芽变植株，发现后立即标好标签，进行观察、记录，以便作为一个新品种收藏。

2. 采收

采收花卉的种子，一般应在其充分成熟后进行。采收时要考虑果实的开裂方式、种子的着生部位，以及种子的发育顺序和成熟度。花卉种子很多都是陆续成熟，采收宜分批进行。

对于翅果、荚果、角果、蒴果等易于开裂的花卉种类，为防止种子飞散，宜提早采收，或事先套袋，使种子成熟后落入袋内。采收的时间应在晴天的早晨进行，以减少种子落失。而对种子成熟后不易散落的花卉种类，可以一次性采收，即当整个植株全部成熟后，连株拔起，晾干后脱粒。

3. 种子贮藏

种子采收后首先要进行整理。通常是先晒干或阴干，脱粒后，放在通风阴凉处，使种子充分干燥，将含水量降到安全贮藏范围内。晾晒时要避免种子在阳光下曝晒，否则会使种子丧失发芽力。此后要去杂去壳，清除各种附着物。

种子处理好后即可贮藏。种子贮藏的原则是降低呼吸作用，减少养分消耗，保持活力，延长寿命。一般来说，干燥、密闭、低温的环境都可抑制呼吸作用，所以多数花卉种子适宜低温干藏。

4. 常见的花卉种子贮藏方法

（1）自然干燥贮藏法　主要适用于耐干燥的一二年生草本花卉种子，经过阴干或晒干后装入纸袋，放在通风干燥的室内贮藏。

（2）干燥密封贮藏法　将上述充分干燥的种子，装入瓶罐中密封起来贮藏。

（3）低温干燥密封贮藏法　将上述充分干燥密封的种子存放在1～5℃的低温环境中贮藏，这样能很好地保持花卉种子的生活力。

五、播种时期

1. 春播

一年生草花大多为不耐寒花卉，多在春季播种。我国江南地区约在3月中旬到4月上旬播种。

2. 秋播

二年生草花大多为耐寒花卉，多在秋季播种。江南多在10月上旬至10月下旬播种。冬季入温床或冷床越冬。宿根花卉的播种期依耐寒力强弱而异。耐寒性宿根花卉一般春播、秋播均可，也可在种子成熟后即播。

3. 随采随播

有些花卉种子含水分多，生命力短，不耐贮藏，失水分后容易丧失发芽力，应随采随播。如君子兰、四季海棠等。

4. 周年播种

热带和亚热带花卉的种子及部分盆栽花卉的种子，常年处于恒温状态，种子随时成熟。如果温度合适，种子随时萌发，可周年播种。如中国兰花、热带兰花等。

六、播种量

播种量都是根据发芽率的大小，且预估生育中途苗的损失来决定，一般倾向于多播一些，但随着近年来育种技术的进步，苗的损失也减少，播种量也变得更为经济了。一般可根据种子的大小以及发芽率的好坏不同，计算花卉必要的播种量。

七、播种前种子的处理

种子处理可以促进种子早发育，使出苗整齐，由于各种园林植物种子的大小、种皮的厚薄以及本身的性状不同，应采用不同的处理方法区别对待。种子处理的方式有浸种催芽、挫伤种皮、剥壳、化学药剂处理以及层积处理等。

1. 浸种催芽

浸种是使种子在短期吸足萌动所需全部水量的一种措施。浸种时间的长短取决于种粒的大小和种子吸水的快慢。用温水浸种较冷水好，时间也短。如采用冷水浸种，以不超过一昼夜为好。一般在种子膨胀后即可将其捞出装入小布袋内，保持潮湿，进行催芽，至种子萌动时，即行播种。催芽是在浸种的基础上，人工控制适宜的温湿度和供应充足的氧气，使种子露白发芽的措施。

2. 挫伤种皮

对于种皮厚硬的种子，种皮坚硬不易透水、透气，发芽困难，如荷花、美人蕉等，可在种子近脐处将种皮挫伤，用温水浸泡后再播种，可促进发芽。

3. 剥壳

对于果壳坚硬不易发芽的种子，如黄花夹竹桃等，需剥去果壳后再播种。

4. 化学药剂处理

化学药剂处理又称为药剂浸种，是采用强酸或强碱如浓硫酸或氢氧化钠处理种子，使种皮软化，改善种皮的通透性，再用清水洗净后播种。处理的时间从几分钟到几小时不等，视种皮的坚硬程度及透性强弱而异，注意所选用药剂和浓度、浸泡时间及浸后种子清洗等。

5. 层积处理

把花卉种子分层埋入湿润的素沙里，一层种子一层湿沙堆积，在室外经冬季冷冻，种子休眠即被破除。这也可以在控温条件下完成。经层积处理后即可取出，筛去沙土，或直接播种，或催芽后再播。层积处理的适温为1～10℃，多数植物以3～5℃为最好。一般植物需层积1～6个月。如杜鹃、榆叶梅需30～40天，海棠需50～60天，桃、李、梅等需要70～90天，蜡梅、白玉兰需3个月以上。

八、播种方法

1. 盆播

采用盆口较大的浅盆或浅木箱进行花卉的播种繁殖称为盆播。此法常用于温室花卉等需要精细播种和养护管理的花卉。

（1）苗盆准备　一般播种盆深10cm，直径30cm，底部有5～6个排水孔。新盆播种前需淬火去碱，旧盆要洗刷清洁后进行消毒，晾干待用。

（2）盆土准备　苗盆底部的排水孔采用瓦片或纱网覆盖，盆底铺2cm厚粗粒河沙和细粒石子，以利排水，上层装入过筛消毒的播种培养土，颠实、刮平即可播种。

（3）播种　小粒、微粒种子掺土后撒播（如四季海棠、蒲包花、瓜叶菊、报春花等），大粒种子点播。播后用细筛视种子大小覆土，用木板轻轻压实。微粒种子覆土要薄，以不见种子为度。

（4）播种方法　根据花卉种类、耐移栽程度、用途可选择点播、条播或撒播的播种方式。

① 撒播法　即将种子均匀播撒于苗床。撒播法操作简单，省工，出苗量大，占地面积小。但播种不均匀，幼苗常因拥挤而发生徒长，也易发生病虫害，在后期管理中除草较为困难。此法适用于种子量大而出苗容易或小粒种子的花卉类型。为了使撒播均匀，通常在种子内拌入3～5倍的细沙或细碎的泥土。撒播时，为使种子易与苗床表土密切接触，可在播前先行对苗床灌水，然后再进行播种。如鸡冠花、翠菊、金鸡菊、三色堇、虞美人、石竹等采

用此法。

② 条播法　即种子成条播种的方法。条播管理方便，通风透光好，有利于幼苗生长。其缺点为出苗量不及撒播法。此法常用于中粒种子的花卉类型。如一串红、金盏菊、万寿菊、文竹、天门冬等。

③ 点播法　也称穴播，是按照一定的行距和株距，进行开穴播种，一般每穴播种 2~4 粒。点播用于大粒种子播种。此法幼苗生长最为健壮，但出苗量少，常用于直播栽培的露地花卉等类型。如紫茉莉、牡丹、芍药、牵牛花、金莲花、君子兰等。

（5）播种深度及覆土　播种的深度也是覆土的厚度。一般覆土深度为种子直径的 2~3 倍，大粒种子宜厚，小粒种子宜薄。播种后，使种子与土壤紧密结合，便于吸收水分而发芽，将苗床面压实，用喷洒的形式浇水，保持土壤墒情。通常大粒种子覆土深度为种子厚度的 3 倍左右；细小粒种子以不见种子为宜，最好用 0.3cm 孔径的筛子筛土。覆土完毕后，在床面上覆盖芦帘或稻草，然后用细孔喷壶充分喷水，每日 1~2 次，保持土壤润湿。干旱季节，可在播种前充分灌水，待水分充分渗入土中再播种覆土。如此可保持土壤湿润时间较长，又可避免多次灌水致使土面板结。

（6）播种后的管理　播种后需注意以下几个问题。

① 保持苗床的湿润，初期给水要偏多，以保证种子吸水膨胀的需要，发芽后适当减少，以土壤湿润为宜，不能使苗床有过干过湿现象。

② 播种后，如果温度过高或光照过强，要适当遮阳，避免地面出现"封皮"现象，影响种子出土。

③ 播种后期根据发芽情况，适当拆除遮阳物，逐步见阳光。

④ 当真叶出土后，根据苗的稀密程度及时"间苗"，去掉纤细弱苗，留下壮苗，充分见阳光"蹲苗"。

⑤ 间苗后需立即浇水，以免留苗因根部松动而死亡。当长出 1~2 片真叶时用细眼喷壶浇水，当长出 3~4 片叶时可分盆移栽。

（7）浸盆法浇水　盆播给水采用盆底浸水法，即将播种盆浸到水槽里，下面垫一倒置空盆，以通过苗盆的排水孔向上渗透水分，至盆面湿润后取出。浸盆后用玻璃和报纸覆盖盆口，防止水分蒸发和阳光照射。夜间将玻璃掀去，使之通风透气，白天再盖好。

（8）管理　盆播种子出苗后立即掀去覆盖物，拿到通风处，逐步见阳光。可保持使用盆底浸水法给水。

2. 直播

对一些不耐移栽的花卉，如牵牛、虞美人、霞草等，可直播到园林中的花坛、花境应用地，不再移植。

播种后进行适当的覆盖遮阴，以防止蒸发过快，使土壤始终保持湿润，促进种子萌发。对于小粒种子，播种后如基质变干，最好能用喷雾器喷水，切不可采用洒水法。待种子发芽后，逐渐增强光照，及时间苗。

3. 穴盘育苗

穴盘育苗是采用一次成苗的容器进行种子播种及无土栽培的育苗技术，是目前国外工厂化专业育苗采用的最重要的栽培手段之一，也是花卉苗木生产中的现代产业化技术之一。

（1）穴苗盘的选择　市场上穴盘的种类比较多，一般有 72 穴、128 穴、288 穴、392 穴等类型。根据所培育的品种、计划培育成品苗的大小选用适宜大小的穴盘。

（2）穴盘育苗的基质　穴盘育苗采用的基质主要有泥炭土、蛭石、珍珠岩等。

（3）播种和催芽　播种采用机械或人工播种，一穴一粒种子，种子发芽率要求在98%以上。花卉生产中大量播种时，常在农场配有加温设备，可以精确地控制温度、湿度和光照，为种子萌发创造最佳条件。播种后将穴盘移入发芽室，待出苗后移至温室。待长到一定大小时移栽到大一号的穴盘中，一直到出售应用。

 **任务实践与要求** ▶▶

1. 任务要求

通过独立完成某一种花卉的播种育苗及发芽管理的过程，掌握花卉播种育苗的操作技术及幼苗管理，并能正确分析在此过程中出现的问题，并提出解决方法。

2. 工具与材料

（1）用具　播种盆、育苗盘、穴盘（128孔或288孔）、筛子、花铲、喷壶等。

（2）材料　一串红、矮牵牛等草花种子，泥炭土、蛭石、珍珠岩、河沙等基质。

3. 实践步骤

（1）基质配制　将泥炭土、蛭石、珍珠岩或泥炭土、蛭石、河沙按2∶1∶1，或泥炭土、蛭石为2∶1比例配好，过孔径0.5cm筛，备用。

（2）装基质　将配好的基质装入播种盆、育苗盘及穴盘中。注意下部装筛出的大粒基质、上部1/3装过筛后的细粒基质。基质填入后，用木条或刮板将土面压实刮平，使土面距盆沿为2～3cm。

（3）浇水　将装好基质的播种盆、育苗盘及穴盘，用细喷头喷水，直到盆底排水孔有水渗出，或用"浸盆法"给水。

（4）播种

①将一串红、万寿菊等花卉种子按每盆1.5～2g的量均匀撒在播种盆或育苗盘中，覆土，厚度为种子粒径的2倍左右。或用镊子夹取一串红、万寿菊的种子，植入穴盘中，每穴1粒，深度为0.3～0.5cm。

②将矮牵牛种子混入10倍左右河沙，均匀撒在播种盆或育苗盘内，不覆土。

（5）播后管理　播种后盆面覆盖塑料膜保湿，每天通风一次，发现基质表面缺水时要及时补充水分。注意补水时要用喷雾法或浸盆法。大部分种子出芽后要揭掉塑料膜，逐渐移于光照充足处。待两片叶子完全展开并长出一、二片真叶时进行分苗。

4. 任务实施

每人播种一穴盘，自播种开始，后续的管理都由自己完成，在此过程中，要记录播种育苗过程并观察种子出苗情况，填入表1-5。

表1-5　草花播种育苗过程记录表

种名	播种日期	开始发芽日期	80%发芽日期	真叶出现日期	分苗日期

5. 任务考核标准

考核从学生的实训态度、操作规范、苗期管理、发芽率等四个方面进行，具体见表1-6。

表 1-6　播种繁殖任务考核标准

考核项目	考核要点	等级分值					备注
		A	B	C	D	E	
实训态度	积极主动	10～9	8.9～8	7.9～7	6.9～6	<6	
操作规范	操作规范	35～33	32.9～30	29.9～25	24.9～21	<21	
苗期管理	水肥管理合理	35～33	32.9～30	29.9～25	24.9～21	<21	
发芽率	发芽率数量	20～18	17.9～16	15.9～14	13.9～12	<12	

任务三　花卉的无性繁殖

知识目标 ▶▶

1. 了解花卉无性繁殖特点、种类及适用范围。
2. 掌握花卉分生繁殖、扦插繁殖、嫁接繁殖技术和繁殖后期的管理。

技能目标 ▶▶

1. 能正确进行扦插繁殖插穗修剪及扦插操作。
2. 能正确进行分生繁殖的操作。
3. 能正确进行压条繁殖的操作。
4. 能进行嫁接繁殖中枝接、芽接的具体操作。

【知识准备】

一、无性繁殖的概念及特点

无性繁殖也称为营养繁殖，是指利用花卉营养器官（根、茎、叶）的一部分进行繁殖获得新植株的方法。无性繁殖包括分生繁殖、嫁接繁殖、扦插繁殖和压条繁殖等方法。无性繁殖可以保持品种的优良性状，提早开花，但繁殖系数小，植株根系分布浅。

二、扦插繁殖

扦插繁殖是指切取植物的茎、叶、根的一部分，插入生根介质，使其生根或发芽，成为独立植株的繁殖方法。扦插所用的一段营养体称为插条（插穗）。扦插的类型有枝插、叶插和根插等形式。

1. 扦插成活的原理

扦插成活的原理主要基于植物营养器官具有再生能力，可发生不定芽和不定根，从而形成新的植株。当根、茎、叶脱离母体时，植物的再生能力就会充分表现出来，从根上长出茎叶、从茎上长出根、从叶上长出茎和根等。当枝条脱离母体后，枝条内的形成层、次生韧皮部和髓部，都能形成不定根的原始体而发育成不定根。用根作插条，由根的皮层薄壁细胞长出不定芽而长成独立植株。利用植物的再生功能，把枝条等剪下插入扦插基质中，在基部能长出根，上部发出新芽，形成完整的植株。

2. 扦插生根的环境条件

（1）温度　不同种类的花卉，要求不同的扦插温度。大多花卉种类适宜扦插生根的温度为 $15\sim20℃$，嫩枝扦插的温度宜在 $20\sim25℃$，热带花卉植物可在 $25\sim30℃$ 以上。当插床基质温度（地温）高于气温 $3\sim6℃$ 时，可促进插条先生根后发芽，成活率高。

（2）湿度　插穗生根前，需保持水分平衡，插床环境要保持较高的空气湿度。一般插床基质含水量控制在 $50\%\sim60\%$，插床保持空气相对湿度为 $80\%\sim90\%$。

（3）光照　绿枝扦插带叶片，便于在阳光下进行光合作用，促进碳水化合物的合成，提高生根率。由于叶片表面积大，阳光充足温度升高，导致插条萎蔫，在扦插初期要适当遮阳，当根系大量生出后，陆续给予光照。

（4）空气　插条生根需要一定的氧气供应，因为插条在生根过程中需进行呼吸，尤其是当插穗愈伤组织形成后，新根发生时呼吸作用增强，因此此时应适当降低插床中的含水量，并适当通风以保证提高氧气的供应量从而促进生根。

3. 扦插生根促进方法

（1）生根激素　花卉繁殖中常用生根激素促进剂促进插穗早生根、多生根。生根激素促进剂常见的种类有萘乙酸（NAA）、吲哚乙酸（IAA）、吲哚丁酸（IBA）等。它们都为生长素，可刺激植物细胞扩大伸长，促进植物形成层细胞的分裂而生根。其中吲哚丁酸效果最好，萘乙酸成本较低。促根剂的应用浓度要在一定范围内，过高会抑制生根，过低则不起作用。一般情况下 NAA、IBA 的使用浓度，草本花卉为 $10\sim50mg/kg$、木本花卉为 $100\sim200mg/kg$，水溶液浸 24h。

（2）物理处理法

① 环状剥皮　适用于较难生根的树种。在生长期间对插穗下端进行环状剥皮，使养分累积于环剥部分的下端，一段时间后在此处剪取插穗扦插，使花卉较易生根。

② 软化处理　适用于一部分木本植物。在剪穗前，先在剪切部分进行遮光处理，待其变白软化后预先给予生根环境和刺激，以促进根原组织的形成。用不透水的黑纸或黑布，在新梢顶端缠绕数圈，待新梢继续生长到适宜长度时，自遮光部分剪下扦插。

4. 扦插床的类型和扦插基质

（1）扦插床的类型

① 温室插床　在温室内作地面插床或台面插床，并且在有加温通风和遮阳降温喷水条件下，可常年扦插使用。

北方气候干燥可采用温室地面插床。根据温室面积南北向作床面，长 $10\sim12m$、宽 $1.2\sim1.5m$，下挖深度 $0.5m$ 作通风道，上铺硬质网状支撑物及扦插基质，这种插床保温保湿效果好，生根快。

南方气候湿润采用台面插床，南北走向。地面以上 $50cm$ 处用砖砌成宽 $1.2\sim1.5m$ 培养槽状，床面留有排水孔，这种插床有利于下部通风透气，生根快而多。

② 全光喷雾扦插　此为自动控制环境湿度的扦插床。插床底部可装置有电热线及自动控制仪器，使扦插床保持一定温度。插床上安装自动喷雾装置，按要求进行间歇喷雾，在增加空气湿度的同时降低温度，减少蒸发和呼吸作用。插床上无遮阴覆盖，可充分利用太阳光照，叶片照常进行光合作用。利用这种设备可加速扦插生根，成活率大大提高。

（2）扦插基质　用作扦插的材料，应具有保温、保湿、疏松、透气、洁净，酸碱度呈中性，成本低，以及便于运输等特点。常见的扦插基质有蛭石、珍珠岩、砻糠灰、沙等。

① 蛭石 它是一种含金属元素的云母矿物，经高温制成，呈黄褐色片状，疏松透气，保水性好，酸碱度呈微酸性。适宜木本、草本花卉扦插。

② 珍珠岩 由石灰质火山熔岩经粉碎高温处理而成，白色颗粒状，疏松、透气、质地轻，保温、保水性好，仅一次使用为宜。长时间易滋生病菌，颗粒变小，透气差，酸碱度呈中性。适宜木本花卉扦插。

③ 砻糠灰 由稻壳炭化而成，疏松透气，保湿性好，黑灰色吸热性好，经高温炭化不含病菌，新炭化材料酸碱度呈碱性。适宜草本花卉扦插。

④ 沙 取河床中的冲积沙为宜。质地重，疏松透气，不含病虫菌，酸碱度呈中性，适宜草本花卉扦插。

5. 扦插技术

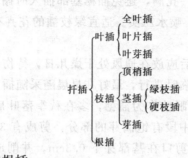

扦插分叶插、枝插和根插。

(1) 叶插 采用花卉叶片或者叶柄作插穗的扦插方法。

① 全叶插 将完整叶片作为插穗。可分为平置法和直插法。

a. 平置法：将切去叶柄的叶片平置于基质上，保持叶背与基质紧密接触，同时保持较高的空气湿度，一个月左右从叶缘或叶脉处生长出幼小的植株。

b. 直插法：将叶柄插入基质，一段时间后从叶柄的基部就会长出不定根和芽，如大岩桐、非洲紫罗兰、豆瓣绿等。

② 叶片插 用于叶脉发达、切伤后易生根的花卉。如蟆叶海棠扦插时，先剪除叶柄，叶片边缘过薄处亦可适当剪去一部分，以减少水分蒸发，将叶片上的主脉、支脉间隔切断数处，平铺在插床面上，使叶片与基质密切接触，并用竹枝或透光玻璃固定，能在主脉、支脉切伤处生根；落地生根可由叶缘处生根发芽，可将叶缘与基质紧密接触；将虎尾兰一个叶片切成数块（每块上应具有一段主脉和侧脉）分别进行扦插，使每块叶片基部形成愈伤组织，再长成一个新植株。如图 1-3 所示。

③ 叶芽插 剪取一芽带一叶作为插穗，芽下附有小盾形茎片，插入基质后露出芽尖。如橡皮树、天竺葵等。

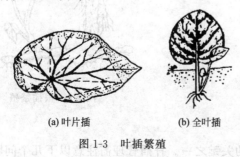

(a) 叶片插　　(b) 全叶插

图 1-3　叶插繁殖

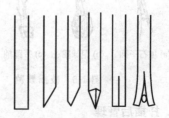

图 1-4　插穗剪切形状

(2) 枝插 采用花卉枝条作插穗的扦插方法。根据不同的植物和不同的生长季节分为顶梢插、茎插和芽插。

① 顶梢插　一般在生长季节选用植物的嫩梢进行扦插。此法生根较快，成活率也高。如菊花、一串红、万寿菊等。

② 茎插　选取植物的一部分茎段进行扦插，又分绿枝插和硬枝插。

a. 嫩枝插：又称绿枝插、软枝插。在树木生长季节，剪取未木质化或半木质化的新梢作插穗，易生根，可缩短育苗期，但技术要求较高，应注意保持空气和土壤湿度。花谢一周左右，选取腋芽饱满、叶片发育正常、无病害的枝条，剪成 10～15cm 的小段，上剪口在芽上方 1cm 左右，下剪口在基部芽下 0.3cm，切面要平滑，也可以剪成其他形状（图 1-4）。枝条上部保留 2～4 枚叶片，以便在光合作用中制造营养促进生根。插床基质为蛭石或砻糠。插穗插入前先用相当粗细的木棒插一孔洞，避免插穗基部插入时撕裂皮层，插入插穗的 1/2 部分或 2/3 部分，保留叶片的 1/2，喷水压实。适宜绿枝插的花卉有月季、大叶黄杨、小叶黄杨、女贞、桂花等。

仙人掌与多肉多浆植物，剪枝后应放在通风处干燥几日，待伤口稍有愈合状再扦插，否则易引起腐烂。一般在当地雨季来临时进行，最好在早晨随采随插。

b. 硬枝插：以一二年生成熟休眠枝作为插穗，多在秋季落叶后至春季萌芽前进行。采集生长健壮、无病虫害的枝条，取中段有饱满芽的部分，剪成有 3～5 个芽、约 15cm 的小段，上剪口在芽上方 1cm 左右，下剪口在基部芽下 0.3cm，并削成斜面。插床基质为壤土或沙壤土，开沟将插穗斜埋于基质中成垄形，覆盖顶部芽，喷水压实。春插可浅些，秋插可深些。

有些难于扦插成活的花卉可采用带踵插、锤形插、泥球插等。硬枝插适用于木本花卉紫荆、海棠类等（图 1-5）。

③ 芽插　利用芽作插穗的扦插方法。取 2cm 长、枝上有较成熟的芽（带叶片）的枝条作插穗，芽的对面略削去皮层，将插穗的枝条露出基质面，可在茎部表皮破损处愈合生根，腋芽萌发成为新植株。如橡皮树、天竺葵等。

（3）根插　用根作插穗的扦插方法。适合用于带根芽的肉质根花卉。结合分株将粗壮的根剪成 5～10cm 的小段，全部埋入插床基质或顶梢露出土面，注意上下方向不可颠倒。如牡丹、芍药、月季、补血草等。某些小草本植物的根，可剪成 3～5cm 的小段，然后用撒播的方法撒于床面后覆土即可。如蓍草、宿根福禄考等（图 1-6）

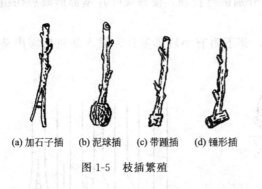

(a) 加石子插　(b) 泥球插　(c) 带踵插　(d) 锤形插

图 1-5　枝插繁殖

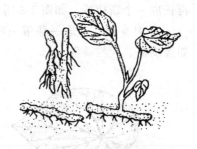

图 1-6　根插繁殖

6. 扦插后管理

扦插后的管理较为重要，也是扦插成活的关键之一。扦插管理需注意以下几个问题。

（1）土温要高于气温　北方的硬枝插、根插搭盖小拱棚，防止冻害；调节土壤墒情提高土温，促进插穗基部愈伤组织形成。土温高于气温 3～5℃ 最适宜。

（2）保持较高的空气湿度 扦插初期，硬枝插、绿枝插、嫩枝插和叶插的插穗无根，靠自身平衡水分，需 90% 的相对空气湿度。气温上升后，及时遮阳防止插穗蒸发失水，影响成活。

（3）由弱到强的光照 扦插后，逐渐增加光照，加强叶片的光合作用，尽快产生愈伤组织而生根。

（4）及时通风透气 随着根的发生，应及时通风透气，以增加根部的氧气，促使生根快、生根多。

三、分生繁殖

分生繁殖是将植物的幼小植株（吸芽、珠芽）萌蘖芽、变态茎与母株切割分离另行栽培成独立植株的繁殖方法。常利用植物的吸芽、株芽、变态茎（包括走茎、匍匐茎、攀缘茎、根状茎、球茎、鳞茎、块茎）等营养器官。因花卉植物的生物学特性不同，又可分为分株法和分球法。

1. 分株繁殖

分株繁殖是将丛生花卉由根部分开，成为独立植株的方法。一般在春季分盆期和秋天移栽期进行。如大花蕙兰、玉簪等。

易产生萌蘖的木本花卉，如玫瑰、牡丹、芍药、大叶黄杨、贴梗海棠等，草本花卉如菊花、玉簪、萱草、中国兰花、紫菀、蜀葵、非洲菊等都采用分株的方法进行繁殖。

（1）分株的时间 分株要在一般花木落叶以后到萌发以前的休眠期进行，分株时更要保护好根系，不破裂，不损伤才容易成活。

① 落叶花木类 应在休眠期进行，即早春和秋季，南方可在秋季落叶后进行，但芍药应在秋季分株。其优点是：a. 一些花木入冬还能长出新根，冬季枝梢也不易抽干；b. 可以减轻春忙季节劳力紧张状况。

② 常绿花木类 多在春暖之前进行分株。

（2）分株的方法

① 露地花木类 将母本从田内挖出，多带根系，将株丛用利刀或斧头分劈成几丛。有些萌蘖力强的花灌木和藤本植物，在母株的四周常萌发出许多幼小的株丛，分株时不必挖掘出来，只挖掘分蘖苗另栽即可，如金银花、凌霄等，但需在花圃地内培育 1 年。

② 盆栽花卉 多用于多年生草花。可以用：a. 走茎繁殖。走茎是变态茎的一种，变态茎是指植物的茎在进化过程中发生的一些可以遗传的变化，包括形态、结构和生理功能方面，其中可以用于繁殖的变态茎主要有走茎、根状茎、鳞茎、球茎、块茎等。走茎是自叶丛抽生出来的节间较长的茎，节上着生叶花和不定根，如虎耳草、吊兰等；

b. 吸芽。吸芽为某些植物根部或地上茎叶腋间自然发生的短缩肥厚呈莲座状的短枝。吸芽还可自然生根，如芦荟、景天等（图 1-7、图 1-8），在根际处常着生吸芽，凤梨的地上茎叶腋间也生吸芽，还有水塔花等。

c. 珠芽及零余子。这是某些植物所具有的特殊形式的芽，生于叶腋间或花序中，百合科的一些花卉都具有，如百合、卷丹、观赏葱等（图 1-9）。珠芽及零余子脱离母株后自然落地即可生根。

分株时先把母本从盆内脱出，抖掉大部分泥土，找出每个萌蘖根系的延伸方向，解开团根，少伤根系，用刀把分蘖苗和母株连接的根茎部分割开，即上盆栽植，浇水后放在荫棚下一段时间后转入正常管理。另外如米兰、龙舌兰等常从根部滋生幼小的植株，这时可先挖掘附近的盆土，再用小刀把与母本连接处切断，连同幼根将分蘖苗挖出另栽。

图 1-7　根蘖（芦荟）

图 1-8　吸芽

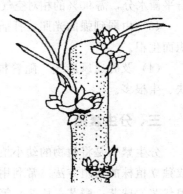

图 1-9　珠芽

（3）花卉分株时需注意的问题

① 君子兰出现吸芽后，吸芽必须有自己的根系以后才能分株，否则影响成活。

② 中国兰分株时，切勿伤及假鳞茎，假鳞茎一旦受伤影响成活率。

③ 分株时要检查病虫害，一旦发现，立即销毁或彻底消毒后栽培。

④ 分株时根部的切伤口在栽培前用草木灰消毒，栽培后不易腐烂。

⑤ 在春季分株时注意土壤保墒，避免栽植后被风抽干。

⑥ 秋冬季分株时防冻害，可适当加以保护。

⑦ 匍匐茎的花卉如虎耳草、吊兰、草莓等分株时要保持植株根、茎、叶的完整性。

2. 分球根法

（1）根茎类　一些多年生花卉的地下茎肥大呈粗而长的根状，节上能形成不定根，并发出侧芽而分枝。用根茎繁殖时，上面应具有 2～3 个芽才易成活，如美人蕉、鸢尾、紫苑等，还有马蹄莲、一叶兰也可按分株的方法进行分割。

（2）球茎类　是地下变态茎，短缩肥厚近球状，球茎上有节，退化叶片及侧芽，老球茎萌发后在茎部形成新球，新球旁常生子球，如唐菖蒲等。

（3）鳞茎类　鳞茎是指一些花卉的地下茎短缩肥厚成近乎球形的地下变态茎，底部具有扁盘状的鳞茎盘，鳞叶着生于鳞叶盘上。鳞茎中贮藏着丰富的有机物质和水分，其顶芽常抽生真叶和花序，鳞叶之间可发生腋芽，每年可从腋芽中形成一个至数个子鳞茎并从老鳞茎旁分离，因此，可以通过分栽子鳞茎来扩大系数。如百合、郁金香、风信子、水仙等。百合还可栽鳞叶促其生根。

（4）块茎类　顶端常具几个发芽点，块茎表面也分布有一些芽眼可生侧芽，如马铃薯多用分切块茎繁殖，而仙客来等不能分切块茎。

（5）块根类　如大丽花，块根上没有芽，仅在根颈处能发芽，故分割时每块也必须有带芽的根颈。

球根分割时注意防止伤口腐烂，应涂以草木灰以防感染。

四、压条繁殖

将母株的部分枝条或茎蔓压埋在土中，待其生根后切离，成为独立植株的繁殖方法。压条生根过程中，不切离母体仍正常供应水分、营养，成活率高。一般用于扦插难以生根的花卉或一些根蘖丛生的花灌木。

压条的时间，木本花卉在萌芽前或者在秋冬落叶后进行，草本花卉和常绿花卉常在多雨季节进行。压条繁殖多数是木本花卉，如石榴、木槿、迎春、凌霄、地锦、贴梗海棠、紫玉兰、素馨、锦带花等；草本花卉如美女樱、半枝莲、金莲花等也可用压条繁殖。压条繁殖所选用的枝条发育成熟、健壮、无病虫害。为了促进生根，常将枝条入土部分进行环剥、扭伤、缢扎等技术处理，使其生根多、生根快。

1. 普通压条

选用靠近地面而向外伸展的枝条，先进行扭伤或刻伤或环剥处理后，弯入土中，使枝条端部露出地面。为防止枝条弹出，可在枝条下弯部分插入小木叉固定，再盖土压实，生根后切割分离。如石榴、素馨、玫瑰、半枝莲、金莲花等可用此法（见图1-10）。

图1-10 压条 　　　　　　　　　　图1-11 波状压条

2. 波状压条

适合于枝条长而容易弯曲的花卉。将枝条弯曲牵引到地面，在枝条上进行数处刻伤，将每一伤处弯曲后埋入土中，用小木叉固定在土中。当刻伤生根后，与母株分别切开移位，即成为数个独立的植株。如美女樱、葡萄、地锦等（图1-11）。

3. 壅土压条

适合于丛生性枝条硬直的花卉。将母株先重剪，促使根部萌发分蘖。当萌蘖枝条长至一定粗度时，在萌蘖枝条基部刻伤，并在其周围堆土呈馒头状，待枝条基部根系完全生长后分割切离，分别栽植。常用于牡丹、木槿、紫荆、锦带花、大叶黄杨、侧柏、贴梗海棠等（图1-12）。

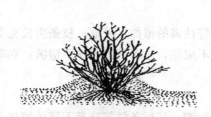 

图1-12 壅土压条 　　　　　　　　图1-13 高空压条

4. 高空压条

适合于小乔木状枝条硬直花卉。选择离地面较高的枝条给予刻伤等处理后，外套容器（竹筒、瓦盆、塑料袋等），内装苔藓或细土，保持容器内土壤湿润，30～50天即可生根，生根后切割分离成为新的植株。常用此法的花卉如米兰、杜鹃、月季、栀子、佛手、香园、金橘等（图1-13）。

五、嫁接繁殖

嫁接繁殖是指将一种植物的枝、芽移接到另一植株的根、茎上，使之长成新的植株的繁殖方法。用于嫁接的枝条称接穗，嫁接的芽称接芽，被嫁接的植株称砧木，接活的苗称嫁接苗。它的特点是：保持品种的优良性状；增加品种抗性，提高适应能力；提早开花结果；改变原生产株形；繁殖量少，操作繁琐，技术难度大。

1. 嫁接成活的原理

（1）选择亲和力强的植物　同科植物嫁接愈合快，成活率高。不同科植物亲和力弱，嫁接不能成活。选择接穗和砧木多数在同属内、同种内或同品种的不同植株间进行。

（2）细胞具有再生能力　接穗和砧木伤口处的形成层和髓射线的薄壁细胞分裂形成愈伤组织，愈伤组织进一步分化出输导组织，使其砧木与接穗之间的输导系统互相沟通，形成统一的新个体（图1-14）。形成层细胞和薄壁细胞的活性强弱是嫁接成活的关键因素。

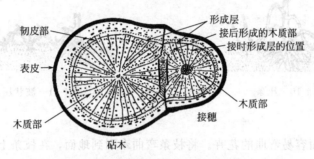

图 1-14　嫁接的愈合状态（横断面）

（3）嫁接物候期合适　接穗在休眠期采集，在低温下贮藏，翌春砧木树液流动后进行嫁接，嫁接后接穗处于休眠状态，芽不萌动，接穗内营养、水分消耗少，砧木树液流动所含的营养和水分主要供应形成层细胞分裂，促进愈伤组织形成，成活率高。

2. 砧木与接穗的选择

（1）砧木的选择　砧木与接穗有良好的亲和力；砧木适应本地区的气候、土壤条件，根系发达，生长健壮；对接穗的生长、开花、寿命有良好的基础；对病虫害、旱涝、地温、大气污染等有较好的抗性；能满足生产上的需要，如矮化、乔化、无刺等；以一二年生实生苗为好。

（2）接穗的选择　采集接穗应从优良品种、特性强的植株上采取；枝条生长充实、色泽鲜亮光洁、芽体饱满，取枝条的中间部分，过嫩不成熟，过老基部芽体不饱满；春季嫁接采用翌年生枝，生长期芽接和嫩枝接采用当年生枝。

3. 嫁接技术

嫁接的方法有很多，要根据花卉种类、嫁接时期、气候条件等选择不同的嫁接方法。嫁接时，嫁接技术对嫁接苗的成活影响很大，嫁接操作应牢记"齐、平、快、紧、净"五字要诀，齐即是砧木与接穗形成层必须对齐，平是砧木与接穗的切面要平整光滑，快是操作动作要迅速，紧是砧木和接穗的切面必须紧密地结合在一起，净是指砧穗切面保持清洁，不要被泥土污染。花卉栽培中常用的是枝接、芽接、根接和髓心接等。

（1）枝接　以枝条为接穗的嫁接方法。常见枝接方法有切接和劈接等。

① 切接　一般在春季 3～4 月进行。选定砧木，离地 10～12cm 左右处水平截去上部，

在横切面一侧用嫁接刀纵向下切约 2cm 稍带木质部，露出形成层。将选定的接穗截取 5～8cm 的一段，其上具 2～3 个芽，将下部削成 2cm 左右的斜形，在其背侧末端斜削一刀，插入砧木，使它们的形成层相互对齐，用麻线或塑料膜带扎紧不能松动。碧桃、红叶桃等可用此方法嫁接（图 1-15）。

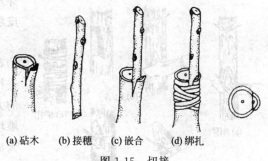

(a) 砧木　　(b) 接穗　　(c) 嵌合　　(d) 绑扎

图 1-15　切接

②　劈接　嫁接一般在春季 3～4 月进行。在砧木离地 10～12cm 左右处，截去上部，然后在砧木横切面中央，用嫁接刀纵向下切 3～5cm，接穗枝条 5～8cm 保留 2～3 个芽，下端削成楔形，插入切口，对准形成层，用塑料带扎紧即可。菊花中的大立菊栽培嫁接，以及杜鹃花、榕树、金橘的高头换接都采用此嫁接方法（图 1-16）。

③　靠接　用于嫁接不易成活的花卉。靠接在温度适宜的生长季节进行，在高温期最好。先将靠接的两株植株移置一处，各选定一个粗细相当的枝条，在靠近部位相对削去相等长的削面，削面要平整，深至近中部，使两枝条的削面形成层紧密结合，至少对准一侧形成层，然后用塑料膜带扎紧，待愈合成活后，将接穗自接口下方剪离母体，并截去砧木接口以上的部分，则成一株新苗。如用小叶女贞作砧木嫁接桂花、大叶榕树嫁接小叶榕树、代代嫁接香圆或佛手等（图 1-17）。

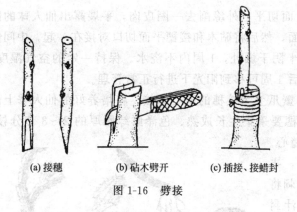

(a) 接穗　　　　(b) 砧木劈开　　　(c) 插接、接蜡封

图 1-16　劈接

图 1-17　靠接

(2)　芽接　以芽为接穗的嫁接方法。常见的芽接方法包括 T 字形芽接、嵌芽接等。

①　T 字形芽接　选枝条中部饱满的侧芽作接芽，剪去叶片，保留叶柄，在接芽上方 5～7mm 处横切一刀深达木质部，然后在接芽下方 1cm 向芽的位置削去芽片，芽片呈盾形，连同叶柄一起取下。在砧木的一侧横切一刀，深达木质部，再从切口中间向下纵切一刀长 3cm，使其成 T 字形，用芽接刀轻轻把皮剥开，将盾形芽片插入 T 字口内，紧贴形成层，用剥开的皮层合拢包住芽片，再用塑料膜带扎紧，露出芽及叶柄。

T 字形芽或嵌芽接在嫁接后约 7 天，当触动接芽上的叶柄能自然脱落，并且芽片皮色正常，说明嫁接已成活。如果芽片皮色不发绿，说明没有嫁接成活，可换方向补接 1 次。

②　嵌芽接　在砧穗不易离皮时采用此方法。从芽上方 0.5～1cm 处斜切一刀，稍带部分木质部（长 1.5cm 左右），再在芽下方 0.5～0.8cm 处斜切一刀取下芽片，接着在砧木适当部位切与芽片大小相应的切口，并将切开的部分切取上端 1/3～1/2，留下大部分芽片，将

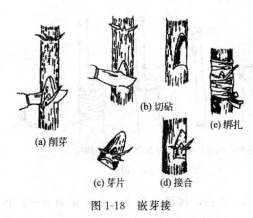

(a) 削芽

(b) 切砧

(c) 芽片　(d) 接合

(e) 绑扎

图 1-18　嵌芽接

芽片插入切口对齐形成层，芽片上端露一点砧木皮层用塑料膜带扎紧（图 1-18）。

（3）根接　以根为砧木的嫁接方法。肉质根的花卉用此方法嫁接。牡丹根接，在秋天温室内进行。以牡丹枝为接穗、芍药根为砧木，按劈接的方法将两者嫁接成一株，嫁接处扎紧放入湿沙堆埋住，露出接穗接受光照，保持空气湿度，30天成活后即可移栽（图 1-19）。

（4）髓心接　此为接穗和砧木以髓心愈合而成的嫁接方法。一般用于仙人掌类花卉。在温室内一年四季均可进行。

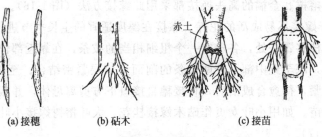

赤土

(a) 接穗　　　(b) 砧木　　　(c) 接苗

图 1-19　根接

① 仙人球嫁接　先将仙人球砧木上面切平，外缘削去一圈皮肉，平展露出仙人球的髓心。将另一个仙人球基部也削成一个平面，然后将砧木和接穗平面切口对接在一起，中间髓心对齐，用细绳连盆一块绑扎固定，放半阴干燥处，1周内不浇水。保持一定的空气湿度，防止伤口干燥。待成活拆去扎线，拆线后1周可移到阳光下进行正常管理。

② 蟹爪兰嫁接　以仙人掌为砧木、蟹爪兰为接穗的髓心嫁接。将培养好的仙人掌上部平削去1cm，露出髓心部分。蟹爪兰接穗要采集生长成熟、色泽鲜绿肥厚的2～3节分枝，在基部1cm处两侧都削去外皮，露出髓心。在肥厚的仙人掌切面的髓心中间切一刀，再将插穗插入砧木髓心挤紧，用仙人掌针刺将髓心穿透固定。髓心切口处用溶解蜡汁封平，避免水分进入切口。1周内不浇水。保持一定的空气湿度，当蟹爪兰嫁接成活后移到阳光下进行正常管理（图 1-20）。

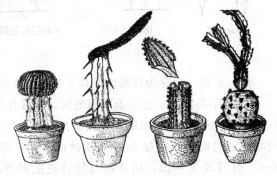

图 1-20　仙人掌髓心接

4. 嫁接后管理需注意的问题

① 各种嫁接方法嫁接后都要在温度、空气湿度、光照、水分等方面进行精心管理，不能忽视某一方面，以保证花卉嫁接的成活率。

② 嫁接后要及时地检查成活程度，如果没有嫁接成活，要及时补接。

③ 嫁接成活后及时松绑塑料膜带，长时期缢扎影响植株的生长发育。

④ 保证营养能集中供应给接穗，及时剥除砧木上的萌芽和接穗上的萌芽，可多次进行，根蘖由基部剪除。

任务实践与要求 ▶▶

（一）花卉分生繁殖技术

1. 任务要求

掌握花卉的分株、分球繁殖技术及操作。

2. 工具与材料

（1）工具 修枝剪、利刀、喷壶等。

（2）材料 萱草、鸢尾、一叶兰、万年青、美人蕉、大丽花、培养土等。

3. 实践步骤

（1）分株（以萱草、鸢尾、万年青、一叶兰为例） 将萱草、鸢尾、一叶兰等需分株的母株从土中掘出或从盆中脱出，抖去部分附土，用修枝剪剪去枯、残、病、老根，然后从根颈处顺根系自然分离的地方，用手掰开或用利刀切开，视植株大小分成2～3小丛，分别单独栽植或单独上盆栽植，栽植时尽量避免窝根。栽植完毕后，用喷壶充分浇水，置阴处数日缓苗，待其恢复生长后，再放于光照充足处。

（2）分球（以美人蕉、大丽花为例） 取出越冬贮藏的美人蕉根茎，用利刀分割为数块，每块带2～3个芽及少量须根，切口涂抹草木灰，分别栽植。大丽花的块根，仅根颈部位有芽，分割时用利刀从根颈处带1～2个芽切开，切口涂抹草木灰防腐，然后分别栽植。若根颈上的芽点不明显或不易辨认，可提前催芽，待发芽后再用上述方法分割。栽完后浇水，进行常规管理。

4. 任务实施

每人分株或分盆10（株）盆，记录分株、分球过程，并根据后续生长管理过程记录成活率。

5. 任务考核标准

分生繁殖任务考核从实训态度、操作步骤、成活率等三个方面进行，具体见表1-7。

表1-7 分生繁殖任务考核标准

考核项目	考核要点	等级分值					备注
		A	B	C	D	E	
实训态度	积极主动，操作认真，爱护公物	10～9	8.9～8	7.9～7	6.9～6	<6	结合生产进行操作考核
操作步骤	操作规范，整洁	70～63	62.9～56	55.9～49	48.9～42	<42	
实训报告	总结出分生繁殖的技术要点	20～18	17.9～16	15.9～14	13.9～12	<12	

（二）花卉扦插繁殖技术

1. 任务要求

掌握花卉枝插、叶插的繁殖技术和插后管理方法。

2. 工具与材料

（1）工具 修枝剪、喷壶、花盆等。

（2）材料 彩叶草、冷水花、豆瓣绿、虎尾兰，河沙、蛭石、珍珠岩等扦插基质。

3. 实践步骤

（1）准备扦插基质 将河沙、蛭石、珍珠岩按1∶1∶1，或河沙、蛭石按1∶1，或蛭石、珍珠岩按 1 : 1 的比例混拌均匀备用。

（2）选取扦插材料　根据需要选取彩叶草、冷水花、豆瓣绿、虎尾兰等草花，尽可能考虑生产需要。

（3）插穗剪取与扦插

① 枝插（以彩叶草、冷水花为例）　将彩叶草、冷水花的枝条，剪成 8～10cm 的插穗，切口平整且光滑、位置靠近节下方。去除下部叶片，保留枝顶 2～4 片叶，插入花盆或苗床，扦插深度为 2～3cm。

② 叶插（豆瓣绿、虎尾兰为例）　选取豆瓣绿的成熟叶片，保留叶柄，以完整叶片为插穗。将叶柄直接插入花盆或苗床，扦插深度在 2cm 左右。

选取虎尾兰的健壮叶片，用枝剪截成 5～10cm 的叶段，按叶片原来上下反方向插入花盆或苗床。扦插深度为 2～3cm。

（4）插后管理　扦插后喷水、遮阴、喷洒消毒药物，注意协调基质中水和气的关系。及时观察记录扦插生根、长芽情况见表1-8。

表 1-8　扦插记录表

种类名称	扦插日期	扦插株数	成活株数	成活率/%	未成活原因

4. 任务实施

每人枝插 20 株、叶插 20 株。

5. 任务考核标准

花卉扦插繁殖技术考核从实训态度、选穗、剪穗、扦插技术及后期管理等五个方面来进行，具体见表1-9。

表 1-9　扦插实训考核标准

考核项目	考核要点	等级分值					备注
		A	B	C	D	E	
实训态度	积极主动，操作认真，爱护花木	10～9	8.9～8	7.9～7	6.9～6	<6	可结合实际操作，针对个人提出一些问题，给出相应的分值
选穗	选穗得当	20～18	17.9～16	15.9～14	13.9～12	<12	
剪穗	操作程序正确	20～18	17.9～16	15.9～14	13.9～12	<12	
扦插	扦插深度、密度合理，操作规范、准确	30～27	26.9～24	23.9～21	20.9～18	<18	
后期管理	及时正确地管理	20～18	17.9～16	15.9～14	13.9～12	<12	

（三）花卉嫁接繁殖技术

1. 任务要求

掌握花卉嫁接繁殖的基本技术和技能操作。

2. 工具与材料

（1）工具　修枝剪、嫁接刀、盛穗容器等。

（2）材料　可供嫁接的砧木（黄蒿）和接穗（菊花），塑料条、小夹子、湿布等。

3. 实践步骤

（1）砧木选择与处理 选择可供嫁接的野生黄蒿苗，除去部分枝叶，保留嫁接用枝。

（2）嫁接 用劈接法。先将黄蒿主茎从 10～15cm 处切断，保留 1 片或 2 片叶子（待接口愈合后再摘去），用嫁接刀从切断面由上而下纵切一刀；将菊花接穗修成楔形，插入黄蒿纵切口，使其形成层对齐，最后用塑料条绑扎。

注意黄蒿砧木与菊花接穗茎应粗细相近；砧穗切口要平滑、平整，接触面要尽可能大。

4. 任务实施

每人嫁接 20 株。将嫁接砧木和接穗种类及嫁接数量、存活率等计入表 1-10。

表 1-10 嫁接记录表

砧木	接穗	嫁接方法	嫁接枝数	成活枝数	成活率/%	未成活原因

5. 任务考核标准

花卉嫁接繁殖技术考核从实训态度、选穗及砧木、嫁接过程、成活率及任务总结等方面来进行，具体见表 1-11。

表 1-11 嫁接实训考核标准

考核项目	考核要点	等级分值					备注
		A	B	C	D	E	
实训态度	积极主动，操作认真，爱护花木	10～9	8.9～8	7.9～7	6.9～6	<6	可结合实际操作，针对个人提出一些问题，给出相应的分值
选穗及砧木	选择得当	20～18	17.9～16	15.9～14	13.9～12	<12	
嫁接过程	操作程序正确	20～18	17.9～16	15.9～14	13.9～12	<12	
成活率	成活率高	30～27	26.9～24	23.9～21	20.9～18	<18	
任务总结	总结出各环节的技术要点及注意事项	20～18	17.9～16	15.9～14	13.9～12	<12	

任务四 花期调控

知识目标 ▶▶

1. 了解花卉花期调控方法及其技术途径。

2. 掌握花卉花期调控的技术。

技能目标 ▶▶

能熟练进行常见花卉的花期调控操作。

【知识准备】

花期控制就是通过人为地控制环境条件或采取一些特殊的栽培管理方法满足各种花卉的生长发育习性，使其比自然花期提早或推迟开花。通常比自然花期提早开花的方法称为促成栽培，比自然花期延迟开花的方法称为抑制栽培。花期控制的主要目的是为了调节花卉生产中出现的供过于求或供不应求的矛盾，以满足市场四季均衡供应对花卉生产的需求。

一、花期控制的途径

1. 花期控制的基本理论

（1）阶段发育 花卉在整个生命过程中经历着不同的生长发育阶段，最初是进行细胞、组织和器官数量的增加与体积的增大过程，即花卉的生长阶段，表现为芽的萌发、叶的伸展、植株不断长高增粗。以后随着体内营养物质的积累，花卉便进入发育阶段，开始进行花芽分化、开花、结果、产生种子。不同花卉营养生长的时间长短不一，如果人为地创造良好的生长环境可以缩短营养生长期，但不能跨过营养生长期。

（2）光周期现象 许多花卉在生长发育的某个阶段，对昼夜的相对长度有一定的反应，或者说需要经过一定时间光照与黑暗的交替，才能诱导成花。具有光周期现象的花卉主要是长日照花卉和短日照花卉。如唐菖蒲通常被认为是长日照花卉，而秋菊、一品红、百日草等则被认为是短日照花卉。

（3）春化作用 花卉在开始生长或者当茎顶端开始活动时，接受一定时期的低温才能进行花卉分化，否则不能开花。花卉通过的这个低温周期就叫春化作用。需要春化作用的花卉多数是二年生花卉和部分球根花卉、宿根花卉及木本花卉。不同花卉所需要的低温值和通过的低温的时间存在着很大的差异。大多数花卉所要求的低温为3~8℃。

（4）休眠与催醒休眠 大多数露地花卉原产于温带，由于温带四季交替的气候对它们生长发育的长期影响，使得它们形成了适应温带气候的特性，即在冬季进行自发休眠。自发休眠分为前休眠期、中休眠期和后休眠期三个阶段。前休眠期是指当温度下降，花卉体内的生长活性逐步下降；中休眠期又称熟休眠期，指外界气温下降到花卉接近停止生长的程度，花卉体内代谢缓慢，处于深休眠状态。此时，即使给予良好的环境条件，如充足的光照、温度、水分等也不能打破休眠；后休眠期指随着时间的推移，花卉逐渐由深休眠进入强制休眠，为开始生长做好准备。

休眠是花卉在长期的进化过程中，为抵御不良环境所形成的一种适应性。当花卉在生长期间遇到低温、干旱等不良环境时，花卉的生长趋于缓慢、停顿而转入休眠的一种状态。只要创造合适的环境条件，便能够打破休眠恢复生长。

具体来说，花卉至开花的过程中，有以下环节可以进行调节。

① 生长停止：休眠、莲座化。

② 生长开始：休眠、打破莲座化、种子发芽。

③ 花熟：进入生殖状态的生理准备。

④ 催花：进入生殖状态的生理转换。

⑤ 花芽创始：进入生殖状态的形态转换。

⑥ 花芽分化：花原基的分化。

⑦ 花芽膨大：花各部分的生长。

⑧ 花芽成熟：开花生理。

⑨ 开花：花开。

2. 花期控制的手段

一般作为开花调节的手段，主要包括三个方面：温度、日照及生长调节剂。其他如土壤中的水分和养分对开花的早晚、着花数的多少也有影响，在实际栽培中，水分养分管理只是作为花期调控的辅助手段。此外，为了打破球根花卉的休眠，可用稻壳的烟处理种球，或把种球泡在温水里。

（1）温度处理　通过温度处理来调节花卉的休眠期、花芽形成期、花茎伸长期等主要进程而实现对花期的控制。温度调节还可以使花卉植株在适宜的温度条件下生长发育加快，在非适应的条件下生长发育进程缓慢，从而调节开花的进程。大部分冬季休眠的多年生草本花卉、木本花卉，以及许多夏季处于休眠、半休眠状态的花卉，生长发育缓慢，通过加温或防暑降温可提前度过休眠期。温度处理可从两方面进行。

① 升高温度　冬季温度低，花卉植株生长缓慢或停止，升高温度则使植株加速或恢复生长，提前开花。这种方法使用范围很广，包括露地经过春化的草本、宿根花卉，如石竹、三色堇、矮牵牛等；春季开花的低温温室花卉，如天竺葵、仙客来；南方的喜温花卉，如扶郎花、五色茉莉；以及经过低温休眠的露地木本花卉，如牡丹、寿桃、杜鹃等。原来在夏季开花的南方喜温花卉，当秋季温度降低时停止开花。如果及时移进温室加温，则可使它们继续开花，如茉莉、扶桑、白兰花等。

② 降低温度　一些二年生花卉、宿根花卉、秋植球根花卉、某些木本花卉，可以提前给予一个低温春化阶段，使其提前开花。如毛地黄、桂竹香、桔梗等。而风信子、水仙、君子兰等秋植球根花卉，需要一个 6～9℃的低温能使花茎伸长，见表1-12。桃花、榆叶梅等木本花卉，需要经过 0℃的人为低温，强迫其通过休眠阶段后，才能开花。

表 1-12　促成栽培中主要球根花卉的温度处理

种类	栽植/月份	温度处理			备注
		打破休眠效果	主要开花促进效果	低温处理开始	
铁炮百合	10 11～3	低温处理前 45℃温水浸 60min	10℃ 45 天 8℃ 45 天	6月下旬 7月中旬～8月下旬	低温处理时预冷更好
毛百合	11～12 1～2	处理前 45℃温水浸 30～40min	5℃ 45～50 天	8月下旬 9月中旬	
喇叭水仙 大杯水仙	12～1 1～2	高温处理(30℃ 10～14 天) —	3℃ 45～50 天 5℃ 45～50 天	8月中、下旬 8月下旬～9月中旬	
郁金香	12 1～2	32℃ 4～7 天 —	5℃ 45～45 天 5℃ 45～50 天	8月下旬 9月上旬	处理依品种不同有差异，必须预冷
香雪兰	12 1～2	高温＋熏烟处理	10℃ 33～35 天 10℃ 30 天	9月上旬 9月下旬	
鸢尾	12	熏烟处理 3 天	8～10℃ 45 天	8月上旬	依品种不同处理天数而不同

在春季自然气温未回暖前，对处于休眠的植株给予 1～4℃人为的低温，可延长休眠，延迟开花。一些原产于夏季凉爽地区的花卉，在夏季炎热的地区生长不好，不能开花，如采取措施降低气温（如<28℃），植株处于继续活跃的生长状态中，就会继续开花，如仙客来、吊钟海棠、天竺葵等。

（2）光照处理　光照处理与温度处理一样，既可以通过对成花诱导、花芽分化、休眠等过程的调控达到控制开花期的目的，也可以通过调节花卉植株的生长发育来调节开花的进程。光照处理的方法很多。

① 延长光照时间　用补加人工光照的方法延长每日连续光照的时间，达到12h以上可使长日照植物在短日照季节开花。如蒲包花用连续14～15h的光照处理能提前开花。也能使短日照花卉推迟开花，如菊花是短日照花卉，在其花芽分化前（一般在8月中旬前后花芽分化），每天日落前人工补加4h光照，可使花芽分化推迟。

② 缩短光照时间　用黑色遮光材料，在白昼的两头，进行遮光处理，缩短白昼加长黑夜，这样可促使短日照植物在长日照季节开花。如一品红用10h白昼，50～60天可开花；蟹爪兰用9h白昼，2个月可开花。遮光材料要密闭，不透光，防止低照度散光产生的破坏作用。又因为它是在夏季炎热季节使用的，对某些喜凉的花卉种类，要注意通风和降温。

③ 人工光中断黑夜　短日照植物在短日照季节，形成花蕾开花。但要在午夜1～2时加光2h，把一个长夜分开成两个短夜，破坏短日照的作用，就能阻止短日照植物形成花蕾开花。在停光之后，花卉就自然地分化花芽而开花。

④ 光暗颠倒　适用于夜间开花的植物，如昙花，在花蕾长约10cm的时候，白天把阳光遮住，夜间用人工光照射，则能打破其夜间开花的习性，使之在白天开花。

⑤ 调节光照强度　花卉开花前，一般需要较多的光照，如月季、香石竹等。但为延长花期和保持较好的质量，在开花之后，一般要遮阴减弱光照强度，以延长开花时间。

（3）园艺技术措施

① 调节种植生长期　对于不需要特殊环境诱导，在适宜的生长条件下只要植株生长达到一定大小即可开花的种类，通过采用控制繁殖期、种植期、萌芽期、上盆期、翻盆期等来达到调节花期的目的。早开始生长的早开花，晚开始生长的晚开花。如四季海棠播种后12～14周开花，万寿菊在扦插后10～12周开花。瓜叶菊、金盏菊、雏菊、报春等均为早播种早开花，晚播种晚开花的种类，如分批播种，则分批开花。

② 修剪措施　采用摘心、摘蕾、剥芽、摘叶、环割等措施，均可调节植株生长速度，对花期控制有一定作用。

摘除植株嫩茎，将推迟花期。推迟的日数依植物种类及摘去量的多少与季节而不同。常采用摘心方法控制花期的有康乃馨、万寿菊、大丽花等。在当年生枝条上开花的木本花卉用修剪法控制花期，在生长季节内，早修剪，早长新枝，早开花；晚修剪则晚开花。剥去侧芽、侧蕾，有利于主芽开花。摘除顶芽、顶蕾，有利于侧芽、侧蕾生长开花。

③ 控制肥水　某些花卉在生长期间控制水分，可促进花芽分化。如梅花在生长期适当控制水分形成的花芽多。唐菖蒲抽穗期充分灌水，开花期可提早一周左右。一些球根花卉在干燥环境中，分化出完善的花芽，直至供水时才伸长开花。只要掌握吸水至开花的天数，就可以用开始供水的日期控制花期，如水仙、石蒜等。一些木本花卉在花芽分化完善后，遇上自然的高温、干旱，或人为给予干旱环境，就落叶休眠。此后，再供给水分，在适宜的温度下又可开花或结果，如丁香、海棠、玉兰等。

施肥对花期也有一定的调节作用。在花卉进行一定的营养生长以后，增施磷、钾肥有助于抑制营养生长而促进花芽分化。菊花在营养生长后期追施磷、钾肥可提早开花约一周。经常产生花蕾、开花期长的花卉，在开花末期，用增施氮肥的方法，延迟植株衰老，在气温适当的条件下，可延长花期，如仙客来、高山积雪等。花卉开花之前，如果施了过多的氮肥，常会使植株徒长、延迟开花，甚至不开花。

（4）应用植物生长调节剂　应用植物生长调节剂控制花卉生长发育和开花，是现代花卉生产常用的新技术。

赤霉素在花期控制上的效果最为显著。如用 500～1000mL/kg 浓度的赤霉素液点在牡丹、芍药的休眠芽上，可促进芽的萌动；待牡丹混合芽展开后，点在花蕾上，可加强花蕾生长优势，提早开花。用此液涂在山茶、茶梅的花蕾上能加速花蕾膨大，使之在 9～11 月份开花。蟹爪兰花芽分化后，用 20～50mL/kg 赤霉素喷洒能促使开花，用 100～500mL/kg 赤霉素涂在君子兰、仙客来、水仙的花茎上，能使花茎伸出植株之外，有利观赏。用 50mL/kg 赤霉素喷非洲菊，可提高采花率。用 1000mL/kg 的乙烯利灌注凤梨，可促使开花、结果。天竺葵生根后，用 500mL/kg 乙烯利喷两次，第 5 周喷 100mL/kg 赤霉素，可使提前开花并增加花朵数。

自然界的开花植物有上万种，由于它们的原产地不同，各自的生态习性也存在着很大的差异。对于每一种花卉来讲，影响其开花的限制因子也各不相同。如影响菊花开花的限制主导因素是光照，影响牡丹开花的主导因素是温度。但是控制花卉花期或者说促成栽培的技术措施，无论是温度调节还是光照调节等，都是建立在花卉的营养生长完善的基础上，无论采用什么处理方式，都是要在良好的肥水管理条件下，配合各种栽培技术措施，才能达到预想的目标。

二、花期控制的综合措施

1. 花期调控技术方案的制定

（1）确定目标花期　通过对市场需求信息的调查了解，根据各类花卉的需求状况以及花卉的平常价格，确定各类花卉的目标花期。

（2）熟悉生长发育特性　充分了解栽培对象的生长发育特性，如营养生长、成花诱导、花芽分化、花芽发育的进程所需要的环境条件，休眠与解除休眠所要求的条件。光周期所需要的日照时数、花芽分化的临界温度等。

（3）了解各种环境因子的作用　在控制花期调节开花的时候，需了解各环境因素对栽培花卉起作用的有效范围以及最适范围，分清质性范围还是量性范围。同时还要了解各环境因子之间的相互关系，是否存在相互促进或相互抑制或相互代替的作用，以便在必要时相互弥补。如低温可以部分代替短日照，高温可以部分代替长日照，强光也可以部分代替长日照作用。应尽量利用自然季节的环境条件以节约能源，降低成本。如木本花卉促成栽培，可以部分或全部利用户外低温以满足花芽解除休眠对低温的需求。

（4）配合常规管理　不管是促成栽培还是抑制栽培，都需要土、肥、水、病虫害防治等相应的栽培技术措施相配合。

2. 花期调控的准备工作

为保证花期调控能顺利进行并达到预期目的，在处理前要预先做好准备工作。

（1）花卉种类和品种的选择　在确定花期时间以后，首先要选择适宜的花卉种类和品种。一方面被选花卉应能充分满足花卉应用的要求，另外要选择在确定的用花时间里比较容易开花，不需要过多复杂处理的花卉种类，以节省处理时间，降低成本。如促成栽培宜选用自然花期早的品种，晚花促成栽培或抑制栽培应选用晚花品种。同时，花卉的不同品种，对处理的反应常不相同，有时甚至相差较大。例如一品红的短日照处理，一些单瓣品种处理 35 天即可开花，而一些重瓣品种则需要处理 60 天以上。为了提早开花，应选用早花品种；

若延迟开花，则选用晚花品种。

（2）球根成熟程度 球根花卉进行促进栽培，要设法使球根提早成熟。球根的成熟程度对促进栽培的效果有重大影响。成熟程度不高的球根，促成栽培反应不良，开花质量降低，甚至球根不能正常发芽生根。

（3）植株或球根大小 要选择生长健壮、经过处理能够开花的植株或球根。植株和球根必须达到一定的大小，经过处理开花才能有较高的观赏价值。如采用未经充分生长的植株进行处理，结果植株在很矮小的情况下开花，花的质量低，其欣赏价值和应用价值都很低。同时，有些花卉要生长到一定年限才能开花，处理时要选用达到开花苗龄的植株。球根花卉当球根达到一定大小才能开花，如郁金香鳞茎质量为 12g 以上、风信子鳞茎周径要达到 8cm 以上等。

（4）了解设施和处理设备 实现开花调节需要控制环境的加光、遮光、加温、降温以及冷藏等特殊的设施。常用的有：温度处理的控温设备（低温操作用冰箱或冰柜，加温操作的锅炉或燃油炉及管道等），日照处理的遮光和加光设施等。在实施促成或抑制栽培之前，要充分了解或测试设施、设备的性能是否与花卉栽培的要求相符合，否则可能达不到目的。如冬季在日光温室促成栽培唐菖蒲，如果温室缺乏加温条件，光照过弱，往往出现"盲花"、花枝产量降低或小花数目减少等现象。

（5）熟练的栽培技术 花期调控成功与否，除取决于处理措施是否科学和完善外，栽培技术也是十分重要的。优良的栽培环境加上熟练的栽培技术，可使处理植株生长健壮，提高开花的数量和质量，提高商品欣赏价值，并可延长观赏期。

三、几种花卉的花期控制

1. 牡丹冬季熏花技术

牡丹是我国的传统名花，其自然花期为 4 月中下旬，花期仅能维持 7～10 天。依照中国传统赏花的习俗，春节是花卉商品市场对牡丹需求量较大且价格较稳定的时期。我国历史上就有冬季温室加温促使牡丹春节开花的技术，又称牡丹冬季熏花技术。

选牡丹优良品种"洛阳红"、"胡红"、"二乔"、"状元红"、"魏紫"等，于 11 月中旬牡丹落叶后（春节前 35～45 天），选地栽枝干粗壮，株形丰满，鳞芽充实、饱满、有光泽，无病虫害，生长健壮的植株，从圃地挖出，带土球上盆。上盆后浇一次透水。温室环境控制在 10℃，温室内昼夜温差保持在 7～8℃，控制平均温度 10～13℃，20 天左右。12 月份开始加温到 18～25℃。牡丹进入温室以后每天向枝干上喷水 1～3 次，每 3～5 天浇一次水或施一次稀薄的有机液肥，并用 300～500mL/L 赤霉素稀释液涂抹花芽。大约半个月以后，新芽萌动并开始展小叶。牡丹展叶后，每天向植株喷水 3～5 次，牡丹现蕾后，根据所需开花的日期，将牡丹花盆放置在温度较低的地方。距牡丹的目标花期还有 10～15 天的时候，将牡丹花盆放置在 25℃左右的地方，每天晚上补充光照 1～2h。牡丹花蕾绽开后，立即将牡丹移入低温温室，以保持牡丹的鲜艳色彩并延长开放期。

2. 菊花春节开放栽培

菊花在自然条件下，多于深秋破霜盛开，所以又名秋菊。菊花也是典型的短日照花卉，要实现菊花春节开放，除了进行必要的日照处理外，还需要配合其他的技术措施。菊花在春节开放，其生长周期仅有 5 个月，因此选择品种时要求花型优美、矮生、生长周期短、短日照诱导的日数少等。如莲座状的美国白、金葵台；细管的金谷满仓、粉状楼；扁球的光辉；

飞舞型的羽衣舞、红光绿影等。矮生和生长周期短的品种有金碧辉煌、粉莲、日本白莲、金谷满仓、紫荷等。

春节盆栽菊花通常于 10 月下旬开始扦插，此时正值自然日照短，为避免花芽分化，菊花生长前期要进行短日照处理。一般从子夜 23 时至次日 2 时补充光照 3h，当植株生长到一定大时停止光照处理。以后在自然短日照条件下开花。菊花花芽分化的温度条件是 15℃ 以上，冬季温度低，为保证菊花能够正常地进行花芽分化，必须加温。盆菊不同的生长期对温度的要求也不一样，一般上盆初期花蕾形成前，白天维持在 20～25℃，夜间 15℃ 左右，以促使新梢形成。花蕾形成后，可适当降低温度，白天维持 15℃，夜间 7～10℃ 左右。菊花苗上盆以后 3 周内主要追施氮肥，有机与无机肥料混合使用，每周追施两次，并加强光照。当新梢伸长到 7～9cm 时减少氮肥，增施磷肥促进花芽分化，每周施肥 1～2 次。苗期浇水要充足，晚上加温前要对植株进行叶面喷水。新梢生长达到 9cm 时，要控制水分以盆土稍微干燥为宜，既可以控制植株的高度，又可促进花芽分化、花蕾形成及早开花。另外，还要注意及时剥去腋芽、脚芽与侧蕾，使养分集中于主干、主蕾，从而开出硕大的花朵。

3. 切花百合促成栽培

切花百合促成栽培所用鳞茎，在种植前必须进行冷处理。在冷处理前最好先做预处理。预处理的温度为 17～18℃，连续 2～3 周。冷处理的温度与时间因品种而异，通常的标准是 1.5～7℃，处理时间是 6 周。

种植以后，温室中土壤的温度应尽可能提高到 15～18℃，以便于根系的生长和叶的发生。植株自出芽到生长至 10～15cm，此阶段为营养生长期。生长初期（芽出土后 1 周）可输入一定量的氮、磷、钾肥料，但是应保持中等偏下水平，以后每两周追施一次，直到花蕾长到 1～2cm 长时为止。生殖生长阶段可见叶片一般超过 10 片，茎干还未伸长，节间密集，此时花芽分化过程已经开始。

从花芽分化到叶丛中花蕾清晰可见，大约需要 3～4 周。此期间可进行根外追肥，每两天进行一次叶面喷施，可明显增加单枝百合上的花朵数。从可见到顶端叶丛中的小花蕾到第一朵花开放，大约需要 8～10 周。此阶段主要受温度的控制，在正常栽培的条件下，一般为 30～35 天。栽培温室控制的温度以及不同的日夜温差会影响至开花的天数。如平均温度 21℃ 时，需 28 天；最高温度 26℃，最低 15℃，需 30 天；最高 21℃，最低 15℃ 时，需 40 天。通常白天为 25～28℃，最好避免 30℃ 以上的温度；夜间 16～18℃，最低保持 10℃ 以上。最好将昼夜温差控制在 10℃ 以内，否则容易出现劣质花。在花枝上第一朵花蕾充分膨胀，呈莹亮乳白色光泽时，即在花朵开放前 2～3 天，为切花的最适采收期。采收后的花枝，按照每枝上的花朵数量分级，每 10 枝 1 束，将花蕾朝上，用包装纸包好，装入纸板箱，即可上市。百合花枝在 3～4℃ 的条件下可储藏 1 周。

花期调控是一项综合栽培技术，对于每一种花卉都有其独特的管理技术和栽培措施。因此在对某种花卉实施花期控制时，必须详细了解该种花卉的生物学特性、生态特点以及影响和限制其成花和开花的主导因素，制定详细的技术方案，才能保证花卉按照人们的预定花期应时开放。

植物生长调节剂是一类非常复杂的化学药剂，在应用的时候应当注意。相同种类的植物生长调节剂对不同种类的花卉和花卉品种的效应不同。如赤霉素对花叶万年青有促进成花作用，而对大多数花卉如菊花则有抑制成花的作用。同时，相同的植物生长调节剂种类因为浓度不同也产生截然不同的效果。如生长素低浓度时促进生长，高浓度时则抑制生长。不同的植物生长调节剂使用的方法不一样，有些可叶面喷施，有些可用于土壤浇灌，还有的可局部涂抹或注射。多种植物生长调节剂组合应用时，可能存在着相互增效或拮抗作用。所以在应用的时候，要慎重并要经过试验，再大面积应用于生产。

 **任务实践与要求** ▶▶

1. 任务要求

掌握牡丹春节开花的花期调控技术和调控方案的制订。

2. 工具与材料

（1）工具 冷室、竹竿、温度计、笔记本。

（2）材料 盆栽牡丹。

3. 实践步骤

（1）准备好冷室。

（2）选择健壮、株形饱满有 6～8 根枝条的牡丹 5 盆。

（3）确定花期调控日期：11 月 15 日开始。

（4）温度控制：初期每天 10～13℃，连续处理 20 天。12 月份加温至 18～25℃。

（5）处理期间适当增加施肥量，每周追肥一次。

4. 任务实施

每人 5 盆。观察记载调控过程中的各种数据，并进行整理。

5. 任务考核标准

考核按照实训态度、调控方案、操作过程、任务总结四部分进行。具体如表 1-13 所示。

表 1-13 牡丹花期调控考核表

考核项目	考核要点	等级分值					备注
		A	B	C	D	E	
实训态度	积极主动，实训认真，爱护公物	10～9	8.9～8	7.9～7	6.9～6	<6	催芽方法视树种季节、实验室设备等情况而选定
调控方案	方案合理、正确、规范	30～28	27.9～26	25.9～24	23.9～22	<22	
操作过程	操作规范，管理到位，观测准确	40～38	37.9～36	35.9～34	33.9～32	<32	
任务总结	总结出促成栽培的技术要点	20～18	17.9～16	15.9～14	13.9～12	<12	

模块二 露地花卉的生产

项目一 ▶ 露地一二年生花卉的生产

【相关知识】

一、露地一二年生花卉习性

露地一二年生花卉几乎均为阳性花卉，要求在完全光照下生长，只有少数种类略耐半阴。对土壤要求不严，除沙土及黏重土壤外，其他土质均可种植，但以土层深厚、地下水位较高、干湿适中的土壤为宜。大多数花卉要求中性土壤，少数可适应强酸性或碱性土壤。

二、露地一二年生花卉栽培方式

1. 直播栽培方式

将种子直接播于需美化的地块的栽培方式称为直播。一般适用主根明显、须根少、不耐移植的花卉。如虞美人、凤仙花、矢车菊、花菱草、霞草等。

2. 育苗移栽方式

先在育苗圃地进行培育，至成苗后按一定株行距定植到绿化美化地段，这种栽培方式称为育苗移栽方式。这种方法适合主根、须根发达又耐移栽的花卉。如三色堇、金盏菊、桂竹香、万寿菊等。

三、露地一二年生花卉管理

1. 间苗

对于地播的一二年生草花均用种子繁殖，从播种到开花生长迅速，花期集中。在这期间，为使花卉长势一致、高矮一致、花期一致，必须要进行间苗。

在育苗过程中，将过密苗拔去称为间苗，也称疏苗。苗床出苗后，幼苗密生、拥挤，茎叶细长、瘦弱，不耐移栽。当幼苗出芽、子叶展开后，根据苗的大小和生长速度进行间苗。间苗的原则是去密留稀、去弱留壮，使幼苗之间有一定距离，分布均匀。间苗常在土壤干湿适度时进行，并注意不要牵动留下幼苗的根系。间苗应分2~3次进行，每次间苗量不宜过大，最后一次间苗称定苗。间苗的同时应拔除杂草，间苗后需对畦面进行一次浇水，使幼苗根系与土壤密接。间苗后使苗床空气流通，光照充足，还可防病虫，同时扩大了幼苗的营养面积，使幼苗生长健壮。

2. 移植与定植

大部分花卉露地栽培时均先育苗，经几次移植，最后定植于花坛或绿地。

（1）移植　移植包括起苗和移植两个过程。由苗床挖苗称起苗。幼苗或生长期起苗时需带土团，休眠期木本花卉可不带土团。移植时可在幼苗长出 4～5 片真叶或苗高 5cm 时进行，要掌握土壤不干不湿，避开烈日、大风。选择阴天或下雨前进行，若晴天可在傍晚进行，需遮阳管理，减少蒸发，缩短缓苗期，提高成活率。

（2）定植　将幼苗或宿根花卉、木本花卉，按绿化设计要求栽植到花坛、花境或其他绿地称定植。定植前要根据花卉的要求施入肥料。一二年生草花生长期短，根系分布浅，以含有肥料的壤土即可。宿根花卉和木本花卉要施入有机肥，可供花卉生长发育吸收。定植时要掌握苗的株行距，不能过密，也不能过稀，按花冠幅度大小配植，以达到成龄花株的冠幅互相能衔接又不挤压。

3. 灌溉

灌溉用水以清洁的河水、塘水、湖水为好。井水和自来水可以储存 1～2 天后再用。新打的井用水之前应经过水样化验，若水质呈碱性或含盐质，已被污染的水不宜应用。

灌溉时间因季节而异。夏季为防止因灌溉而引起土壤温度骤降，伤害苗木的根系，常在早晚进行，此时水温与土温相近。冬季宜在中午前后。春、秋季视天气和气温的高低，选择中午和早晚。如遇阴天则全天都可以进行灌溉。

灌溉方法因花株大小而异。播种出土的幼苗，一般采用漫灌法，使耕作层吸足水分，也可用细孔喷水壶浇灌，要避免水的冲击力过大，冲倒苗株或溅起泥浆玷污叶片。夏季花坛的灌溉，有条件的可采用漫灌法，灌 1 次透水，可保持园地湿润 3～5 天。也可用胶管、塑料管引水灌溉。大面积的圃地与园地的灌溉，需用灌溉机械进行沟灌、漫灌、喷灌或滴灌。

灌溉的次数由季节、天气、土质及花卉本身生长状况来决定。夏季因温度高、蒸发快，灌溉的次数多于春、秋季。而冬季则少浇水或停止浇水。同一种花卉不同的生长发育阶段，对水分的需求量也不同。花卉枝叶生长盛期，需较多的水分；开花期只要保持园地湿润；结实期可少浇水。

一二年生花卉多为浅根性，因此不耐干旱，应适当多灌溉，以免缺水造成萎蔫。根系生长期不断地与外界进行物质交换，也在进行呼吸作用。如果圃地、园地积水，则土壤不通气、缺氧，根系的呼吸作用受阻，久而久之，因窒息引起根系死亡，花株也就枯黄。所以，圃地、园地排水要通畅、及时，尤其在雨季，力求做到雨停即干。对于较怕积水的花卉，宜布置在地势高、排水好的园地。

4. 施肥

（1）肥料的种类和使用量　花卉栽培常用的肥料及施肥量依土质、土壤肥分、前作情况、气候以及花卉种类的不同而异。花卉不宜单独施用只含某一种肥分的单一肥料，氮、磷、钾 3 种营养成分应配合施用。

（2）施肥的方法　花卉的施肥有基肥、追肥和根外追肥 3 种。

① 基肥　一般常以厩肥、堆肥、油饼或粪干等有机肥作为基肥，这对改进土壤的物理性质有重要的作用。厩肥和堆肥多在整地前翻入土壤，粪干及豆饼等在播种或移植前进行沟

施或穴施。目前花卉栽培中已普遍采用无机肥作为部分基肥，与有机肥混合施用。一般来说，花卉基肥的使用量要高于追肥，如一二年生花卉基肥每百平方米施用量：硝酸铵1.2kg，过磷酸钙2.5kg，氯化钾0.9kg。

② 追肥　在花卉栽培中，为补充基肥的不足，满足花卉不同生长发育时期营养成分的需求，常常要进行追肥。露地一二年生花卉在幼苗期的追肥，主要目的是促进茎叶的生长，氮肥可稍多些，但在以后的生长期间，氮、磷肥料应逐渐增加。一二年生花卉追肥每百平方米施用量：硝酸铵0.9kg，过磷酸钙21.5kg，氯化钾0.5kg。

5. 中耕除草

在幼苗移植后不久，由于大部分土面暴露于空气中，土壤极易干燥，而且易生杂草，在此期间，中耕应尽早并及时进行，幼苗渐大，根系已扩大至株间，中耕应停止，否则会伤到根系。幼苗期间中耕宜浅，随着植株生长，逐渐变浅直至停止中耕。

6. 修剪与整形

通过修剪与整形可使花卉植株枝叶生长均衡，有良好的观赏效果。修剪包括摘心、抹芽、折枝捻梢、曲枝、剥蕾、修枝。

(1) 摘心　指摘除正在生长中的嫩梢。摘心可以促使侧枝萌发，增加开花枝数，使植株矮化，株形圆整，开花整齐。也有抑制生长、推迟开花的作用。需要进行摘心的花卉有一串红、百日草、翠菊、金鱼草、福禄考、矮牵牛等。但在以下几种情况时不应摘心，如植株矮小，分枝又多的三色堇、雏菊、石竹等，主茎上着花多且朵大的球头鸡冠花、凤仙花等，以及要求尽早开花的花卉。

(2) 抹芽　指剥去过多的腋芽或挖掉脚芽，限制枝数的增加或过多花朵的发生，使营养相对集中，花朵充实且大。

(3) 折枝捻梢　折枝是将新梢折曲但仍连而不断。捻梢指将梢捻转。折枝和捻梢均可抑制新梢徒长，促进花芽分化。牵牛、茑萝等用此方法修剪。

(4) 曲枝　为使枝条生长均衡，将生长势过旺的枝条向侧方压曲，将长势弱的枝条顺直，可得抑强扶弱的效果。木本花卉用细绳将枝条拉直或向左或向右方拉平，使枝条分布均匀。

(5) 剥蕾　剥去侧蕾和副蕾。使营养集中于主蕾开花，保证花朵的质量。

(6) 修剪　剪除枯枝、病弱枝、交叉枝、过密枝、徒长枝等。分重剪和轻剪。重剪是将枝条由基部剪除或剪去枝条的2/3部分，轻剪是将枝条剪去1/3部分。

7. 防寒越冬

我国北方冬季寒冷，冰冻期又长，露地生长的花卉采取防寒措施才能安全越冬。

(1) 覆盖法　在霜冻来到之前，在畦面上覆盖干草、落叶，春晚霜过后去除覆盖物，如二年生花卉、宿根花卉及球根花卉等。

(2) 培土法　冬季将地上部分枯萎的宿根、球根花卉或部分木本花卉，壅土压埋或开沟覆土进行防寒，待春暖后，将土扒开，使其继续生长。

(3) 熏烟法　当低温来临或霜冻来临时，在圃地点燃干草或锯末，能减少地面散热，防止地温下降。烟粒吸收热量使水分凝结成液体而放出热量，可使气温升高，防止霜冻。

(4) 灌水法　冬灌水防止冻害，这是老农谚。冬灌后能提高土的导热量，使深土层的热量容易传导到土面，从而提高近地表空气温度。在严冬来临前灌冬水。

【思考与练习】

一、名词解释

间苗、移植、定植、摘心。

二、问答题

1. 露地一二年生花卉的栽培要点是什么？
2. 花卉修剪的方法有哪些，分别有什么作用？
3. 如何对一二年生花卉施肥？

任务一　一串红的生产

 知识目标 ▶▶

1. 熟悉一串红的品种特征。
2. 掌握一串红的繁殖及生产栽培技术。

技能目标 ▶▶

1. 能正确进行一串红"五一"和"十一"的繁殖（包括合理的方法和时间）。
2. 能正确进行一串红的栽培管理和操作。

【知识准备】

一、概述

一串红又名墙下红、西洋红。它的花序长，花萼、花冠鲜红色，每朵花序像一个小爆竹，故又称"爆竹红"。一串红的自然花期从夏至秋开花不绝。常在大型花坛、花境成片布置种植，远远望去一片鲜红，鲜艳夺目。在草坪边缘、树丛外成片种植效果也很好，摆放于盛大的会场，整个场景也十分壮观。一串红在每年的"五一"、"六一"、"七一"、"国庆"等各个节日都能开花，增添节日气氛。

二、形态特征和习性

一串红为唇形科鼠尾草属，多年生草本，因性畏寒，常做一年生栽培。株高 70cm 左右，茎四棱形，叶片对生，卵形至阔卵形，萼筒及唇型花冠均为鲜红色。小坚果卵形，黑褐色。

一串红原产南美巴西。喜光，喜欢温暖湿润的气候，不耐霜寒，生长适温 20～25℃，夏季气温超过 35℃或连续阴雨，叶片黄化脱落，特别是矮性品种，抗热性差。喜欢疏松、肥沃、排水良好的中性或弱碱性土壤。

三、栽培技术

1. 栽培条件的选择

根据一串红的特性来选择栽培环境，种植前施足基肥。其常规播种期在 3 月下旬至 6 月中旬。现在随着需求量的增加和需求面的拓宽，从夏秋用花扩展至春季用花，所以必须具备大棚等保护栽培设施，提前育苗。

2. 品种特征

（1）一串红 花冠及花萼均为红色。

（2）一串紫 花冠及花萼均为紫色。

（3）一串粉 花冠及花萼均为粉色。

（4）一串白 花冠及花萼均为白色。

（5）矮一串红 株高仅为20cm，植株矮壮，枝叶密集，花冠及花萼均为红色。

3. 繁殖

一串红可用播种和扦插繁殖。花期随着繁殖时期不同而异，采取分期播种，可以达到分期开花的目的，具体见表2-1。

表 2-1 一串红某品种播种期和销售及花坛种植期

播种期	售苗期	花坛种植期	育苗法
2月下旬	4月下旬	5月中旬	加温温室内播种
3月中旬	5月上旬	5月下旬	加温温室内播种,冷室内育苗
5月中旬	6月下旬	7月上旬	箱播、露地床播
6月下旬	8月中旬	9月上旬	箱播、露地床播

（1）播种繁殖 一串红的常规播种期为3月中下旬。因为怕雨水过多影响种子发芽与幼苗生长，故一般在大棚内播种。播种前要对基质用甲基托布津或多菌灵（1%）消毒，播后7天左右发芽。如需"五一"供花，播种期在上一年的10月，播种苗要在大棚内越冬。如需"十一"供花，播种期在6月，夏季育苗应在大棚顶暂加遮阳网及塑料薄膜，四面透风，待移植育苗一段时间再揭去塑料薄膜，以利幼苗生长。一般2～3枚真叶时移植，6枚真叶时摘心，然后上盆。

（2）扦插繁殖 一串红扦插繁殖，一般于5～6月份进行。从母株上剪取发育充实的枝条，摘取顶端，留5～6cm，插入扦插池，插入深度为1～2cm，插后浇透水，注意用50%的遮阳网遮阳至秋凉，插后一个月上盆。10月份扦插可以提供春季或"五一"用花，但是冬季要注意防寒。

4. 定植与栽培管理要点

（1）培养土配制 一串红喜肥，上盆（定植）前要配制好培养土，培养土一般由园土与腐熟的厩肥、豆饼等混合而成，土质疏松而富含肥力，苗定植后根据生长情况施几次薄肥作追肥。

（2）庇荫度夏 一串红性畏炎热，特别是矮一串红，在炎热的夏季要加强管理。当天气持续高温、干燥，气温达到35℃时，一串红处于不适应状态，过强光照抑制叶绿素的形成，致使叶片发黄并导致灼伤，必须进行遮阳，可以向叶面喷水或向荫棚四周喷水降温，以帮助安全越夏。

（3）排水防涝 一串红在过阴的环境中，一方面是茎徒长，另一方面土壤水分过多，根的呼吸还会因土壤供氧不足而减弱，持续时间长了，根系会因缺氧而窒息，腐烂死亡，因此在夏季要采取排涝防涝措施，使雨后无积水，同时要适时中耕除草，改善土壤通气状况。

（4）摘心与修剪 一串红萌芽力强，摘心打顶有利于促进发新枝，使植株丰满、开花繁茂。从小苗6枚真叶开始摘心，一般每隔10～15天摘心一次，通常控制至开花前25～30天停止摘心。6 月花后就进入高温天气，阴雨花后全部修剪，有目标地留下植株下部健壮的叶芽，可望在 10 月份再度开花。

 **任务实践与要求** ▶▶

1. 任务要求

（1）根据气候及花期要求选择品种，以满足花卉市场需要。

（2）根据一串红长势，适时进行环境因子调控以及肥水管理等，以使花期满足要求。

（3）及时诊断一串红病虫害，并进行综合防治。

（4）根据一串红的生长造型，采用合适的修剪方法，以使花卉造型更为美观。

2. 工具与材料

（1）工具　花铲、喷壶、铁锹等用具。

（2）材料　一串红种子、肥料、基质、穴盘等材料。

3. 实践步骤

（1）播种　露地或穴盘育苗，具体操作参照模块一项目二下任务二中花卉的有性繁殖。

（2）间苗　当一串红播种苗长出 1～2 枚真叶时，拔除过密的幼苗，同时拔除混杂于其间的其他种或品种的杂苗及杂草。间苗可分两次进行。操作时要小心，避免损伤留下的幼苗；间苗后及时灌溉一次水，使幼苗根系与土壤密接。

（3）移栽

① 移栽时间　一串红幼苗长出 4～5 枚真叶时进行。过小操作不便，过大易伤根。

② 移栽方法　包括起苗和栽植两个步骤。

a. 起苗：裸根移栽的苗，将花苗带土掘起，然后将苗根附着的土块轻轻抖落，随即进行栽植；带土移栽的苗，先将幼苗四周的土铲开，然后从侧下方将苗掘出，保持完整的土球。

b. 栽植：按一定的株行距挖穴，裸根苗将根系舒展于穴中，然后覆土，再将松土压实；带土球苗填土于土球四周，再将土球四周的松土压实，避免将土球压碎。栽植深度与移栽前相同。

③ 移栽后的管理　移栽完毕后，以喷壶充分灌水；若光照过强，还应适当遮阴。待一串红恢复生长后进行常规管理即可。

（4）定植　将移栽过的一串红按绿化设计要求栽植到花坛、花镜等应用地土壤中称为定植。

① 整地　定植前将栽植地土壤翻耕 30cm，除去草根、石块及其他杂物。如土质太差则将上层 30～40cm 换以好土，土质贫瘠需施入有机肥。

② 栽植　方法同移栽。株行距以成龄花株冠幅互相衔接又不挤压为原则，一般较小的花苗为 20～30cm、较大的花苗为 30～40cm。栽植后立即浇一次透水，使花苗根系与土壤密接，提高成活率。

（5）浇水　方法为：苗床、花坛等小面积的灌水可用喷壶或橡皮管引自来水进行。

（6）施肥

① 基肥　定植前将厩肥或堆肥等有机肥均匀地撒于土壤表面，然后翻入土中。肥料用量：113～225kg/100m^2，必要时再混入硝酸铵 1.2kg、过磷酸钙 2.5kg、氯化钾 0.9kg。

② 追肥　营养生长期追 2～3 次尿素、硝酸铵等氮肥，茎叶生长缓慢下来、花蕾形成前

施用1~2次过磷酸钙、磷酸二氢钾等磷钾肥。各种化肥随水浇施，浓度控制在1%~3%。根外追肥浓度控制在0.1%~0.3%。施肥间隔期为半个月左右。也可使用复合化肥，按说明方法和浓度施用。

（7）摘心 一串红苗长出6~8片叶片时，留下茎部4~6叶片，将顶部叶片摘去，一般可摘为3~4次。

4. 任务实施

班级分组（每组4~5人）进行，每组播种管理面积为1.2m×3m。

5. 任务考核标准

考核从六个方面进行，具体见表2-2。

表2-2 一串红栽培管理实训考核标准

考核项目	考核要点	等级分值					备注
		A	B	C	D	E	
实训态度	积极主动,实训认真,爱护公物	10~9	8.9~8	7.9~7	6.9~6	<6	可结合实际操作,针对个人提出一些问题,给出相应的分值
播种处理	播种方法正确、规范	18~16	15.9~14	13.9~12	11.9~10	<10	
定植方法	播种定植过程正确	18~16	15.9~14	13.9~12	11.9~10	<10	
操作过程	过程正确	18~16	15.9~14	13.9~12	11.9~10	<10	
合格品率	株形整齐、匀称、花期一致	18~16	15.9~14	13.9~12	11.9~10	<10	
总结创新	总结出各环节的技术要点及注意事项	18~16	15.9~14	13.9~12	11.9~10	<10	

任务二 矮牵牛的生产

 **知识目标** ▶▶

1. 熟悉矮牵牛的形态特征和习性。
2. 掌握矮牵牛的繁殖及养护要点。

技能目标 ▶▶

1. 能正确进行矮牵牛的繁殖。
2. 能正确进行矮牵牛的定植及养护。

【知识准备】

一、概述

矮牵牛植株矮小紧凑，开花繁茂，花形小巧玲珑像喇叭，花色丰富，有紫、蓝、紫红、粉和蓝白相间、红白相间等色，有单瓣、半重瓣（花瓣边缘常呈皱褶或波浪状），可谓多姿多彩。花期长，从4月下旬至10月下旬开花不绝，可以用于大面积花坛，也适用于庆典活动及家庭装饰。

二、形态特征和习性

矮牵牛属茄科矮牵牛属，多年生，常用作一二年生栽培，株高30cm左右，全株被腺毛，叶片下部互生、上部对生。

原产南美洲，性喜温暖，喜阳光，不耐寒，适应性强，耐贫瘠，但在湿润肥沃的土壤中生长较好。

三、栽培技术

1. 繁殖

矮牵牛主要是播种繁殖，也可以采用扦插繁殖。

（1）播种繁殖　播种期一般根据花期来安排，如"五一"用花，其播种期通常在上一年9～10月至12月，盆苗在大棚或温室内培育成长。若"十一"用花，则播种期为6月，苗期应在保护栽培下成长。3～4月播种提供平时用花，具体见表2-3。

表 2-3　播种期和开花期的对应性

区别	播种期	上盆时期	始花期	育苗管理要点
A	10月下旬	2月上旬	4月上旬	无加温播种、稍加温温室或大棚内育苗
B	2月上旬	3月中旬	5月中下旬	稍加温温室或大棚内播种、大棚内育苗
C	3月中旬	4月上旬	6月中旬	稍加温大棚内播种、上盆后大棚或户外育苗
D	6月下旬	7月下旬	10月上旬	冷床播种、户外育苗

矮牵牛种子细小，播种前必须精细整地，去除杂物，保持土壤处于湿润疏松状态，用0.1％百菌清对土壤消毒，然后撒上种子，浇透水，再覆盖一薄层细土，最好再覆盖一层稻草。夏季播种必须加盖遮阳网，冬季播种要在温室内进行。种子在20℃的条件下6～7天发芽，夏季播种3天可发芽，出苗后及时揭去覆盖物，注意通风换气。小苗长出5～6枚真叶时进行第一次摘心，发出新芽后移植于8cm的花盆中。

（2）扦插繁殖　重瓣矮牵牛用扦插繁殖，去花后重新萌发的枝作为插穗，在5月和9月扦插为宜。插穗长5～6cm，每插穗保留3对叶片，去掉基部叶片，扦插于基质中，在22～23℃的条件下，15天左右生根，长出3～4对新叶后，带土移栽，加强肥水管理，约1个月可开花。

2. 定植与养护要点

① 当真叶5～6枚时进行移植，间距5cm×5cm或移植于约8cm的花盆中，此时摘心，待苗长20天后，换上12～14cm的花盆直至开花。

② 矮牵牛在栽培过程中，要经常进行摘心，这样可以限制株高，还可以促使其萌发新芽，使整个株型圆满美观。

③ 移栽定植后，一般每隔10～15天施一次复合肥，直至开花。施肥不要过多，盆土不宜太湿，否则易徒长。

④ 矮牵牛在生长期间，需注意修剪整形、施肥，开花可至霜降。若在霜降前入温室重新换盆、疏根、施肥和分期进行修剪、摘心，这样则可以继续开花。

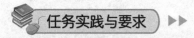
任务实践与要求 ▶▶

1. 任务要求

（1）根据气候及花期要求选择品种，以满足花卉市场需要。

（2）根据矮牵牛的长势，适时进行环境因子调控以及肥水管理等，以使花期满足要求。

（3）及时诊断矮牵牛的病虫害，并进行综合防治。

2. 工具与材料

（1）工具 花铲、喷壶、铁锹等用具。

（2）材料 矮牵牛种子、肥料、基质、穴盘等材料。

3. 实践步骤

播种、间苗、移栽、定植、浇水、施肥、摘心、防寒越冬同一串红。

4. 任务实施

班级分组（每组 4~5 人）进行，每组播种并管理 1 穴盘（128 孔）

5. 任务考核标准

考核从六个方面进行，具体见表 2-4。

表 2-4 矮牵牛栽培管理实训考核标准

考核项目	考核要点	等级分值					备注
		A	B	C	D	E	
实训态度	积极主动,实训认真,爱护公物	10~9	8.9~8	7.9~7	6.9~6	<6	可结合实际操作,针对个人提出一些问题,给出相应的分值
播种处理	播种方法正确、规范	18~16	15.9~14	13.9~12	11.9~10	<10	
定植方法	播种定植过程正确	18~16	15.9~14	13.9~12	11.9~10	<10	
操作过程	过程正确	18~16	15.9~14	13.9~12	11.9~10	<10	
合格品率	株型整齐、匀称,花期一致	18~16	15.9~14	13.9~12	11.9~10	<10	
总结创新	总结出各环节的技术要点及注意事项	18~16	15.9~14	13.9~12	11.9~10	<10	

项目二 ▶▶ 露地宿根花卉的生产

【相关知识】

一、宿根花卉的概述

宿根花卉是指个体寿命为多年的草本花卉，茎没有木质化。个别种类茎基部木质化，但是茎顶仍为草质（地下器官未变态呈球状或块状、以地下部分的芽或萌蘖越冬，主要指一些能露地栽培，以地下茎或根越冬的花卉和温室宿根花卉）。多年生草本植物中适于水生的种类如睡莲，被列入水生花卉。有些种类虽为多年生，但作一二年生栽培，被列为一二年生草本，如长春花、美女樱。

二、宿根花卉的分类

宿根花卉根据耐寒性的不同分为以下两种类型。

(1) 耐寒性宿根花卉 原产于温带，耐寒、半耐寒，能露地越冬。即冬季地上部分枯死，进入休眠，春季再萌发继续生长。如芍药、鸢尾、菊花等可作露地栽培。

(2) 不耐寒性宿根花卉 原产于热带、亚热带，不耐寒，冬季半休眠、常绿、温室宿根花卉。如万年青、吊兰等可作温室栽培。

三、宿根花卉的特点与应用

1. 具有多年存活的地下部

多数种类具有不同粗壮程度的主根、侧根和须根。主根、侧根可存活多年，由根颈部的芽每年萌发形成新的地上部开花、结实，如芍药、火炬花、玉簪、飞燕草等。也有不少种类其地下部能存活多年，并继续横向延伸形成根状茎，根茎上着生须根和芽，每年由新芽形成地上部开花、结实，如荷包牡丹、鸢尾。

2. 适生范围广

原产温带的耐寒、半耐寒的宿根花卉具有休眠特性，其休眠器官芽或莲座枝需要冬季低温解除休眠，在次年春季萌芽生长。通常由秋季的凉温与短日照条件诱导休眠器官形成。春季开花的种类越冬后在长日照条件下开花，如风铃草等；夏秋开花的种类需短日照条件下开花或由短日照条件促进开花，如秋菊、长寿花、紫菀等。原产热带、亚热带的常绿宿根花卉，通常只要温度适宜即可周年开花。夏季温度过高可能导致半休眠，如鹤望兰等。

3. 一次种植多年观赏

这是宿根花卉在园林花坛、花境、篱垣、地被中广为应用的主要优点。

由于一次栽种后生长年限较长，植株在原地不断扩大占地面积，因此，在栽培管理中要预计种植年限并留出适宜空间。

四、宿根花卉的习性

露地宿根花卉大部分要求阳光充足，少数要求半阴，如玉簪、麦冬等。它们的适应范围较广，有耐寒的萱草，有耐潮湿的玉簪，也有耐瘠薄土壤的耧斗菜。它们具有发达的根系或明显的萌蘖，能在地下茎或根部发新芽。

五、宿根花卉的繁殖

宿根花卉可以用种子繁殖，但常以无性繁殖为主，其中又以分株、扦插最为常用。

1. 播种繁殖

一般不采用，因为很多种宿根花卉从播种到开花年限太长，如芍药要5~6年才能开花，而一些重瓣品种如重瓣玉簪又不易结实。而对于一些容易结实并在播后很快开花的宿根花卉可以采用种子繁殖，如耧斗菜、紫松果菊等。

播种时间则根据花卉耐寒力确定：①对耐寒力强的宿根花卉可以春播、夏播、秋播，但以种子成熟后立即播种为好，因为这样播种后至当年冬季植株生长健壮，越冬力强。②对于一些要求低温与湿润条件以完成种子休眠的花卉，如芍药、鸢尾、宿根飞燕草等，种子有上胚轴休眠的现象，应秋播。③对于不耐寒宿根花卉宜春播或种子成熟后即播。

2. 分株繁殖

这是宿根花卉的主要繁殖方法。宿根花卉能从母体上发生一些不同类型的营养器官，如根蘖、茎蘖、走茎、匍匐茎等，分株法是分割母株上发生的这些小植株，然后将它们栽植而成为一个独立的新的植株。

（1）萌蘖　这些萌蘖可从地下茎或根上发生，从根颈部或地下茎上所长出的萌蘖，称为"茎蘖"，如菊花、萱草、玉簪、加拿大一枝黄花等。从根上发生的，叫根蘖，如蜀葵。

（2）走茎　是从叶丛中生出细长的地上茎，有节且节间较长，在节上发生幼株。将此走茎从植株上采摘下来繁殖，容易成活，如吊兰、虎耳草等。

（3）根茎　这一类花卉有鸢尾、紫菀等，具有细长的茎节，节上生根、生芽。

宿根花卉分株时间根据花卉种类而定，一般在分株时，幼苗已具备完整的根、茎、叶各个部分，因而比较容易成活。凡是在春季开花的宿根花卉如芍药、萱草等，一般在秋季分株。而在秋季开花的宿根花卉如桔梗、金光菊等，一般在春季分株。

秋季进行分株时，在地上部分已经进入休眠，而地下根系仍未停止活动这一时期进行。春季分株在发芽前进行。但对于耐寒力较弱的植物，则不宜在秋季分株，否则容易受冻。

分株的方法是将植株挖起，把泥土抖落，然后找出根系自然分叉处，用手掰开或用刀切开，一般每株丛至少带 3 个芽，这样在分株后能迅速形成一个新植株。

3. 扦插繁殖

（1）茎插　宿根花卉的茎插，从春季发芽后一直至秋季生长停止前均可进行，为软材扦插，最适宜的时间为 7～8 月份。

（2）根插　有些宿根花卉能自根上发生不定芽而形成幼株。可以进行根插的花卉，应具有较粗的根，其根的粗度一般不小于 2mm，长度在 3～15cm 不等。扦插时间在晚秋或早春，如芍药、荷包牡丹等。

六、宿根花卉的栽培管理

宿根花卉的根系均较强大，要求土壤深度在 40～50cm，并且在整地的同时施入大量的有机质肥料如厩肥、饼肥等作基肥。宿根花卉栽培管理较为粗放，其栽培要点如下所述。

① 栽植前应深翻土壤，并施入足量的有机肥作基肥，以保证营养和保持良好的土壤结构。

② 适地适种，即根据应用目的和栽培地的立地条件，选择适宜的花卉种类，如墙角较为荫蔽的地方应选种玉簪、紫萼、垂盆草等花卉；贫瘠干旱等地常选用萱草、毛华菊等宿根花卉。

③ 花前、花后追施肥料，以保证花大色艳及花期长久。

④ 及时清除残花、病叶、枯枝枯叶等，以减少病虫害的发生。

⑤ 入冬前灌深水防寒，并施足腐熟的厩肥或堆肥，以保证来年花多、花好。

【思考与练习】

问答题

1. 露地宿根花卉根据耐寒性的不同分为哪两种，这样分类对于实际生产有什么作用？

2. 宿根花卉常用什么繁殖方法？举例说明。

3. 宿根花卉和一二年生花卉在应用上有什么不同，为什么？

4. 叙述露地宿根花卉的栽培要点。

任务一 菊花的生产

 **知识目标** ▶▶

1. 了解菊花分类知识。

2. 掌握菊花的年生育规律及盆栽菊花的栽培管理方法。

技能目标 ▶▶

1. 能合理进行立菊、案头菊的栽培。

2. 能合理进行悬崖菊、大立菊的基本造型操作及其管理。

【知识准备】

一、概述

菊花别名：秋菊、黄花、鞠、帝女花，科属：菊科、菊属。

菊花是我国十大名花之一，菊花也是世界四大切花之一，其品种繁多，花型丰富，色彩娇艳，是秋季花坛、花境、花台及岩石园的重要植物材料，又常常盆（缸）栽制作成多种艺菊，用来举办大型的菊花展览，造型成大立菊、悬崖菊、塔菊、盆景等。可以制作瓶花、花束、花篮、花环；切花，配置地被。

二、形态特征

多年生草本植物，高达 60～150cm，茎基部半木质化，直立多分枝，小枝绿色或带灰褐色，被灰色柔毛。单叶互生，有柄，边缘有缺刻状锯齿，托叶有或无，叶表有腺毛，分泌一种菊香气，叶形变化较大，常为识别品种依据之一。头状花序顶生或腋生，舌状花数轮，俗称"花瓣"，多为不孕花，中心为筒状花，俗称"花心"。花色丰富，有黄、白、红、紫、橙、绿等色，浓淡皆备。花期一般在 10～12 月份，也有夏季、冬季及四季开花等不同生态型。瘦果小褐色。

三、类型及品种

中国菊花是种间天然杂交而成的多倍体，经历代园艺学家精心选育而成，传至日本后，又掺入了日本野菊的血统。菊花遍布全国各地，世界各国也广为栽培。菊花经长期栽培，品种十分丰富，园艺上的分类习惯，常按开花季节、花茎大小和花型变化等进行。

1. 按开花季节分类

（1）夏菊 花期 6～9 月份。中性日照。10℃左右花芽分化。

（2）秋菊 花期 10 月中旬至 11 月下旬。花芽分化、花蕾生长，开花都要求短日照条件。15℃以上进行花芽分化。

（3）寒菊　花期12月份至翌年1月份。花芽分化、花蕾生长、开花都要求短日照条件。15℃以上进行花芽分化，高于25℃，花芽分化缓慢，花蕾生长、开花受抑制。

（4）四季菊　四季开花。中性日照，对温度要求不严。

2. 按花茎大小分类

（1）大菊系　花序直径10cm以上，一般用于标本菊的培养。

（2）中菊系　花序直径6～10cm，多供花坛做切花及大立菊栽培。

（3）小菊系　花序直径6cm以下，多用于悬崖菊、塔菊和露地栽培。

也有将花径6cm以上称为大菊系，6cm以下称为小菊系，而不另立中菊系统。

3. 按花型变化分类

在大菊系统中基本有5个瓣类，即平瓣、匙瓣、管瓣、桂瓣和畸瓣，瓣类下又进一步分为花型和亚型。在小菊系统中基本有单瓣、复瓣（半重瓣）、龙眼（重瓣或蜂窝）和托桂几个类型。

4. 按整枝方式和应用分类

（1）独本菊　一株一本一花。

（2）立菊　一株多干数花。

（3）大立菊　一株数百至数千朵花。

（4）悬崖菊　通过整枝修剪，整个植株体成悬垂式。

（5）嫁接菊　在一株的主干上嫁接各色的菊花。

（6）案头菊　与独本菊相似但低矮，株高20cm左右，花朵硕大。

（7）菊艺盆景　由菊花制作的桩景或盆景。

四、生态习性

菊花原产我国，至今已有2500年以上的栽培历史。适应性强，喜凉爽，较耐寒，生长适温18～21℃。最高32℃，最低10℃，地下根茎耐低温，极限一般为-10℃。喜充足阳光，但也稍耐阴。较耐干旱，最忌积涝。喜地势高燥、土层深厚、富含腐殖质、疏松肥沃而排水良好的砂壤土，在微酸性到中性的土壤中均能生长，忌连作。花芽分化和开花所需的温度因种类和品种而有所不同。夏菊以温度较低为好，10～13℃花芽分化，其后温度达到15～20℃而促进开花；秋菊和寒菊在15℃左右花芽分化而开花，如果遇上比花芽分化时还低的温度，开花往往延迟，其中尤以小菊类耐寒性更强。秋菊和寒菊是典型的短日照植物，即使花芽分化后，在长日照条件下，也不开花。在日照短于13h，花芽开始分化，10～15天后，花芽即可分化完全。从花芽分化结束到开花这一段时期的长短，因品种和温度而异，一般为45～60天。夏菊八九月份开花与日照无关，只与营养生长有关。通常花芽分化时展叶10片左右、株高25cm以上，开花时展叶17片、株高60cm左右。

菊花的年生育规律为：①莲座化期（12月中旬至2月中上旬，中低温短日照）。此时节间不伸长，只是叶数增加，根伸长。②成长期（2月中下旬至8月中旬，高温长日照）。如果不经过一定的高温花芽就不能形成，此时期节间旺盛生长。③感光期（8月下旬至10月上旬，高中温短日照）。到8月下旬日长13h以下，在生长点花芽形成，侧芽也长出，15天前后出蕾，此时9月中旬可看见米粒大的花蕾，再过20天后也即是10月上旬破蕾，花蕾变大、苞片破口、能看见花色。④成熟期（10月中旬至12月中旬，中低温短日）。自破蕾后30天左右花即开放，此时约是11月初，然后花谢，茎叶枯萎，冬至芽长出。

五、繁殖

以扦插为主。通常11月下旬至12月上旬挖取留种植株的萌蘖芽（脚芽）另行栽植或扦插，加强肥水管理，培育成繁殖母株，于2月底对母株进行摘心，扦插前30～40天进行第二次摘心。剪取4～6cm长嫩梢，用IBA处理插穗基部。

六、栽培要点

1. 培育期间常出现的现象

（1）柳叶头　在菊株枝条上端长出几片柳叶状的小叶称柳叶，顶端长出一个小蕾称柳蕾。一般柳叶头只是在茎的顶端形成一个不能继续生长发育的柳蕾。其下方的柳叶叶腋不形成侧蕾，只有在其下方正常叶的叶腋萌发侧枝继续生长发育。引起产生柳叶头的具体因素如下。

① 取苗不当　插穗取自越冬分蘖的顶梢，栽植后又未摘心或插穗，取自生长日期太长，日历年龄和生理年龄较大，将要自封顶的顶梢或以母株越冬后分株栽培又未经摘心者。

② 定植、定头过早　定植过早而又未摘心或定头过早，菊株已完成营养生长，在转向生殖生长时仍处于长日照条件下，因而继续营养生长，产生柳叶头。

③ 肥水供应过量　秋后日照长度渐短，天气转凉，菊株处于花芽分化，此时如未能控水，反而肥水供应过量，则会使菊株生长过旺贪青而产生柳叶头。

④ 短日照处理失误　在短日照处理期间遮光不严而发生漏光，使有的菊株不能完全处于短日照条件下进行花芽分化，而继续营养生长；或在遮光期间夜间不遮光时，栽培场所受到外来光源的干扰而影响短日照处理效果，发生柳叶头现象。

⑤ 反季节栽培失误　反季节栽培未能采取有效的技术措施或措施不当，品种习性不详未能正确安排栽培季节，也会产生柳叶头现象。

⑥ 品种的遗传性。

防止柳叶头可采取以下技术措施。

① 协调菊花的生长发育与环境条件的关系。

② 采用母株萌发的脚芽经摘心更新后的新梢作为插穗；不用日历年龄及生理年龄过大的枝梢作插穗。

③ 正确安排扦插期、定植期和定头期：早定植的菊株要经多次摘心，定头要适时，不宜过早。

④ 独本栽培的苗要采用多次摘心后的嫩梢为插穗。

⑤ 立秋后菊株转向生殖生长时，要控制生长量，肥水要适量，要根据品种遗传特性正确安排栽培季节。

⑥ 对已发生柳叶头的应尽早从顶端下的1～2片正常叶处剪掉，以后叶腋萌发的侧枝再生长发育，在不适宜环境条件下花芽分化孕蕾开花，但换头后造成茎干弯曲、花头不太端正以及花径较小、花期推迟的缺陷。实践证明以第三代插穗最好。

（2）莲座化　又叫束顶、封顶。一般发生在脚芽越冬时，茎端短缩变粗成短缩茎，叶片密聚丛生其上如莲座，称之为幼苗莲座化。也会发生于正常生长发育伸长后的茎端，这种发生于枝条顶端的莲座化称之为高位莲座化。幼苗莲座化现象不仅存在于越冬的盆栽菊，更多出现在越冬的春夏切花菊幼苗上。高位莲座化多出现在秋菊，特别是冬季照光菊。其原因：有的是品种自身遗传的表现，是一种适应低温不良环境条件以安全越冬的形式。亦有因栽培技术措施不当引起的莲座化。防止方法有：可取多次摘心后的嫩梢扦插。春夏切花菊幼苗越冬后仍处于莲座化，可对夏菊用 $50\mu L/L$ 以上浓度的赤霉素喷雾处理。

2. 盆菊栽培

（1）立菊

① 品种选择方法　选花大、叶大、茎粗，对 B_9 感性良好的品种。

② 培育要点　为培育充实较粗的插穗，在扦插前一周用 $300\sim500\mu L/L$ 的 B_9 处理；上盆适期在新根长到 $1.5\sim2cm$ 左右（扦插后第 15 日左右）的时候。叶片刚展开三片时为摘心适期，摘心的三天前用 600 倍 B_9 喷洒，摘心后约一个星期保留上部 4 个整齐的芽，其余的芽抹去。如果因为长势弱或 B_9 没有效果而使最上 4 个芽不整齐，可以切去最上面的一张叶片并切去第二张叶片的一半，来加以调整，摘心后约 3 周侧枝长到 $7\sim9cm$（7 月中下旬，摘心处到基部约 $10\sim11cm$），即可定植到 7 号盆内。整枝可在侧枝长到 $12\sim13cm$ 时进行，整枝时较长的枝向下一点，较短的枝让它立起来。当支柱上的枝条长到 $7\sim8cm$ 时喷 300 倍的 B_9，以后每隔 $15\sim20$ 天喷一次，如果枝条长得不一般长，对最短的枝条可喷一下，最长的枝条可喷三下，中间的枝条喷两下。出蕾之后可用浸过 B_9 的脱脂棉放在花蕾处，延迟开花。追肥以液肥为主，从定植（8 月中旬即定植 2 周后）到 8 月末和小盆期一样每周 $1\sim2$ 次，前半段氮素多一些（在花芽分化期吸收大量的氮素可增加花瓣数），后半段磷、钾肥多一些。一进入 9 月份含磷、钾的液肥每隔一天就要施一次。光照处理主要用于提早开花。如要提早一周以上开花，则在 8 月 25 日左右到看见花蕾可处理两个星期左右。从下午 17 时到第二天早上 7 点进行遮光处理，蕾小的时候效果大。普通的菊花约在 9 月中旬出蕾，畸形蕾更早。三本菊出蕾后由于 B_9 的影响会推迟 $4\sim7$ 天开花。使三蕾大小整齐的摘侧蕾时机是在主蕾 5mm 时。出蕾之后尽量给予充足的阳光，蕾易跟随太阳的方向弯曲，因此需每星期转一次盆，一次约 1/3。另外，为防止花头过分伸长，在摘除侧蕾的伤口上用 300 倍的 B_9 涂抹。在花蕾上有 3 枚花瓣开放时每隔 3 天共 2 次施 1000 倍的花肥。

（2）案头菊　案头菊理想的花姿是：花径大 20cm 以上，高 10cm 以上，茎叶能覆盖盆钵，株高从盆底到花头约 38cm。品种的选择方法：大花型（花径在 20cm）花瓣数多的品种比较适宜，用 B_9 处理使茎高控制在 40cm 以内，对 B_9 感受性要强。另外由于 B_9 的影响使开花推迟，因此要选早花品种。将 5 月初扦插的苗育成母株，摘一回心后扦插，扦插之前一周在带有 12 片以上充实叶片的枝条上喷洒 300 倍的 B_9，扦插时期如果过早易形成畸形蕾，所以 7 月 20 日左右是最适期。10 天后喷 0.1% 尿素溶液 $1\sim2$ 次。半月后生根上盆，上盆后 $4\sim5$ 天喷 400 倍的 B_9 液（在太阳落山之后喷。喷后 3 天之内不能被雨淋）。半月后根外追肥，施稀薄豆饼水。换 10cm 内径泥盆，$4\sim5$ 天后喷 400 倍 B_9 液。8 月底至 9 月中旬进入花芽分化期，此时控水。10 月上旬对花梗长的品种用毛笔蘸 $200\sim300$ 倍 B_9 液涂花梗。10 月中旬进入始花期，要及时防止花头徒长。

3. 造型菊

（1）悬崖菊　选取节长、分枝多、枝细软坚韧的小花品种，如一捧雪、金满天星、白星球、玫瑰龙眼等进行培育。头年 11 月份扦插或分脚芽置于低温温室越冬，翌年 2 月上旬换入大孔底菊花盆中，盆土配制同立菊；3 月下旬或 4 月上旬出温室。

造型：3 月中下旬株高 30cm 时用长 2m 的细竹（棒）或宽 2cm 的竹片一端约 30cm 处烘弯，插入植株的盆土中，另一端固定在横架上，竹片与园地成 45°夹角。然后将主枝每隔 2～3 节用麻皮绑缚在竹片上，引导菊枝斜卧向前生长。除主枝及基部两旁最长的两根侧枝不摘心外，其余侧枝都要适时摘心，形成小枝密集、顶部侧枝短小、基部侧枝长的孔雀尾似的冠形。具体做法是，基部侧枝 9～10 片叶时摘心保留 5～6 片叶；梢部侧枝 5～6 片叶时摘心保留 2～3 片叶。摘心从 4 月份至 7 月中旬，每半个月一次；对生长快的品种，也可在处暑（8 月 23 日）前进行最后一次摘心，由于小菊顶端先开花，欲使花期一致，基部先停止摘心，梢部后停。9 月下旬～10 月上旬分两次把生长特高的花蕾摘去，并修剪整形，使株形整齐，花朵（花序）高低相近。

（2）大立菊　其特点是株大花多，能在一棵植株上同时开放出成百上千朵大小整齐、花期一致的花朵（花序）。培养一株大立菊要用一年的时间，宜选用抗性强、枝条软、节间短、易分枝且花大鲜艳并易加工造型的品种进行培育，如白莲、东方亮。通常于 11 月份挖取菊花根部萌发的健壮脚芽，然后在温室内扦插育苗。翌年 3～4 月份移植于露地苗床，株距 130～150cm，多施基肥。待苗高 20cm 有 7～8 片叶片时即可开始摘心，连续 5～7 次直至 7 月下旬止，每次摘心后可培养出 3～5 个分枝，这样就可以形成数百个至上千个花头。为了便于造型，植株下部外围的花枝要少摘心一次，养成长枝以使枝条开展。大立菊冠幅阔大，周围要立支撑的竹竿，再用细绳缚扎固定。

要使大立菊花朵大小一致，必须注意选蕾。每个枝顶出现的花蕾，在第一次剥蕾时，凡顶蕾大的多留几个侧蕾，使养分分散以抑制顶蕾的发育。通过几次分批摘除侧蕾，调整顶蕾生长速度，在最后一次剥蕾时每枝顶端仅留 1 个蕾，这样大小基本相似。大立菊在 8 月中旬即可移栽于缸盆或木盆中，9 月下旬定蕾，为了使花朵均匀分布，设立正式竹架，竹圈上扎铜丝，将花茎引向固定的地方，称作"上竹圈架"，10 月上旬平头，将花朵逐个缚扎固定，在竹圈架的统一高度上，10 月中旬用铜（铁）丝做成盘状花托称"盘铜丝"，形成一个微凸的球面。

培育大立菊除用扦插苗外，还常用嫁接法。夏秋之际，挖取野生的黄蒿或青蒿作砧木，在温室内栽培。蒿的茎秆 3mm 时便可用劈接法接上菊株，可以在砧木的基部或在长成数个侧枝时进行劈接，于 1 月下旬至 2 月份进行，接穗套上塑料袋，嫁接苗要经常遮阳并经常浇水。黄蒿或青蒿强健，茎粗壮，根系发达，用砧木嫁接菊花可以培育出特大型大立菊，或构成多层次高大的塔菊。

任务实践与要求　▶▶

1. 任务要求

（1）根据不同的栽培目标，选择不同的菊花品种，并选用正确的繁殖和管理方法。

（2）根据菊花的长势，适时进行环境因子调控以及肥水管理。

（3）及时诊断菊花的病虫害，并进行综合防治。

2. 工具与材料

（1）工具　花铲、喷壶、铁锹、剪刀等用具。

（2）材料　菊花脚芽、肥料、基质、花盆等材料。

3. 实践步骤

（1）繁殖　针对不同栽培目标的菊花，采用不同的繁殖方法。

（2）栽植 选用合适的栽培容器和基质。

（3）常规管理 枝叶出土后及时浇水，保持土壤湿润。春季开始生长后、开花前、开花后各施一次追肥，花期较长者开花期间适当追肥。浇施化肥浓度控制在1‰～3‰，叶面喷肥浓度控制在0.1‰～0.3‰。随时清除残花、病叶、枯枝枯叶及杂草。

（4）越冬管理 秋末枝叶枯萎后，自根际剪去地上部分。

4. 任务实施

班级分组（每组4～5人）进行，每组种植50盆。

5. 任务考核标准

考核从四个方面进行，具体见表2-5。

表 2-5　菊花栽植管理实训考核标准

考核项目	考核要点	等级分值					备注
		A	B	C	D	E	
实训态度	积极主动，实训认真，爱护公物	10～9	8.9～8	7.9～7	6.9～6	<6	视定植状况进行提问
施肥	施肥方法正确、规范	30～28	27.9～26	25.9～24	23.9～22	<22	
栽植管理	栽培过程正确，管理到位	40～38	37.9～36	35.9～34	33.9～32	<32	
创新总结	总结出定植的技术要点	20～18	17.9～16	15.9～14	13.9～12	<12	

任务二　芍药的生产

 **知识目标** ▶▶

1. 了解芍药品种分类知识。

2. 掌握芍药的繁殖方法及栽培要点。

技能目标 ▶▶

1. 能熟练进行芍药的栽植操作。

2. 能正确进行芍药的年管理及操作技巧。

【知识准备】

一、概述

芍药别名：将离、没骨花、白芍、余容、婪尾春，毛茛科、芍药属。

芍药为我国传统名花，因其与牡丹外形相似而被称为"花相"。常配置于花坛、花境、花带。可布置芍药专类园，也可置于假山湖畔来点缀景色。可盆栽或用作切花材料，根可加工成"白芍"药用。

二、形态特征

芍药根肉质，粗壮，纺锤形或长柱形；茎簇生，高 60～80cm，初生茎叶褐红色，二回三出复叶，小叶通常三深裂；上部叶渐变为单叶，叶卵状披针形，全缘。单花顶生或腋生，花单瓣或重瓣，花瓣 5～10 片，梗较长，萼片 4～5 片，绿色；花色有白、黄、粉红、紫红等，蓇葖果 2～8 片离生，每枚内有种子 1～5 粒。种子球形，黑褐色。花期 4～6 月份。

三、类型及品种

目前世界上芍药栽培品种已达上千种，按花色分为黄色类、红色类、紫色类、绿色类和混色类。按开花早晚分为早花类和迟花类。按花型常分为单瓣类、千层类、楼子类和台阁类。

(1) 单瓣类　花瓣 1～3 轮，宽大，多圆形或长椭圆形，正常雄雌蕊，如紫玉奴、紫蝶等。

(2) 千层类　花瓣多轮，层层排列渐变小，无内外瓣，雄蕊仅生于雌蕊周围，不散生于花瓣之间，雌蕊正常或瓣化，全花扁平。

(3) 台阁类　全花可区分为上方、下方两花，在两花之间可见到明显着色的雌蕊瓣化瓣或退化雌蕊，有时也出现完全雄蕊或退化雄蕊。

四、生态习性

原产中国北部、日本及西伯利亚。喜阳光充足，极耐寒，忌夏季炎热，最适生育温度是 10～15℃，开花后于根的上端形成新芽，8 月下旬至 9 月上旬形成花芽。之后地上部枯死进入休眠状态。打破休眠需要的低温在 0～2℃ 以下，早花品种是 25～30 天、晚花品种是 40～50 天。宜湿润及排水良好的壤土或沙壤土，喜富含磷质有机肥的土壤，忌盐碱、低湿地、黏土。

五、繁殖

以分株为主，也可以播种和根插繁殖。

(1) 分株法　即分根繁殖，此法可以保持品种特性，分根时间以秋季 9 月至 10 月上旬进行，若分株过迟，地温低会影响须根的生长。切忌春季分根，我国花农有"春分分芍药，到老不开花"的谚语。分株时根据新芽分布情况，切分成数份，每份需带芽 3～4 个及粗根数条，切口涂抹硫黄粉。芍药的根易折断，新芽也易碰伤，操作时要小心，一般花坛栽植，可 3～5 年分株一次。

(2) 根插繁殖　秋季分株时，收集断根，切成 5～10cm 的小段作为插穗，插在已深翻平整好的苗床内，开沟深 10～15cm，插后覆土 5～10cm，浇透水。翌年春季可生根，生长发育成新株。

六、栽培要点

栽培前土地深翻，施基肥，栽植深度要适宜，根系舒展，根颈覆土 2～4cm 为宜，并适当压实。要保持土壤湿润，经常施肥。花前应疏去侧蕾，使主蕾花大色艳。

任务实践与要求 ▶▶

1. 任务要求

(1) 掌握芍药常见繁殖方法及操作。

(2) 掌握芍药在一年中的管理内容。

2. 工具与材料

(1) 工具 花铲、喷壶、铁锹、剪刀等用具。

(2) 材料 芍药种子、正常生长的芍药苗、肥料、基质、花盆等材料。

3. 实践步骤

(1) 芍药繁殖 一般采用播种繁殖和分株繁殖。

(2) 栽植 芍药栽植，除花后孕芽到芽满期间不宜栽植外，其他时期都可栽植。春季虽可栽植，但栽后根系受损，吸收肥水能力较差，往往生长发育不旺。栽植的行距和株距是 80～100cm。挖穴时穴深 21～24cm，穴口直径 18cm，最好上狭下宽，然后将分株的植株展根平放在穴内。当填入细土到一半时，将根稍稍上提，使根与土壤结合紧密。上提高度以其芽平地为准。最后填土至穴满，捣实并覆 9～12cm 高土堆。

(3) 管理

① 扒土 上一年冬季的堆土必须在芍药嫩芽出土前 4～5 天扒除，弄平整。如不扒土，则嫩茎基部衰弱，影响生长。

② 中耕除草 扒土后至绿叶枯落期间，需要经常进行中耕除草。中耕时，绿叶封田前和花期前后要耕得深，孕芽后要耕得浅。在正常情况下，每年应中耕除草 10～12 次。

③ 施肥 芍药好肥性强，特别是在花蕾显色后及孕芽时，对肥料的要求更为迫切。具体施肥时期确定如下。

a. 展叶显蕾后，绿叶全面展开，花蕾发育旺盛，需肥量大。

b. 花才开过，花后孕芽，消耗养料很多，是整个生育过程中需要肥料最迫切的时期。这时如果肥料跟不上，会影响新芽饱满和翌年生长发育。

c. 促进萌芽，需要在霜降后，结合封土施 1 次冬肥。施用肥料时，应注意氮、磷、钾三要素的配合，特别是对含有丰富磷质的有机肥料，尤为需要。

④ 浇水 芍药不耐涝，但过于干燥也会生长不良。适度湿润是它良好生长的必要条件。因此，在干旱时要注意浇水，多雨时要及时排水，保持干湿相宜。

⑤ 摘侧蕾 芍药开花前除顶蕾外，其下有侧蕾 3～4 个，为了使顶蕾花大色艳，应在花蕾显现后不久，摘除侧蕾，使养分集中于顶蕾。但是为了防止顶蕾受损，除顶蕾外，可先留一个侧蕾。

⑥ 立支柱 芍药花秆软，多数品种开花时往往花头下垂，容易倒伏。可在花蕾显色后，设立支柱。

⑦ 割秆封土 芍药开花后，有些品种能够结实，除有目的地保留外，一般都将果实剪去，以减少养分的消耗。霜降后，芍药地上部分枯萎，这时应剪去枝秆，扫除枯叶，集中烧毁，以防止黑斑病菌下土越冬；同时施冬肥，封土。

(4) 病虫害防治

① 黑斑病 先在叶面发生黑褐色小斑点，而后扩大成不整形轮纹，相互连接，使绿叶枯死。可喷洒波尔多液，或 500 倍代森锌或代森锰锌，不再连作。

② 白绢病　感染的病株基部，先发生黑褐色湿病，随后在土表及植株基部，出现白色菌丝体。在夏季多雨高温时节里，土壤潮湿，发病严重。为防治病害发生，可在栽植时进行土壤消毒或更换无菌土壤；剪除或拔掉病株烧毁，发病前，定期喷洒 50％多菌灵可湿性粉剂 500 倍液。

③ 锈病　开花时，从叶面开始发生淡黄褐色小斑点，不久扩大出现橙黄色斑点，而后散出黄色粉末，就是孢子。芍药的枝、叶、芽、果实都可受到侵害。可定期喷洒 500 倍代森锰锌，或 0.3％～0.4％石硫合剂，每隔 10～15 天喷 1 次，连续 3～4 次。

④ 蛴螬　4～9 月危害最重，在地下咬食芍药根。严重时，能使地上部分枝叶变黄枯萎。

防治方法：冬耕深翻，可使蛴螬越冬代死亡，危害期间可喷洒 50％马拉松乳剂。

⑤ 蚜虫　以口器刺入叶子，吸食汁液，使叶缘向底面卷曲，变成黄色。待幼苗长大时，蚜虫又常聚集在嫩梢、花柄、叶背上，使幼苗茎叶卷曲萎缩，严重时全株枯萎。

防治方法：清除越冬杂草，喷洒 4％乐果或 2.5％鱼藤精液；保护蚜虫的天敌，如七星瓢虫、食蚜蝇、草蛉等，以虫灭虫。

4. 任务实施

班级分组（每组 4～5 人）进行，每组繁殖 50 粒种子及管理 50 丛。

5. 任务考核标准

考核从四个方面进行，具体见表 2-6。

表 2-6　芍药栽植管理实训考核标准

考核项目	考核要点	等级分值					备注
		A	B	C	D	E	
实训态度	积极主动，实训认真，爱护公物	10～9	8.9～8	7.9～7	6.9～6	<6	视定植状况进行提问
播种	播种方法正确、规范	30～28	27.9～26	25.9～24	23.9～22	<22	
栽植管理	栽培过程正确，管理到位	40～38	37.9～36	35.9～34	33.9～32	<32	
创新总结	总结出定植的技术要点	20～18	17.9～16	15.9～14	13.9～12	<12	

项目三 ▶▶ 露地球根花卉的生产

【相关知识】

一、露地球根花卉的习性

（1）露地球根花卉大多数要求阳光充足，少数喜半阴，如铃兰、石蒜、百合等。要求阳光充足环境的球根花卉阳光不足不仅影响当年开花，而且球根生长不能充实，会影响第二年的开花。

（2）对土壤要求不严，一般喜欢富含腐殖质多的、表土深厚、排水良好的沙壤土，而水仙、晚香玉、郁金香、风信子、百合等喜欢黏质壤土。

（3）由于种类不同，对温度要求不同，生长季节不同，这样就造成栽培季节也不同。

① 春季栽植（春植球根） 如唐菖蒲、美人蕉、大丽花、晚香玉、葱兰、韭兰等。

② 秋季栽植（秋植球根） 如水仙、风信子、葡萄风信子等。

二、露地球根花卉的繁殖

有有性繁殖和无性繁殖两种，但常以无性繁殖中的分球繁殖为主。

1. 有性繁殖

此种繁殖方法采用较少，因为一般球根花卉播后 4～5 年才能开花，如郁金香。有些种类不易得到种子如晚香玉在我国大部分地区种子不易成熟，只有在培育新品种和需要大量繁殖时才采用此法。但也有一些球根花卉在播后当年或次年就能开花，如大丽花、王百合等。

2. 扦插繁殖

利用球根的芽或茎上的芽进行繁殖。

（1）脚芽插 利用球根基部长出的脚芽进行扦插繁殖得出新的植株。如大丽花。

（2）枝插 利用球根上发出的枝条作为插穗进行扦插。

（3）鳞片插 选取球根的鳞片作为插穗进行扦插。以百合为例，秋季选取成熟的百合大鳞茎，阴干数日，待表面稍有皱缩时，将肥大而健全的鳞片剥下，第二三层鳞片肥大、质厚、贮藏的营养物质最丰富，是好的繁殖材料。剥好后，将其斜插入基质中，保持地温 $20℃$，50 天左右即可培育出直径为 1cm 的小种球，一般需 3～4 年能开花。

3. 分球繁殖

此为球根花卉最主要的繁殖方法，是将球根周围产生的新的小球分开栽植形成新个体的方法。

（1）鳞茎繁殖 地下茎变态呈鳞茎，内贮藏营养物质。鳞茎萌发后抽生叶片和花序，鳞片之间的腋芽可形成一个至数个幼鳞茎，包在老鳞茎或靠在老鳞茎旁。鳞茎根系处或鳞茎与地上茎交接处产生数个小籽鳞茎。当地上部分停止生长后，挖出老鳞茎，分离幼鳞茎和小籽鳞茎栽植即能形成新株。如百合、郁金香、风信子、水仙、石蒜、葱兰、文殊兰、球根鸢尾、贝母等。

（2）球茎繁殖 地下茎变态呈球状，并贮藏营养物质，球茎上有节和芽，球茎萌发后在基部形成新球，新球旁生籽球，待地上部分停止生长后，分离或分割新球或籽球，另行栽植即能形成新株。如唐菖蒲、番红花、秋水仙、小苍兰等。

（3）块茎繁殖 地下茎变态呈大小不一的块状，内贮一定的营养物质，根系自茎底部产生，块茎表面分布一些芽眼可生侧芽。如大岩桐、马蹄莲、球根秋海棠、花叶芋、银莲花等。

（4）块根繁殖 地下根变态呈块状。地上部分停止生长后挖出块根切割成数块，每块必须带一段根颈部，栽植即成新株，如大丽花、花毛茛等。

（5）根茎繁殖 地下茎肥大呈粗而长的根状，并贮藏营养物质。待地上部分停止生长后，把根茎挖出，从连接点分开，并要求每一块根茎节具 1～2 个芽，然后进行栽植即能形成新株。如美人蕉、铃兰、海芋等。

（6）切球法繁殖 将大球切开，每一切片上至少有一芽和一部分茎盘，这样栽植后同样能形成大球。如唐菖蒲在春季栽植前，将球茎之外皮除去，认清生长点，用利刀纵切，把母球分成 2～3 块，每块上至少有一个芽，然后定植，当年夏季即生长新球及子球。

三、露地球根花卉的栽培管理

与宿根花卉相反，大多数球根花卉对水肥的要求较高，尤其要求土壤富含腐殖质，且土壤排水、透气性好。因为磷肥对球根的充实生长和开花极为有利，因此常用含磷量高的骨粉作为基肥，钾肥中等，氮肥切忌过多。

1. 栽植

秋植球根花卉栽培在 9～10 月份、春植球根花卉栽培在 4 月份进行，在栽植前应整地、施肥。

2. 球根花卉栽植深度

球根花卉栽植深度因为土壤、栽植目的及花卉种类等而不同，一般栽植深度为球高的 3 倍，即覆土为球高的 2 倍。黏重的土壤栽植应略浅，疏松的土壤可深些。为繁殖而需要较多的子球，且每年都要掘起采收的，种植应略浅，为了开花良好，且多年才采收，则需略深。葱兰以覆土至球根顶部为宜，大丽花其生长点在地面下 17cm，美人蕉深 10～12cm，百合类中的多数种要求深度为球高的 4 倍或多一些，朱顶红则需要球露出 1/4～1/3 于土壤上面。

3. 株行距

视植株大小而定，大丽花为 60～100cm，风信子、水仙为 20～30cm，葱兰为 5～6cm。

4. 球根花卉栽培管理注意事项

① 栽植时，应大小球分开，这样可以避免由于养分分散造成开花不良的影响。

② 球根花卉一经栽植后，在生长期间则不可移植，因为多数球根花卉的根少而脆，碰断后不能再生新根。

③ 在栽培中要保护叶片，不要损伤叶片。因为球根花卉的叶片为定数，如唐菖蒲在长出 8 片叶后就不再发出新叶，一旦损伤，就会影响光合作用，不利于球根的生长。

④ 许多球根花卉是良好的切花材料，在满足切花长度的前提下，应尽量多保留叶片。

⑤ 开花后正值地下新球成熟充实之际，要加强肥水管理。

⑥ 花后要及时剪除残花，不使结实，以减少养分消耗。

5. 采收与贮藏

球根花卉在停止生长后进入休眠期，大部分种类需要采收，并进行贮藏。在专业栽培中每年都要采收，并合理贮藏，休眠期后再种植，这样，既可以实行轮作，减少病虫害的发生，又可以选优汰劣，使球根花卉开花更整齐一致。有些球根花卉如应用于园林中作为地被或花境布置时，可隔数年掘起分栽一次，如水仙可隔 5～6 年，葱兰、石蒜隔 3～4 年。

（1）采收 采收应在球根停止生长（休眠后），茎叶枯黄尚未脱落时进行。球根掘起后应按种类不同或阴干或日晒干燥后贮存，唐菖蒲、晚香玉可以日晒干燥，大丽花、美人蕉只需要阴干数日至外皮干燥即可。

（2）贮藏方法 春植球根贮藏，室温保持在 4～5℃，不低于 0℃或高于 10℃；秋植球根贮藏，保持室内干燥、凉爽，此时正值花芽分化期，最适温度为 17～18℃，超过 20℃，花芽分化受阻。贮藏方法为：对于通风要求不高的，且要保持一定湿度的种类，如大丽花、美人蕉等，可用干沙或锯末堆藏或埋藏；对要求通风良好、环境干燥的如唐菖蒲、郁金香、球根鸢尾等，应在室内设架贮藏，且要保持通风良好。

【思考与练习】

问答题

1. 球根花卉有哪些繁殖方法，分别适用于什么样的花卉？
2. 球根花卉的栽植深度如何确定？
3. 球根花卉在栽培管理中要注意什么问题？

任务一　水仙花的生产

 **知识目标** ▶▶

1. 识别水仙花及品种分类。
2. 掌握水仙花的繁殖方法及栽培要点。

技能目标 ▶▶

1. 能正确进行水仙球雕刻的基本操作。
2. 能熟练地进行雕刻后水仙球的水养操作。

【知识准备】

一、概述

水仙别名中国水仙、凌波仙子、金盏银台、天葱、雅蒜，属石蒜科、水仙属。水仙花凌波吐艳，花型奇特，芳香馥郁，是元旦、春节期间的重要观赏花卉，既适宜室内案头、几架、窗台点缀，又可布置于花坛、花境。由于水仙水养方便，深受喜爱，当前，我国南北普遍水养作为冬春季室内观赏。

二、形态特征

水仙为多年生草本，地下鳞茎肥大呈球形，横径 6～8cm，皮膜褐色。株高约 30cm。叶片 2 列，狭长带状，稍肉质，先端钝，自鳞茎顶端长出。花葶从叶丛中央抽出，中空，顶端着生伞形花序，有花 6～12 朵，芳香，总苞膜质。花被片 6 枚，高脚杯状，边缘 6 裂，白色，副冠浅杯状，鲜黄色，雄蕊 6，子房下位。花期 1～3 月。蒴果。

三、类型及品种

中国水仙有两个品种。

（1）金盏银台　花被片白色，平展开放，副花冠金黄色，浅杯状。花期 2～3 月，花香浓，产于浙江沿海岛屿和福建沿海，现在福建漳州和上海崇明有大量栽培。

（2）玉玲珑　花重瓣，花被裂片 9 枚以上，副冠瓣化，呈黄白相间色，花型大，香气淡。

四、生态习性

中国水仙需要 2～3 年的种植才能开花。在秋季 9～10 月份栽培，翌年 5 月叶片枯黄，6 月以鳞茎形式进入休眠，休眠期间鳞茎继续进行生理、生化活动。水仙生长期喜欢冷凉气候，适温为 10～20℃，可耐 0℃ 低温。鳞茎球在春天膨大、干燥后，在高温中进行花芽分化。喜欢光照，也较耐阴，好肥水，生长后期需充分干燥，否则影响花芽分化。土壤要疏松、膨软，呈中性或微酸性。

五、繁殖

用分球方法繁殖。将地下当年长出的鳞茎侧球掰下，继续培育 2～3 年，长成大球，方能栽培开花。由于中国水仙是同源 3 倍体，不结实，不能采用种子育苗。也可用组织培养法育苗。

六、栽培要点

生产上有两种栽培方法。

1. 露地旱地栽培

选择背风向阳、土层深厚之地，9 月中下旬栽种，施足基肥，生长期间追肥 1～2 次，6 月叶片枯萎，掘起鳞茎，置通风阴凉处度夏。

2. 露地灌水栽培

漳州水仙即采用此法，具体内容为：

（1）耕地溶田　8～9 月份，翻耕土地，放水漫灌，浸泡 1～2 周，多次翻耙、晒干，打碎石块，对园地施足基肥。筑起高床，苗床四周挖掘约 30cm 深的灌水沟，沟内经常保持一定深度的水。

（2）种球消毒　种球种植前用福尔马林或多菌灵浸泡消毒。

（3）栽植　对一年生小鳞茎撒播入床；对二三年生较大的鳞茎采用开沟条植法，株行距 20cm×40cm，种植深度约 10cm，行距中施入腐熟的饼肥或其他有机肥耙平。栽植后即引水入灌水沟，使水自苗床底部浸透至床面。隔 1～2 天后用稻草覆盖床面，并将稻草的两端垂入水沟，保持苗床湿润。秋季植球，翌年初夏起球，如此循环栽培 2 年，即可作为种球销售。

含有花芽的水仙鳞茎即种球，常造型用于室内水养，具体雕刻水养方法见任务实践。

任务实践与要求 ▶▶

1. 任务要求

（1）掌握水仙球的挑选要点和方法。

（2）能针对不同的水仙球大小和外形，构思不同的雕刻造型。

（3）掌握水仙球的水养方法

2. 工具与材料

（1）工具　水仙雕刻刀、脱脂棉、水仙盆等。

（2）材料　水仙球（20 庄或 30 庄）。

3. 实践步骤

（1）雕刻造型方法

① 加工球茎的选择　一般选择 5～6 枝花的花头（20～30 庄），花头围径在 22cm 以上较合适，外观形态为球形扁圆、坚实，鳞茎皮纵向距离宽，中膜紧张，色泽明亮，棕褐色，叶芽扁平面宽，顶端钝，鳞茎盘宽阔，肥厚。

② 雕刻手法　精细加工有模仿螃蟹、花篮等多种造型。

a. 剥鳞茎皮膜、弃根泥。先将水仙鳞茎的干鳞皮膜、包泥、枯根以及主芽顶端的干圈剥离干净。

b. 雕花苞。即雕出花叶苞，左手持水仙球，选择芽向内弯曲者为鳞茎正面，芽上根下拿好，动刀时右手食指贴在刀面，在鳞茎盘上方 0.5～1cm 处，从左向右刻划一圈，深约 1cm，向上推撕，削去鳞片，直到花叶苞露出为止，注意不要伤着花苞。

c. 削叶缘。把叶芽暴露后，首先是切开叶苞片，然后把直立的叶缘削去 1/5～2/5 即可。删削时注意基部要多削一些，叶尖少删些，使叶片长后弯曲呈佳好状态，因花苞在叶芽基间，削叶缘至近基间时，用手在水仙球背间向前稍用力，施加压力，使花苞和叶片松开，叶片向前，便于从上向下削叶缘，预防把花苞碰坏。

d. 削花梗。用左手在水仙球背间稍用力向前压，使花苞和花梗与叶片分离，然后从上向下削去 1/5～1/4 左右花梗，花梗生长便会弯曲，如喜欢直立花葶，则不必削花梗。

e. 戳刺花心。在花葶基部正中用刀尖或针自上往下点刺入深约 0.5cm，以抑制花葶向上生长。

（2）水养技术

① 把鳞茎用刀造型后，放入清水浸泡 12～36h，使它充分吸水，浸泡出黏液，然后把伤口处洗净，放入水仙盆内。

② 把洗净的水仙球，伤口处盖上纱布或脱脂棉花，放置在向阳温暖处（可仰置或正置），以促发根和长叶。

③ 每天早上换新鲜水，每天晚上倒掉盆中水，每天及时放在阳光下使之进行光合作用，晴天放水日晒，雨天、雪天盆中无水或只有少量水，这样可积累较多养料，防止叶片徒长。

④ 在水养过程中，往往叶片会发干、发黄，每天可进行 1～2 次植株喷水，增加湿度，叶片直立时要随时进行切削叶缘，花梗抽出开放花朵后，盆中每天保持新鲜水，并放在阴凉处，以延长花期。

4. 任务实施

每人雕刻一个水仙球，并自己水养直至开花。

5. 任务考核标准

考核从 3 个方面进行，具体见表 2-7。

表 2-7　水仙球雕刻及水养实训考核标准

考核项目	考核要点	等级分值					备注
		A	B	C	D	E	
实训态度	积极主动,实训认真,爱护公物	10～9	8.9～8	7.9～7	6.9～6	<6	
雕刻造型	操作方法正确、规范	50～48	47.9～46	45.9～44	43.9～42	<42	
水养管理	管理到位	40～38	37.9～36	35.9～34	33.9～32	<32	

任务二 大丽花的生产

知识目标

1. 识别大丽花及国内对于品种的分类方法。
2. 掌握大丽花的繁殖方法及栽培要点。

技能目标

1. 能正确进行大丽花的分根、扦插繁殖操作。
2. 能正确进行大丽花栽培过程中的整地、栽植、管理、种球采收及种球贮藏等实践操作。

【知识准备】

一、概述

大丽花别名：大理花、天竺牡丹、大丽菊、地瓜花，属菊科、大丽花属。

大丽花以富丽华贵取胜，花色艳丽，花型多变，品种极为丰富，是重要的夏秋季园林花卉，尤其适用于花境或庭前丛植。其矮生品种最适宜盆栽观赏或花坛使用，高型品种宜作切花。

二、形态特征

大丽花为多年生草本，地下部分具肥大纺锤形肉质块根。茎直立，多分枝。叶大，羽状分裂，上部叶有时不分裂。小叶边缘有锯齿。花序位于枝顶，花直径 6～12cm。外围的舌状花通常为卵形，有白、粉、黄、橙、红、紫等色，也有两种颜色夹杂的。中央的管状花黄色。花期 6～10 月份；瘦果黑色，长椭圆形或倒卵形。

三、类型及品种

大丽花全世界有 3 万多种，植株高矮、花色、花型、花的大小都有很多变化，是世界名花之一。

国内常见的分类如下。

（1）按植株高度分类

① 高型　植株粗壮，株高约 2m，分枝较少。

② 中型　株高 1～1.5m，花型及品种最多。

③ 矮型　株高 0.6～0.9m，菊型及半重瓣品种较多，花较少。

④ 极矮型　株高 20～40cm，单瓣型较多，花色丰富。常用播种繁殖。

（2）依花色分类　有白、粉、黄、橙、红、紫红、堇、紫及复色等。

目前世界上栽培的品种有 7000 多种，我国至少有 500 种以上。同属还有小丽花，株型矮小，花色五彩缤纷，盛花期正值国庆节，最适合家庭盆栽。

四、生态习性

原产墨西哥高原海拔 1500m 以上地带，为短日照春植不耐寒块茎，又畏酷暑，喜凉爽、阳光充足，不耐干旱又忌积水。生育适温 10～20℃，大丽花花芽分化在种植后 20 天起，之后 50 天左右开花，适宜在冬季不冷、夏季凉爽、阳光充足、通风良好的环境与排水良好、腐殖质含量较丰富的沙壤土中生长。夏末秋初气候凉爽，日照渐短时进行花芽分化并开花。秋天经霜，枝叶停止生长而枯萎，进入休眠。

五、繁殖

以分株（根）或扦插繁殖为主，也可嫁接或播种繁殖。

（1）分根法　常用分割块根法。大丽花仅块根的根颈部有芽，故要求分割后的块根上必须是带有芽的根颈。通常于每年 2～3 月份间将储存的块根取出先催芽。选带有发芽点的块根排列于温床内，然后壅土，浇水，白天温度保持在 18～20℃、夜间在 15～18℃，14 天发芽，即可取出分割，每块根带有 1～2 个芽，在切口处涂抹草木灰防腐烂，然后分栽。

（2）扦插法　大丽花的扦插在春、夏、秋三季均可进行。一般是春季当新芽长至 6～7cm 时，留基部一对芽切取扦插扦穗，保持室温 15～22℃，扦插后约 10 天即可生根，当年秋季可以开花。如为了获取更多的幼苗，还可以继续截取新梢扦插，直到 6 月份，如管理得当，成活率可达 100％。夏季扦插因气温高，光照强，9～10 月份扦插因气温低，生根慢，成活率不如春季。

（3）块根嫁接　春季取无芽的块根作砧木，以大丽花的嫩梢作接穗，进行劈接。接后埋入土中，待愈合后抽枝发芽形成新植株。嫁接法由于用块根作砧木，养分足，苗壮，对开花有利，但不如扦插简便。

（4）播种繁殖　播种繁殖适用于矮生花坛品种及培育新品种。春季将种子在露地或温床条播，也可在温室盆播，当盆播苗长至 4～5cm 时，需分苗移栽到花盆或花槽中。播种可迅速获得大批实生苗，且生长势比扦插苗和分株苗生长健壮，但大丽花为多源杂种，遗传基因复杂，播后性状易发生变异。

六、栽培要点

应选在背风向阳、排水良好的高燥地（高床）栽培，大丽花喜肥，宜于秋季深翻时，施足基肥，春季晚霜后栽植，深度为根颈低于 5cm 左右，株距视品种而宜，一般为 1m 左右，矮小者 40～50cm，苗高 15cm 左右开始打顶摘心，使植株矮壮。孕蕾时要抹去侧蕾使顶蕾健壮。浇水应控制水分，每次浇水只浇八成，使其处于供水不足状态，以控制植株高度。苗期每 10～15 天追肥 1 次，现蕾后每 7～10 天追肥 1 次，用饼肥水，不宜过稀或过浓。因其花型大，花期长，但茎长且中空，开花时易倒伏，因此应适当修剪、整枝、摘心，并立柱支撑。夏季植株处于半休眠状态，要防暑、防晒、防涝，不需要施肥。霜后剪除枝叶，留下 10～15cm 的根茎，并掘出块根，晾 1～2 天，沙藏于 5℃左右的冷室越冬。

盆栽大丽花多选用扦插苗，以低矮中、小花品种为宜。栽培中除按一般盆花养护而外，应严格控制浇水，以防陡长，应掌握的原则是：不干不浇，间干间湿。幼苗到开花之前须换盆 3～4 次，不可等根满盆后再换盆。

1. 任务要求

(1) 通过实践，能正确操作大丽花的分根、扦插和块根嫁接繁殖。

(2) 掌握球根花卉栽植土壤的深度要求，并能完成整地作畦的全过程。

(3) 会按要求的株行距栽植大丽花等球根花卉。

(4) 掌握大丽花等球根花卉管理内容、种球采收及种球贮藏等技能。

2. 工具与材料

(1) 工具　铁锹、水管、皮尺、支撑材料等工具。

(2) 材料　大丽花种球、肥料、农药等材料。

3. 实践步骤

(1) 整地　应深耕土壤（40～50cm），并施入充分腐熟的有机肥料。

(2) 栽植　可以穴栽，也可以开沟栽植，培土深度在根颈以下5cm，株行距为50～100cm。

(3) 管理　包含水肥管理、摘心、支撑等环节，具体见知识准备内容。

(4) 种球采收　待植株停止生长，但茎叶未枯落时采收。采收时土壤要适度湿润，挖出种球，除去附土，外皮阴干后贮藏。

(5) 种球贮藏　贮藏前除去种球上的杂物，剔除病残球根，将已经阴干的大丽花球埋藏或堆藏，或装入盆或箱子放在室内地上，球根间用锯末或沙子填充。冬季室温保持在4～5℃，不能低于0℃或高于10℃。在冬季室温较低时，对通风要求不严，但室内不能闷湿。另外，在贮藏时，要防治鼠害和病虫害。

4. 任务实施

每组（4～5人）种植管理一种植床3m×6m，自种球种植直至开花、采收、贮藏。

5. 任务考核标准

考核从4个方面进行，具体见表2-8。

表2-8　大丽花生产栽培实训考核标准

考核项目	考核要点	等级分值					备注
		A	B	C	D	E	
实训态度	积极主动,实训认真,爱护公物	10～9	8.9～8	7.9～7	6.9～6	<6	
栽植	栽植方法正确、规范	30～28	27.9～26	25.9～24	23.9～22	<22	
管理	栽培过程正确,管理到位	30～28	27.9～26	25.9～24	23.9～22	<22	
采收、贮藏	采收、贮藏方法合理	30～28	27.9～26	25.9～24	23.9～22	<22	

项目四 ▶▶ 水生花卉的生产

【相关知识】

一、水生花卉的生态习性

水生花卉泛指生长于水中或沼泽地的观赏植物，与其他花卉明显不同的习性是对水分的要求和依赖远远大于其他各类，由此也构成了其独特的习性。

绝大多数水生花卉喜欢光照充足、通风良好的环境。但也有能耐半阴条件者，如菖蒲、石菖蒲等。

水生花卉因其原产地不同而对水温和气温的要求不同。其中较耐寒者如荷花、千屈菜、慈姑等可在我国北方地区自然生长；而王莲等原产热带地区的在我国大多数地区需温室栽培。

栽培水生花卉的塘泥大多需含丰富的有机质，在肥分不足的基质中生长较弱。

二、水生花卉的繁殖和管理

1. 繁殖

水生花卉可以采用播种或分生繁殖。播种是将种子播于有培养土的盆中，水温保持 18～24℃。种子的发芽速度因种而异，耐寒性种类发芽较慢，需 3 个月至 1 年，不耐寒种类发芽较快，播种后 10 天即可发芽。大多数水生花卉的种子干燥后即失去发芽力，故应采后即播，少数种子可在干燥条件下保持较长时间的寿命。

大多数水生花卉一般采用分株法繁殖。春秋季节将根茎起出直接切分成数部分，另行栽植即可。

2. 管理

在水生花卉的生长期间，追肥较困难，所以应施足基肥。对原产于南方的花卉如王莲，秋季应掘起搬进温室。半耐寒性水生花卉可用缸栽，秋冬取出。

【思考与练习】

问答题

1. 和其他陆生花卉相比，水生花卉对环境要求有什么不同？
2. 水生花卉的繁殖和管理与陆生花卉相比，有哪些异同点？

任务　睡莲的生产

知识目标 ▶▶

1. 了解睡莲的类型及品种分类。
2. 掌握睡莲的繁殖及栽培要点。

技能目标 ▶▶

1. 能正确进行睡莲的繁殖，尤其是合理应用分株繁殖操作技巧。
2. 能正确进行睡莲的管理。

【知识准备】

一、概述

睡莲别名：子午莲、水浮莲、水芹花；科属：睡莲科、睡莲属。

睡莲意为居住在水乡泽国的仙女，古埃及则早在 2000 多年前就已栽培睡莲，并视之为太阳的象征，认为是神圣之花。睡莲在园林中运用很早，我国在 3000 年前汉代私家园林中已有应用；在 16 世纪，意大利就把它作为水景主题材料。同时睡莲根能吸收水中的铅、汞、苯酚等有毒物质，还能过滤水中的微生物，故有良好的净化污水的作用，在城市水体净化、绿化、美化建设中广泛应用。

二、形态特征

睡莲为多年生水生花卉。根状茎短粗，直立。叶片浮于水面呈心脏形或宽椭圆形，基部具深弯缺，上面亮绿，下面紫赤色。花单生，浮于水面，花瓣多数，花色有白、粉、红、黄等，每日上午开花、下午闭合，故名子午莲，花期 6～9 月份。浆果为宿存萼片所包裹。

三、类型及品种

根据睡莲耐寒性分为耐寒睡莲、热带睡莲两大类。

(1) 耐寒睡莲　原产亚洲温带地区，性喜湿润、向阳环境，适宜温度为 15～25℃，宜于肥沃、深厚的河泥土生长。常见栽培品种有香睡莲（N. odorata）、白睡莲（N. alba）等。耐寒睡莲适应性很强，在我国绝大部分地域均能种植。

(2) 热带睡莲　原产于热带，在我国华中、华东地区能正常开花生长，过冬需采取一定措施，华南等地区室外能顺利越冬。常见栽培品种有红花睡莲（N. rubra）、黄花睡莲（N. mexicana）、蓝睡莲（N. caerulea）等。

根据睡莲开花习性不同，常分为以下三种类型。

(1) 上午开花，下午闭合型　常见于大部分耐寒睡莲中。

(2) 中午开花，傍晚闭合型　微型黄色的海尔芙娜和微型白睡莲属于这种类型。

(3) 夜开昼合型　印度红睡莲和部分热带品种属于这种类型。

四、生态习性

大部分睡莲原产美洲和非洲热带，欧洲和亚洲的温带和寒带地区也有少量分布。睡莲耐寒，喜光照充足，要求温暖、湿润、向阳、通风良好的环境，喜肥沃的沙质壤土。生长季节池水深度以不超过 80cm 为宜。3～4 月份萌发长叶，5～8 月份陆续开花，日间开放、晚间闭合。

五、繁殖

可用播种、分株等方法繁殖，但以分株繁殖为主。

分株繁殖在春季 3～4 月份进行，将睡莲根茎掘出，切成数段，每段约 10cm，且具有一个以上芽，平栽于缸内泥中，芽微露于土面。

播种繁殖一般于 3～4 月份进行。一般在浅碟子或瓦盆内播种。浅碟中铺上过筛细沙土，将种子均匀撒在沙上，覆土厚以不使种子漂浮为度，然后浸入水中，其上保持 1～5cm 的水，温度以 18～25℃为宜。一般半月左右发芽。

六、栽培要点

睡莲采用盆栽、缸栽、池栽等不同栽培方式，初期水位不宜太深，以后随植株的生长逐步加深水位。在池塘栽培，早春应将池水放尽。随着新叶生长，逐渐加深水位，夏季保持水深 50～80cm。耐寒睡莲在池塘中可自然越冬。但整个冬季不能脱水，要保持一定的水层。盆栽睡莲放在室内可安全越冬。热带睡莲要移入不低于 15℃的温室中储藏。

任务实践与要求 ▶▶

1. 任务要求

（1）通过实践，掌握睡莲的种植方法，了解其他水生花卉的生态要求和管理特点。

（2）掌握睡莲的栽培管理。

2. 工具与材料

（1）工具　铲、缸等。

（2）材料　睡莲成苗、培养土。

3. 实践步骤

（1）栽植场地的确定　栽培环境要求光照充足，地势平坦，背风向阳，水位符合要求。如果是人工造园，修挖湖、塘也应遵循睡莲的特性要求。

缸、盆的选择一般高为 60cm，直径 60～100cm，栽种时株距为 20～80cm、行距为 150～200cm。

（2）土壤的准备　栽植睡莲等水生花卉的池塘，最好池底有丰富的腐叶、烂草沉积，并为黏质土壤。在新挖掘的池塘栽植时，必须先施入大量的肥料，如堆肥、厩肥等。盆栽用土以塘泥等富含腐殖质的土壤为宜，一般土壤 pH 值为 5～7。

（3）栽植　见知识准备的栽培要点。

（4）栽培管理

① 除草　从栽植到植株生长的过程中，必须及时除草。

② 追肥　可以将肥料直接施入缸、盆中，亦可以将肥料装入可分解的袋中，施入泥中。

③ 水位调节　根据不同时期调整水位。

4. 任务实施

每组（4～5 人）种植管理 15 棵。

5. 任务考核标准

考核从 4 个方面进行，具体见表 2-9。

表 2-9　睡莲栽培管理实训考核标准

考核项目	考核要点	等级分值					备注
		A	B	C	D	E	
实训态度	积极主动，实训认真，爱护公物	15～13	12.9～8	7.9～7	6.9～6	<6	
栽植	栽植方法正确、规范	35～33	32.9～30	29.9～27	26.9～24	<24	
管理	栽培过程正确、管理到位	50～48	47.9～45	44.9～42	41.9～38	<38	

模块三 盆花的生产

一、盆花栽培概述

将栽植于各类容器中的花卉统称为盆栽花卉，简称盆花或盆栽。盆栽便于控制花卉生长的各种条件，利于促成栽培，还便于搬移，既可陈设于室内，又可布置于庭院。盆栽易于抑制花卉的营养生长，促进植物的发育，在适当的水肥管理条件下常矮化，且繁密，叶茂花多。

我国盆栽花卉历史悠久，在河姆渡出土的距今 7000 年前的陶块上的盆栽图案是最早的关于盆栽的史料。盆花的栽培历史是与盆景艺术的发展历史分不开的，应该说盆栽是先于盆景出现的，盆景艺术的雏形就是盆栽花卉，早在新石器时代就已经有了盆栽花卉的现象。经过几千年的栽培技艺的演变，盆栽已经是花卉生产中非常重要的栽培形式之一，而盆花在花卉生产中也占有极其重要的地位。

组合盆栽也备受推崇，组合盆栽又称盆花艺栽，就是把若干种独立的植物栽种在一起，使它们成为一个组合整体，以欣赏它们的群体美，使之以一种崭新的面貌呈现在人们面前。这种盆花艺栽色彩丰富，花叶并茂，极富自然美和诗情画意，给人以一种清新和谐的感觉，极大地提高了盆花的观赏效果，是盆栽中的一枝奇葩。

二、花盆及盆土

1. 花盆

花卉盆栽应选择适当的花盆。通用的花盆为素烧泥盆或称瓦钵，这类花盆通透性好，适于花卉生长，价格便宜，花卉生产中广泛应用。近年塑料盆亦大量用于花卉生产，它具有色彩丰富、轻便、不易破碎和保水能力强等优点。此外应用的还有紫砂盆、水泥盆、木桶以及作套盆用的瓷盆等。不同类型花盆的透气性、排水性等差异较大，应根据花卉的种类、植株的高矮和栽培目的选用。

有些花盆平底留排水孔，排水孔紧贴地面或花架，易堵塞，使用时，应先在地面铺一层粗沙或木屑、谷壳等或将花盆用砖头垫起，以免堵塞花盆的排水孔。

塑胶盆等盆壁透气性差的容器，可以通过选择孔隙大的基质来弥补其缺陷。

2. 盆土

容器栽培，盆土容积有限，花卉赖以生存的空间有限，因此要求盆土必须具有良好的物理性状,以保障植物正常生长发育的需要。盆土的物理特性比其所含营养成分更为重要,因为土壤营养状况是可以通过施肥调节的。良好的透气性应是盆土的重要物理性状之一,因为盆壁与盆底都是排水的障碍,气体交换也受影响,且盆底易积水,影响根系呼吸,所以盆栽培养土的透气性要好。培养土还应有较好的持水能力,这是由于盆栽土体积有限,可供利用的水少,而盆壁表面蒸发量相当大,约占全散失水的50%,而叶面蒸腾仅占30%,盆土表面蒸发占20%。盆土通常应由园土、沙、腐叶土、泥炭、松针土、谷糠及蛭石、珍珠岩、腐熟的木屑等材料按一定比例配制而成,培养土的酸碱度和含盐量要适合花卉的需求,同时培养土中不能含有害微生物和其他有毒的成分。

(1) 常见培养土的组分

① 园土　是果园、菜园、花园等的表层活土,具有较高的肥力及团粒结构,但因其透气性差,干时板结,湿时泥状,故不能直接拿来装盆,必须配合其他透气性强的基质使用。

② 厩肥土　马、牛、羊、猪等家畜厩肥发酵沤制,其主要成分是腐殖质,质轻、肥沃,呈酸性反应。

③ 沙和细沙土　沙通常指建筑用沙,粒径在0.1~1mm;用做扦插基质的沙,粒径应在1~2mm较好,素沙指淘洗干净的粗沙。细沙土又称沙土、黄沙土、面土等,沙的颗粒较粗,排水较好,但与腐叶土、泥炭土相比较透气、透水性能差,保水持肥能力低,且质量重,不宜单独作为培养土。

④ 腐叶土　由树木落叶堆积腐熟而成,是配制培养土最重要的基质之一。以落叶阔叶树最好,其中以山毛榉和各种栎树的落叶形成的腐叶土较好。腐叶土养分丰富,腐殖质含量高,土质疏松,透气、透水性能好,一般呈酸性(pH值为4.6~5.2),是优良的传统盆栽用土。其适合于多种盆栽花卉应用,尤其适用于秋海棠、仙客来、地生兰、蕨类植物、倒挂金钟、大岩桐等。腐叶土可以人工堆制,亦可在天然森林的低洼处或沟内采集。

⑤ 堆肥土　由植物的残枝落叶、旧盆土、垃圾废物等堆积,经发酵腐熟而成。堆肥土富含腐殖质和矿物质,一般呈中性或碱性(pH值为6.5~7.4)。

⑥ 塘泥和山泥　在广东地区用塘泥块栽种盆花有悠久历史,到现在仍大量使用。塘泥是指沉积在池塘底的一层泥土,挖出晒干后,使用时破碎成直径为0.3~1.5cm的颗粒。这种材料遇水不易破碎,排水和透气性比较好,也比较肥沃,适合华南多雨地区作盆栽土。其缺点是比较重,一般使用2~3年后颗粒粉碎,土质变黏,不能透水,需更换新土。山泥是江苏、浙江等地山区出产的天然腐殖土,呈酸性反应,其疏松、肥沃、蓄水,是栽培山茶花、兰花、杜鹃、米兰等喜酸性土壤花卉的良好基质。

⑦ 泥炭土　分为褐泥炭和黑泥炭。褐泥炭呈浅黄至褐色,含有机质多,呈酸性反应,pH值为6.0~6.5,是酸性植物培养土的重要成分,也可以掺入1/3的河沙作扦插用土,既有防腐作用,又能刺激插穗生根。黑泥炭炭化年代久远,呈黑色,矿物质较多,有机质较少,pH值为6.5~7.4。

⑧ 松针土　山区松林下松针腐熟而成,呈强酸性,是栽培杜鹃花等强酸性植物的主要基质。

⑨ 草皮土　取草地或牧场上的表土,厚度为5~8cm,连草及草根一起掘取,将草根向上堆积起来,经一年腐熟即可应用。草皮土含较多的矿物质,腐殖质含量较少,堆积年数越多,质量越好,因土中的矿物质能得到较充分的风化。草皮土呈中性至碱性反应,pH值为6.5~8.0。

⑩ 沼泽土　主要由水中苔藓和水草等腐熟而成，取自沼泽边缘或干涸沼泽表层约10cm的土壤。其含较多腐殖质，呈黑色，强酸性（pH值为3.5～4.0）。我国北方的沼泽土多为水草腐熟而成，一般为中性或微酸性。

盆栽花卉除了以土壤为基础的培养土外，还可用人工配制的无土混合基质，如用珍珠岩、蛭石、砻糠灰、泥炭、木屑或树皮、椰糠、造纸废料、有机废物等一种或数种按一定比例混合使用。由于无土混合基质有质地均匀、重量轻、消毒便利、通气透水等优点，在盆栽花卉生产中越来越受到重视，尤其是一些规模化、现代化的盆花生产基地，盆栽基质大部分采用无土基质。而且，我国已经加入世界贸易组织，为促进和加快盆花贸易的发展，无土栽培基质无疑是未来盆栽基质的主流。但是就我国目前的花卉生产现状，培养土仍然是盆栽花卉最重要的栽培基质。

（2）培养土的配制　因各地材料来源和习惯不同，培养土的配制也有差异。

① 上海市园林科学研究所使用的一些栽培基质配方

a. 育苗基质：泥炭＋砻糠灰为1∶2，或泥炭＋珍珠岩＋蛭石为1∶1∶1。

b. 扦插基质：珍珠岩＋蛭石＋黄沙为1∶1∶1。

c. 盆栽基质：腐烂木屑＋泥炭为1∶1，或壤土＋泥炭＋砻糠灰为1∶1∶1，或腐烂木屑＋腐烂醋渣为1∶1。

② 上海市一般经营者使用的一些栽培基质配方

a. 育苗基质：腐叶土＋园土为1∶1，另加少量厩肥和黄沙。

b. 扦插基质：黄沙或砻糠灰。

c. 盆栽基质：腐叶土＋园土＋厩肥为2∶3∶1。

d. 耐荫植物基质：园土＋厩肥＋腐叶土＋砻糠灰为2∶1∶0.5∶0.5。

e. 多浆植物基质：黄沙＋园土＋腐叶土为1∶1∶2。

f. 杜鹃类基质：腐叶土＋垃圾土（偏酸性）为4∶1。

③ 国外一些标准培养基质

a. 种苗和扦插苗基质：壤土＋泥炭＋沙比为2∶1∶1，每100L另加过磷酸钙117g、生石灰58g。

b. 杜鹃类盆栽基质：壤土＋泥炭或腐叶＋沙为1∶3∶1。

c. 荷兰常用的盆栽基质：腐叶土＋黑色腐叶土＋河沙为10∶10∶1。

d. 英国常用基质：腐叶土＋细沙为3∶1。

e. 美国常用基质：腐叶土＋小粒珍珠岩＋中粒珍珠岩为2∶1∶1。

花卉种类不同，对盆土的要求不一，各地容易获得的材料不一，加上各地栽培管理的方法不一等原因，实践中很难拟定统一的配方。但总的趋向是要降低土壤的容重，增加孔隙度，增加水分和空气的含量，提高腐殖质的含量。一般混合后的培养土，容重应低于1g/cm³。通气孔隙应不低于10％为好。培养土可根据花卉的种类和不同生长发育时期的要求配置，培养土的pH对花卉的生长发育有很大的影响，它与培养土中所含有机质及矿质元素的种类直接相关，为增加培养土的酸性，可加入适量的松针土或沼泽土等酸性土类。

（3）培养土的消毒　为了防止土壤中存在的病毒、真菌、细菌、线虫等的为害，对花木栽培土壤应进行消毒处理。土壤消毒方法很多，可根据设备条件和需要来选择。

① 物理消毒法　一是蒸汽消毒，即将100～120℃的蒸汽通入土壤中，消毒40～60min，或将70℃的水蒸气通入土壤处理1h，可以消灭土壤中的病菌。蒸汽消毒对设备、设施要求

较高。二是日光消毒，当对土壤消毒要求不高时，可用日光暴晒方法来消毒，尤其是夏季，将土壤翻晒，可有效杀死大部分病原菌、虫卵等。在温室中土壤翻新后灌满水再暴晒，效果更好。三是直接加热消毒，少量培养土可用铁锅翻炒法杀死有害病虫，将培养土在120℃以上铁锅中不断翻动，30min后即达到消毒目的。

②化学药剂法　化学药剂消毒有操作方便、效果好的特点，但因成本高，只能小面积使用，常用的药剂有福尔马林溶液、溴甲烷、氯化苦等。具体方法为：40%的福尔马林500mL/m²均匀浇灌，并用薄膜盖严，密闭1～2天，揭开后翻晾7～10天，使福尔马林挥发后使用。也可用稀释50倍的福尔马林均匀泼洒在翻晾的土面上，使表面淋湿，用量为25kg/m²，然后密闭3～6天，再晾10～15天即可使用。

氯化苦使用时，在每平方米面积内打25个深约20cm的小洞，每洞喷氯化苦药液5mL左右。然后覆盖土穴、踏实，并在土表浇上水，提高土壤湿度，使药效延长，持续10～15天后，翻晾土2～3次，使土壤中氯化苦充分散失，2周以后使用。或将培养土放入1m×0.6m面积大箱中，每10m一层，每层喷氯化苦25mL，共4～5层，然后密封10～15天，再翻晾后使用。因氯化苦是一种高效、剧毒的熏蒸剂，使用时要戴手套和合适的防毒面具。

溴甲烷用于土壤消毒效果很好，但因其有剧毒，而且是致癌物质，所以近年来已不提倡使用，许多国家在开发溴甲烷的替代物，已有一些新的药剂问世，但作用效果都不及溴甲烷。

三、上盆与换盆

将幼苗移植于花盆中的过程叫上盆。幼苗上盆根际周围应尽量多带些土，以减少对根系的伤害。如使用旧盆，无论上盆或是换盆应预先浸洗，除去泥土和苔藓，干后再用，如为新盆，亦应先行浸泡，以溶淋盐类。上盆时首先在盆底排水孔处垫置破盆瓦片或用窗纱以防盆土漏出并方便排水，再加少量盆土，将花卉根部向四周展开轻置土上，加土将根部完全埋没至根颈部，使盆土至盆缘保留3～5cm的距离，以便日后灌水施肥。

多年生观赏植物，长期生长于盆钵内有限土壤中，常感营养不足，加以冗根盈盆，因此随植物长大，需逐渐更换大的花盆，扩大其营养面积，利于植株继续健壮生长，这就是换盆。换盆还有一种情况是原来盆中的土壤物理性质变劣，养分丧失或严重板结，必须进行换盆，而这种换盆仅是为了修整根系和更换新的培养土，用盆大小可以不变，故也可称为翻盆。

换盆的注意事项有：①应按植株发育的大小逐渐换到较大的盆中，不可换入过大的盆内，因为盆过大给管理带来不便，浇水量不易掌握，常会造成缺水或积水现象，不利植物生长。②根据植物种类确定换盆的时间和次数，过早、过迟对植物生长发育均不利。当发现有根自排水孔伸出或自边缘向上生长时，说明需要换盆了。多年生盆栽花卉换盆行于休眠期，生长期最好不换盆，一般每年换一次。一二年生草花随时均可进行，并依生长情况进行多次，每次花盆加大一号。③换盆后应立即浇水，第一次必须浇透，以后浇水不宜过多，尤其是根部修剪较多时，吸水能力减弱，水分过多易使根系腐烂，待新根长出后再逐渐增加灌水量。为减少叶面蒸发，换盆后应放置阴凉处养护2～3天，并增加空气湿度，移回阳光下后，应注意保持盆土湿润。

换盆时一只手托住盆上将盆倒置，另一只手以拇指通过排水孔下按，土球即可脱落。如花卉生长不良，这时还可检查一下原因。遇盆缚现象，用竹签将根散开，同时修剪根系，除去老残冗根，刺激其多发新根。

上盆与换盆的盆土应干湿适度，以捏之成团、触之即散为宜。上足盆土后，沿盆边按实，以防灌水后下漏。

四、灌水与施肥

水肥管理是盆栽花卉十分重要的环节，盆花栽培中灌水与施肥常常结合进行，依花卉不同生育阶段，适时调控水肥量的供给，在生长季节，相隔 3～5 天，水中加少量肥料混合施用，效果亦佳。

1. 灌水

（1）灌水方法　盆栽花卉测土湿的方法，是用食指按盆土，如下陷达 1cm 说明盆土湿度是适宜的。搬动一下花盆如已变轻，或是用木棒敲盆边声音清脆等说明需要灌水了。根据盆栽植物自身的生物学特性，对不同的植物应采用不同的浇水方法。将灌溉水直接送入盆内，使根系最先接触和吸收水分，这是盆花最常用的浇水方式。还有几种盆栽花卉常用的浇水方法为：浸盆法、喷壶洒水法、细孔喷雾法。

① 浸盆　多用于播种育苗与移栽上盆期。先将盆坐入水中，让水沿盆底孔慢慢地由下而上渗入，直到盆土表面见湿时，再将盆由水中取出。这种方法既能使土壤吸收充足水分，又能防止盆土表层发生板结，也不会因直接浇水而将种子、幼苗冲出。此法可视天气或土壤情况每隔 2～3 天进行一次。

② 喷水　此法洒水均匀，容易控制水量，能按植物的实际需要有计划给水。用喷壶洒水第一次要浇足，看到盆底孔有水渗出为止。喷水不仅可以降低温度，提高空气相对湿度，还可清洗叶面上的尘埃，提高植株光合效率。

③ 喷雾　利用细孔喷壶使水滴变成雾状喷洒在叶面上的方法。这种方法有利于空气湿度增加，又可清洗叶面上的粉尘，还能防暑降温，对一些扦插苗、新上盆的植物或树桩盆景都是一种行之有效的浇水方法。全光自动喷雾技术是大规模育苗给水的重要方式。

盆栽花卉还可以施行一些特殊的水分管理方式，如找水、扣水、压清水、放水等。找水是补充浇水，即对个别缺水的植株单独补浇，不受正常浇水时间和次数的限制。放水是指生长旺季结合追肥加大浇水量，以满足枝叶生长的需要。扣水即在植物生育某一阶段暂停浇水，进行干旱锻炼或适当减少浇水次数和浇水量，如苗期的"蹲苗"，在根系修剪伤口尚未愈合时、花芽分化阶段及入温室前后常采用。压清水是在盆栽植物施肥后的浇水，要求水量大而且必须要浇透，因为只有量大浇透才能使局部过浓的土壤溶液得到稀释，肥分才能够均匀地分布在土壤中，不致因局部肥料过浓而出现"烧根"现象。

（2）灌水注意事项

① 根据花卉的种类及不同生育阶段确定浇水次数、浇水时间和浇水量　草本花卉本身含水量大、蒸腾强度也大，所以盆土应经常保持湿润（但也应有干湿的区别），而木本花卉则可掌握干透浇透的原则。蕨类植物、天南星科、秋海棠类等喜湿花卉要保持较高的空气湿度，多浆植物等旱生花卉要少浇。进入休眠期时，浇水量应依花卉种类的不同而减少或停止，解除休眠进入生长期，浇水量逐渐增加。生长旺盛时期，要多浇，开花前和结实期少浇，盛花期适当多浇。有些植物对水分特别敏感，若浇水不慎会影响生长和开花，甚至导致死亡。如大岩桐、蒲包花、秋海棠的叶片淋水后容易腐烂；仙客来球茎顶部叶芽、非洲菊的花芽等淋水会腐烂而枯萎；兰科植物、牡丹等分株后，如遇大水也会腐烂。因此，对浇水有

特殊要求的种类应和其他花卉分开摆放，以便浇水时区别对待。

② 不同栽培容器和培养土对水分的需求不同 素烧瓦盆通过蒸发丧失的水分比花卉消耗的多，因此浇水要多些。塑料盆保水力强，一般供给素烧瓦盆水量的 1/3 就足够了。疏松土壤多浇，黏重土壤少浇。一般腐叶土和沙土适当配合的培养土，保水和通气性能都有利于花卉生长。以草炭土为主的培养土，因干燥后不易吸水，所以必须在它干透前浇水。

③ 灌水时期 夏季以清晨和傍晚浇水为宜，冬季以 10：00 以后为宜，因为土壤温度情况直接影响根系的吸水。因此浇水的温度应与空气温度和土壤温度相适应，如果土温较高、水温过低，就会影响根系的吸水而使植物萎蔫。

灌水的原则应为不干不浇，干是指盆土含水量到达再不加水植物就濒临萎蔫的程度。其次是浇水要浇透，如遇土壤过干应间隔 10min 分数次灌水，或以浸盆法灌水。为了救活极端缺水的花卉，常将盆花移至阴凉处，先灌少量水，后逐渐增加，待其恢复生机后再行大量灌水，有时为了抑制花卉的生长，当出现萎蔫时再灌水，这样反复处理数次，破坏其生长点，以促其形成枝矮花繁的观赏效果。

总之，花卉浇水需掌握一条行之有效的经验，即气温高、风大多浇水，阴天、天气凉爽少浇水；生长期多浇水，开花期少浇水，防止花朵过早凋谢。此外，冬季少浇水，避免把花冻死或浸死。

④ 盆栽花卉对水质的要求 盆栽花卉的根系生长局限在一定的空间，因此对水质的要求比露地花卉高。灌水应以天然降水为主，其次是江、河、湖水。以井水浇花应特别注意水质，如含盐分较高，尤其是给喜酸性土花卉灌水时，应先将水软化处理。无论是井水或是含氯的自来水，均应于贮水池经 24h 之后再用，灌水之前，应该测定水分 pH 值和可溶性盐含量（EC 值），根据花卉的需求特性分别进行调整。

2. 施肥

盆栽花卉生活在有限的基质中，因此所需要的营养物质要不断补充。施肥分基肥和追肥，常用基肥主要有饼肥、牛粪、鸡粪、蹄片和羊角等，基肥施入量不要超过盆土总量的 20%，与培养土混合均匀施入，蹄片分解较慢，可放于盆底或盆土四周。追肥以薄肥勤施为原则，通常以沤制好的饼肥、油渣为主，也可用化肥或微量元素追施或叶面喷施。叶面追施时有机液肥的浓度不宜超过 5%，化肥的施用浓度一般不超过 0.3%，微量元素浓度不超过 0.05%。根外追肥不要在低温时进行，应在中午前后喷洒。叶子的气孔是背面多于正面，背面吸肥力强，所以喷肥应多在叶背面进行。同时应注意液肥的浓度要控制在较低的范围内。温室或大棚栽培花卉时，还可增施二氧化碳气体，通常空气中二氧化碳含量为 0.03%，光合作用的效率在二氧化碳含量由 0.03%～0.3% 的范围内随二氧化碳浓度增加而提高。

一二年生花卉，除豆科植物可较少施用氮肥外，其他均需一定量的氮肥和磷、钾肥。宿根花卉和花木类，根据开花次数进行施肥，一年多次开花的如月季花、香石竹等，花前、花后应施重肥，喜肥的花卉如大岩桐，每次灌水应酌加少量肥料，生长缓慢的花卉两周施肥一次即可，生长更慢的一个月一次即可。球根花卉如百合类、郁金香等嗜肥，特别宜多施钾肥。观叶植物在生长季中以施氮肥为主，每隔 6～15 天追肥一次。

据日本研究，以腐叶土为栽培基质，化肥的用量是：对需肥少的种类如铁线蕨、杜鹃花、花烛、卡特兰、石斛兰、栀子花、文竹、山茶等每千克基质施复合肥 1～5g；需肥中等的小苍兰、香豌豆、银莲花、哥伦比亚花烛等施 5～7g；需肥多的种类如天竺葵、一品红、非洲紫罗兰、天门冬、波斯毛茛等施 7～10g。

温暖的生长季节，施肥次数多些，天气寒冷而室温不高时可以少施。较高温度的温室，植株生长旺盛，施肥次数可多些。

与露地花卉相同，盆栽花卉施肥同样需要了解盆栽植物不同种类的养分含量、花卉的需肥特性以及不同类型花卉需要的营养元素之间的比例。

盆栽施肥的注意事项有：①应根据不同种类、观赏目的、不同的生长发育时期灵活掌握。苗期主要是营养生长，需要氮肥较多；花芽分化和孕蕾阶段需要较多的磷肥和钾肥。观叶植物不能缺氮；观茎植物不能缺钾；观花和观果植物不能缺磷。②肥料应多种配合施用，避免发生缺素症。③有机肥应充分腐熟，以免产生热和有害气体伤苗。④肥料浓度不能太大，以少量多次为原则，基肥与培养土的比例不要超过1：4。⑤无机肥料的酸碱度和EC值要适合花卉的要求。

控释肥是近年来发展起来的一种新型肥料，是指通过各种机制措施预先设定肥料在作物生长季节的释放模式（释放期和释放量），使养分释放规律与作物养分吸收同步，从而达到提高肥效目的的一类肥料。它是将多种化学肥料按一定配方混匀加工，制成小颗粒，在其表面包被一层特殊的由树脂、塑料等材料制成的包衣，能够在整个生长季节，甚至各生长季节慢慢地释放植物养分的肥料。目前控释肥料已在全球广泛应用于园艺生产中。其优点是有效成分均匀释放，肥效期较长，并可以通过包衣厚度控制肥料的施放量和有效施放期。控释肥克服了普通化肥溶解过快、持续时间短、易淋失等缺点。在施用时，将肥料与土壤或基质混合后，定期施入，可节省化肥用量40％～60％。日本大多数控释肥用在大田作物上，仅一小部分用于草坪和观赏园艺。而在美国和欧洲，约90％是用于观赏植物、高尔夫球场、苗圃、专业草坪，仅有10％用于农业。我国对控释肥的研究起步较晚，还没有推广应用，仅在少量作物上有研究报道，观赏植物仅在万寿菊上有研究报道。

控释肥在花卉上的应用虽然能有效地解决氮、磷、钾淋失的问题，并且能在一定程度上促进花卉的生长、改善花卉的品质，但是具体在某些种和品种的应用上仍存在一些问题。因此，还应针对花卉的营养特性，研究花卉专用的控释肥，达到肥效释放曲线与花卉的营养吸收曲线相一致。

五、整形与修剪

1. 整枝

整枝的形式多种多样，概括有二：一为自然式，着重保持植物自然姿态，仅对交叉、重叠、丛生、徒长枝稍加控制，使其更加完美；二为人工式，依人们的喜爱和情趣，利用植物的生长习性，经修剪整形做成各种意想的形姿，达到寓于自然、高于自然的艺术境界。在确定整枝形式前，必须对植物的特性有充分的了解，枝条纤细且柔韧性较好者，可整成镜面形、牌坊形、圆盘形或S形等，如常春藤、三角花、藤本天竺葵、文竹、令箭荷花、结香等。枝条较硬者，宜做成云片形或各种动物造型，如蜡梅、一品红等。整形的植物应随时修剪，以保持其优美的姿态。在实际操作中，两种整枝方式很难截然分开，大部分盆栽花卉的整枝方式是二者结合。

2. 绑扎与支架

盆栽花卉中有的茎枝纤细柔长，有的为攀缘植物，有的为了整齐美观，有的为了做成扎景，常设支架或支柱，同时进行绑扎。花枝细长的如小苍兰、香石竹等常设支柱或支撑网；攀缘性植物如香豌豆、球兰等常扎成屏风形或圆球形支架，使枝条盘曲其上，以利通风透光和便于观赏；我国传统名花菊花，盆栽中常设支架或制成扎景，形式多样，引人入胜。

支架常用的材料有竹类、芦苇以及紫穗槐等。绑扎在长江流域及其以南各地常用棕线、棕丝或是其他具韧性又耐腐烂的材料。

3. 剪枝

剪枝包括疏剪和短截两种类型。疏剪指将枝条自基部完全剪除，主要是一些病虫枝、枯枝、重叠枝、细弱枝等。短截指将枝条先端剪去一部分，剪时要充分了解植物的开花习性，注意留芽的方向。在当年生枝条上开花的花卉种类，如扶桑、倒挂金钟、叶子花等，应在春季修剪，而一些在二年生枝条上开花的花卉种类，如山茶、杜鹃等，宜在花后短截枝条，使其形成更多的侧枝。留芽的方向要根据生出枝条的方向来确定，要其向上生长，留内侧芽；要其向外倾斜生长时，留外侧芽。修剪时应使剪口呈一斜面，芽在剪口的对方，距剪口斜面顶部 1～2cm 为度。

花卉移植或换盆时如伤及根部，伤口应行修整。修根常与换盆结合进行，剪去老残冗根以促其多发新根，只是对生长缓慢的种类，不宜剪根。为了保持盆栽花卉的冠根平衡，根部进行了修剪的植株，地上部亦应适当疏剪枝条，还有为了抑制枝叶的徒长，促使花芽的形成，亦可剪除根的一部分。经移植的花卉所有花芽应完全剪除，以利植株营养生长的恢复。

一般落叶植物于秋季落叶后或春季发芽前进行修剪，有的种类如月季、大丽花、八仙花、迎春等于花后剪除着花枝梢，促其抽发新枝，下一个生长季开花硕大艳丽。常绿植物一般不宜剪除大量枝叶，只有在伤根较多情况下才剪除部分枝叶，以利平衡生长。

4. 摘心与抹芽

有些花卉分枝性不强，花着生枝顶，分枝少，开花亦少，为了控制其生长高度，常采用摘心措施。摘心能促使激素产生，导致养分转移，促发更多的侧枝，有利于花芽分化，还可调节开花的时期。摘心行于生长期，因具抑制生长的作用，所以次数不宜多。对于一株一花或一个花序，以及摘心后花朵变小的种类不宜摘心，此外，球根类花卉、攀缘性花卉、兰科花卉以及植株矮小、分枝性强的花卉均不摘心。

抹芽或称除芽，即将多余的芽全部除去，这些芽有的是过于繁密，有的是方向不当，是与摘心有相反作用的一项技术措施。抹芽应尽早于芽开始膨大时进行，以免消耗营养。有些花卉如芍药、菊花等仅需保留中心一个花蕾时，其他花芽全部摘除。

在观果植物栽培中，有时挂果过密，为使果实生长良好，调节营养生长与生殖生长之间的关系，也需摘除一部分果实。

六、盆栽花卉环境条件的调控

花卉在生长发育过程中总会遇到一些不适宜的气象条件，如高温高湿、强烈日照、极度低温等，需要人为及时调节花卉的生长环境条件。盆栽花卉对逆境的耐受力低于露地花卉，尤其是温室盆花更需要精心管理。温度调控包括加温和降温，常用的加温措施有管道加温以及利用采暖设备、太阳能加温等；降温措施常用遮阴、通风、喷水等措施。光照强度可以通过加光和遮阴来调节。通风和喷水可以调节环境湿度。许多调节措施可以同时改变几个环境因素，如通风不仅可以降低温度，也可控制湿度，遮阴对温度和光照条件都有影响。这种相互影响有的对花卉有益，有的则不利于花卉的生长发育。

1. 遮阴

许多盆花是喜阴或耐阴的花卉，不适应夏季强烈的太阳辐射，因此为了避免强光和高温对植物造成伤害，需要对盆花进行遮阴处理。遮阴不仅可以直接降低植物接受的太阳辐射强度，也可以有效降低植株表面和周围环境的温度。遮光材料应具有一定的透光率、较高的反射率和较低的吸收率。常用遮光物有白色涂层（如石灰水、钛白粉等）、草席、苇帘、无纺布和遮阳网。涂白遮光率为14％～27％，一般夏季涂上、秋季洗去，管理省工，但是不能随意调节光照强度，且早晚室内光照过弱。草席遮光率一般在50％～90％，苇帘遮光率在24％～76％，因厚度和编织方法不同而异，草席和苇帘不宜做得太大，操作麻烦，一般用于小型温室。白色无纺布遮光率在20％～30％。目前遮阳网最为常用，其遮光率的变化范围为25％～75％，这与网的颜色、网孔大小和纤维线粗细有关。遮阳网的形式多种多样，目前普遍使用的一种是黑塑料编织网，中间缀以尼龙丝，以提高强度。在欧美一些发达国家，遮阳网形式更多，其中一种遮阳网是双层，外层为银白色网，具有反光性，内层为黑塑料网，用以遮挡阳光和降温。还有一种遮阳网，不仅可减弱光强，而且只透过日光中植物所需要的光，却将不需要的光滤掉。所有遮光材料均可覆盖于温室或大棚的骨架上，或直接将遮光材料置于玻璃或塑料薄膜上构成外遮阴，遮阳网还可用于温室内构成内遮阴。

2. 通风

通风除具有降温作用外，还有降低设施内湿度、补充二氧化碳气体、排除室内有害气体等作用。通风包括自然通风和强制通风两种。最大的降温效果是使室内温度与室外温度相等。

（1）自然通风 即开启设施的门、窗进行通风换气，适于高温、高湿季节的全面通风及寒冷季节的微弱换气。此操作极为方便，设备简单，运行管理费用较低，因此它是温室广泛采用的一种换气措施。智能化温室的通风换气可根据人为设定的温度指标，自动调节窗户的开闭和通风面积的大小。

（2）强制通风 利用排风扇作为换气的主要动力，其特点是设备和运行费用较高，一般日光温室和塑料大棚不采用。对于盛夏季节需要蒸发降温，开窗受到限制、高温季节通风不良的温室，还有某些有特殊需要的温室才考虑采用强制通风。

（3）蒸发降温设备 利用水分蒸发吸热使室内空气温度下降，实际过程中常结合强制通风来提高蒸发效率。此法降温效果与温室外空气湿度有关，湿度小时效果好，湿度大时效果差，在南方高湿地区不适用。常用的设施蒸发降温设备有湿垫风机降温系统和弥雾排风系统等。

现代温室盆栽花卉的环境调节和控制是一个综合管理系统，包括综合环境调控、紧急处理和数据收集三大部分。综合环境调控是指利用电子计算机控制通风、加温、加湿、灌溉、二氧化碳施肥、遮光、补光等设备，使各项指标维持在设定的数值水平，保持花卉在最佳的环境中生长发育，并最大限度地节约能源消耗，获得高产。紧急处理是当外界环境异常、控制装置发生故障、停电时向生产者发出警报的系统。数据收集处理系统是随时将温室内外各种小气候要素、设备运转状况等打印出来进行处理，供生产者参考。

【思考与练习】

一、名词解释

上盆、换盆、浸盆。

二、问答题

1. 常见的配制培养土的材料有哪些，如何根据不同需要配制不同的培养土？
2. 花卉在生长过程中为什么要换盆？
3. 盆花在灌水过程中要注意哪些事项？
4. 盆花施肥要注意哪些事项？

项目一 ▶▶ 观叶盆花的生产

任务一 一品红的生产

1. 了解一品红的品种分类及生态习性。
2. 掌握一品红的栽培管理要点。

1. 能根据一品红盆花生产的技术流程进行一品红的生产。
2. 能熟练进行一品红盆花生产的管理。

【知识准备】

一、概述

一品红又名圣诞花、猩猩木、象牙红、老来娇，为大戟科、大戟属植物。原产墨西哥及非洲热带，我国各地均有栽培。其株型优美，花色艳丽，花期很长，又正值圣诞节、元旦、春节开放，是冬春重要的盆花和切花材料。因此，一品红是极受大众欢迎的绿化观赏花木。

二、形态特征和习性

1. 形态特征和品种分类

常绿灌木，株高1～3m。植物体各部具白色乳汁。枝光滑无毛。叶全缘或浅裂。杯状聚伞花序在枝顶陆续形成，每一花序只具1枚雄蕊和1雌蕊，下方具一大型鲜红色的花瓣状总苞片，是观赏的主要部分。栽培品种有白、粉、红及复色。果为蒴果。

一品红品种不多，分类较为简单，最早栽培的品种近于野生性状，植株高，幼时不分枝，在不良条件下叶与总苞片易脱落，总苞片呈猩红色。经过百余年的选育，已育成不同高度、自然分枝及不同总苞片色彩的品种，其中四倍体品种具有总苞片厚硬、平展而不下垂的优点。

一品红依分枝习性不同分为两大类，每类中均有一些主要品种，每一品种又因芽变及人工选择可分出不同色彩的品种。

（1）标准型品种 最早栽培的品种 Early Red 为典型代表，幼时不分枝，近于野生种，植株高。

（2）多花型品种　或称为自然分枝型品种，生长到一定时期不经人工摘心便自然分枝，自然形成一株多头的较矮植株，更适于盆栽应用。

2. 生态习性

一品红是喜温怕冷而不耐霜冻。在光照充足时，20～30℃间生长最佳；12℃以下便停止生长；35℃以上生长减慢，且茎变细，叶变小形成畸形，插条也延迟生根。花芽分化发育时，白天温度应在17～25℃，最高不超过28℃。

一品红在强光照下生长健壮，除炎夏为降低温度而遮光外，其余时间应使其接受充分光照。即便在夏季，遮光也会导致茎细长、叶增大的后果。一品红是典型的短日照植物，每天12h以上的黑暗便开始分化花芽，北半球依纬度不同，花芽自然分化期为10月初至翌年3月上旬间。花芽发育比花芽分化要求更长的黑暗时间，以15h为宜。在花芽发育期，总苞片充分发育成熟前中断短日照则发育停止并转为绿色。花芽分化期对红光甚敏感，短时间或极微弱的红光也能影响花芽分化，故暗期中应防止灯光照射，但月光含红光极少，不影响花芽分化。每天用100lx的白炽灯加光2h，冬季短日下也能继续营养生长，不进行花芽分化。

一品红对土壤要求不严格，在各种基质内均可生长。但以疏松通气排水良好，pH值在5.5～6.5的基质为佳。生长期需水量大，应经常浇水以保持土壤湿润，但水分过多又易引起根腐。一品红需肥量大，尤以氮肥重要，但又不耐浓肥，土壤盐分过高常造成伤害。

三、栽培技术要点

1. 繁殖

一品红均用绿枝扦插繁殖，插条采自专门培育的母本。一般于3～6月份用已生根的扦插苗作母本，盆栽或栽在苗床上，在良好条件下培育。定期摘心以促进分枝。标准型品种在高20～30cm时摘心，此后每隔4周再摘一次心，如此继续下去。最后一次摘心在预计采取插条前5周完成。采取插条后4～5周又可剪取第二次插条。每一母株能供应插条的数目依母株定植的时间迟早而增减，3月份定植者每株剪两次可得50枝以上的插条。自然分枝型品种也要摘心以促进早产分枝，第一次在株高30cm时进行，最后一次在采取插条前3周完成。摘心后，当新梢至少生出4片发育完全的叶时又可再次摘心。第一次摘心，依品种不同可生出3个至更多侧枝，第二次摘心一般能生出2个侧枝。

扦插一般在7月中旬至9月下旬进行。扦插基质要严格清洁无菌。插条从采取至生根前切不能萎蔫失水。透气性好的基质能促进生根。生根最适土温为21～22℃，7天开始形成愈伤组织，14～21天开始生根。用低浓度生根剂处理，有助于生根。

2. 上盆

一品红扦插成活后，应及时上盆。上盆时，每盆种植苗数依栽培方式及盆径大小而定。栽培方式有二：一为标准型，用标准品种，不摘心，每株形成1枝花；另一为多花型，用自然分枝品种或标准品种，经摘心后每株形成数个花枝。标准型栽培用12cm以下的小盆每盆种1苗，15cm盆种3株，20cm盆种8～10株。多花型栽培15cm以下小盆种1株，20cm盆种3～4株。

盆不宜过大或过小。盆太大不仅装土多，而且苗小，蒸发量小，一旦浇水后，盆土一直处于湿的状态，这样将严重影响根系吸收，造成根系的腐烂和叶片黄化；如果花盆太小，则显得头重脚轻，根系在盆内难以伸展，造成植株生长发育不良。

盆土用泥炭土∶珍珠岩∶蛭石＝7∶2∶1。

上盆时，在盆的底部排水孔处放几块碎瓦片，并使瓦片的凸面朝上覆盖在花盆的排水孔上。先在盆中装入一半的培养土，然后放入植株，在植株周围添加培养土，轻轻震动花盆，近植株处用手向下轻压培养土，再加土，轻摇花盆，所装培养土离盆口2cm即可。俗称"留水圈"以方便浇水施肥。上盆后，植株栽植的深度以没入茎干与根系的交界处的根颈部为宜。如果是用插花泥或岩棉扦插的一品红，其深度以刚好没住插花泥或岩棉为宜，若栽植太深，则基部的叶片会黄化脱落，上好盆后浇透水，放在阴凉之地缓苗。

为了便于一品红的良好生长，整个生长期内一般可不换盆、换土。只是在幼苗种植时，用土可略为少些，以后随着植株的长大直接在盆里加土，直至盆土比盆口略低3～5cm即可。

3. 换盆修剪

若当植株生长到一定程度时，原盆已经太小，需更换一个较大的花盆，或者培育略大型的一品红盆花也要换盆。其换盆的方法是，用一只手持花盆的底部，将花盆翻转，另一只手持植株，将植株带着完好的土团从盆中脱出，使其落在手指之间，切忌不要损伤植株和使土团松散，然后换一个较大的花盆种植，其种植方式与上盆相似。只不过此时植株已较大，盆底可垫少量瓦片，将倒出的植株根团放在花盆的中央，然后从花盆的四周加入培养土，轻压或在地面上轻墩，使培养土沉实，然后浇足水分。

另外，当一品红开花后，若要第二年继续培育开花，一般于每年三月中下旬在一品红移出室外时，进行换盆工作。换盆时，将植株从旧盆中脱出，除去根团上部分旧土，并将枯根去除、老根剪除1/3，然后重新栽于新花盆中，添加部分新培养土。上好盆后，每个枝条留2～3个芽，其余的全部剪除，然后放于阳光充足处，在新芽长出前应尽量减少浇水量。待新芽长出后，才可进行正常浇水。

上好盆后，须摆放在通风且光线比较好的室外。另外，在多雨的季节，雨后要及时检查，发现盆内有积水时，要及时用竹签打孔疏通，或者干脆放倒排水，切忌盆内长时间积水。如遇暴雨天气，可提前将所有花盆顺风放倒，一方面利于排水，另一方面也可防止大风折断一品红的枝条。

结合换盆进行修剪，对于多年生老株，每个侧枝基部留2～3个芽，将上部枝条全部剪去，促使其萌发新的枝条。

4. 日常管理

（1）水肥管理 一品红生长期应经常浇水以保持土壤湿润，但水分过多易引起根腐。一品红既怕干旱，又怕水涝，浇水要注意均匀，防止过干或过湿；否则会造成植株下部叶片发黄脱落，或枝条生长不匀称。浇水量要根据植株生长情况和气候变化而定，新芽刚萌发时需水量少，不宜浇水过多，以防烂根；夏季气温高，枝叶生长旺盛，需水多，每天早晨浇1次透水，傍晚应根据盆土干燥情况而定。

一品红需肥量较大，尤以氮肥需求较多，但不耐浓肥。刚上盆的生根苗，用N、P、K含量分别为20％、10％、20％的复合肥和钙肥，以低浓度50～100mg/L交替浇灌，每次浇水时都配液肥施用，能防止过量的盐分积累。随着植株生长加快，逐渐提高肥料的浓度，但最高浓度不超过300mg/L。

进入花芽分化期以后，大约在10月中旬（自然花期栽培）改用N、P、K含量分别为15％、5％、25％的复合肥和钙肥交替施用，浓度不超过250mg/L，栽培基质EC维持在1.5～2.0，但品种间有差异，不同生育期所需EC值也不尽相同。苞片完全转色后，可以适当降低肥料浓度，以防"烧苞"现象发生。至出售前一周可仅浇清水。

（2）光照管理

① 光强 一品红原产墨西哥，喜温暖气候和充足的光照。在温度适宜时，营养生长季节需要光强为40000～60000lx。光线越强光合速率越高。因此，只要温度在合适的范围内，要尽可能给予充足的光线。低光条件下，植株的枝条变弱，生长速率减慢，细弱的枝条无法支撑苞片及花的重量，同时光强低容易造成花朵发育不整齐，延迟开花，从而影响盆花品质。另外，苞片成熟后在很低的光照条件下摆放、销售会提早落花。

虽然一品红喜光照，但夏天气候炎热时要适度遮阴。建议用70%的遮光网，以减少光强，从而减少高温伤害，在南方栽培时尤其要注意，当温室温度超过32℃时，应加大遮阴。南方撤掉遮阴网的时间宜在10月上旬，以免造成在花芽分化期温度过高而推迟开花的现象发生。北方宜在9月上旬撤掉遮阴网，以保证有充足的光照。在栽培后期北方的光强骤减，特别在阴天时光很弱，为了达到光补偿点，补光很必要，给予不低于3000lx的光比较适宜。

上盆初期，由于根系尚未长好，植株容易因失水而造成伤害，加强遮阴是必要的，特别是在温度高时尤其需要减少遮阴。随着根系的生长可以逐渐减少遮阴。另外，在出圃前15天左右，宜进行适度遮阴，以适应销售及摆放环境，延长摆放寿命。

② 光质 光质对于一品红开花和茎伸长很重要。红光对阻止花芽分化比蓝光更有效。因此，加光时一般选用白炽灯而不选用日光灯来保持母株的营养生长。从茎伸长来说，远红光与红光的比值大时，利于植物茎的抽长，不利于侧芽的分化。因此当植物摆放过密时，由于叶子之间的互相遮蔽而使红光难以达到茎部，使比值增大，因而造成节间伸长。足够的生长空间对分枝的良好发育及形成紧密、健康的枝条很重要。

③ 光周期 一品红是典型的短日照植物，即在长日短夜的条件下进行营养生长，在短日长夜的条件下进行生殖生长。通常的自然条件下日长12h20min是临界点，日长短于这个临界点，一品红就转入生殖生长，开始花芽分化。

要使一品红转入生殖生长，必须保证持续的短日照和夜温维持在24℃以下两个条件。

（3）温度管理 一品红一般不能经受0℃以下的温度。在大风的情况下，5℃就能使一品红出现冻害。一品红的最适夜温在16～21℃、最适日温为21～29℃。总的来说，生长适温一般在16～27℃。

（4）湿度管理 一品红的湿度管理因不同生长阶段而异。

① 从移栽至打顶的阶段 由于刚从扦插环境转入盆栽环境，湿度变化较大，需要增加湿度以使小苗适应新环境，从而能正常生长。在一天中最热的时段应不断喷雾以保持80%～90%的相对湿度。

② 打顶至花芽形成的阶段 应保持70%～75%的相对湿度，以利于一品红抽芽和正常生长。

③ 花芽形成至开花的阶段 应逐渐将相对湿度降至不高于70%，以减少灰霉病的发生。在冬季，北方的加温温室白天的相对湿度经常低于50%，应注意在上午10点左右喷湿地面以增加相对湿度，下午4点左右开窗通风以降低相对湿度。

（5）株型控制 扦插时期摘心是控制株高的重要措施。因地区不同，多花型品种于7月上旬至8月下旬扦插，标准型品种相对推迟30天左右扦插。扦插苗上盆后，当长到一定叶片数时进行摘心。因每个叶腋均能产生分枝，摘心后留叶数应根据预计花枝数而定，一般应在苗株长至具4～6片叶展开时进行摘心，留3～5片叶，产生3～5个花枝。摘心后6～8天应不断喷水，适当遮阴，保持较高的空气湿度，以利于侧芽的生长。

摘心的时期根据植株的最终株型来定。如迷你型，约在上盆后 5 天摘心。多分枝的盆花约在上盆后 2～3 周摘心。

建议在植株上盆后根系长满盆后摘心，温度调节在 21～22℃，在摘心后的 2 周尽可能保持高的相对湿度有利于侧枝的生长。

摘心后立即使用生长调节剂有利于改善植株的生长习性，缩短节间。常用的抑制剂主要有 CCC、B_9、乙烯丰等。使用生长调节剂以后，植物应遮阴 1 天。

（6）花期控制

① 提早花期　要使一品红提早开花就要在自然条件是长日的情况下制造人工短日照，即蒙上一块黑幕，为保证短日效果，黑幕遮盖时间每日为 14～15h，即每日下午约 5～6 点起，直到第二天上午 8 点左右为止，黑幕处理会增高夜温，所以特别要注意夜温不能超过 23℃、也不宜低于 13℃。在南方，由于 7～9 月的夜温也很难控制在 23℃ 以下，所以一般在南方不适宜生产国庆开花的一品红。

② 延迟花期　要想使一品红延至春节开花出售，就要通过夜晚加光延长日长的方式使植物维持营养生长。晚上 10 点到次日凌晨 2 点进行加光效果较好，收灯日期可以通过以下公式的逆推得出，即出售日期－感应时间＝收灯日期。

另外，低温会使苞片发育和转色减慢，而且不同品种之间苞片发育、转色变慢速度存在差异，这一点在计算出售日期时也要考虑到，如夜温低于 13℃，应进行加温。在北方生产春节开花的一品红，冬季加温成本很高，一般不建议在北方生产。

（7）病虫害防治

① 灰霉病　首先要控制水环境，保持空气流通，特别是在夜间。使用小型风机加强水平方向的空气流动是达到空气流通的有效方法。植株不要摆放过密，使空气可以穿过植株冠面流通。避免植株受到机械损伤。夜晚加温及通风降低湿度并避免将水溅到叶片及苞片上。尽可能将温度保持在 16℃ 以上，及时清除病叶、死株。喷施杀菌剂即可。

② 白粉病　通过控制温室的环境以及定期喷施杀菌剂可有效地控制此病发生。

③ 丝核菌引起的根茎腐病　及时清除受感染的植株，不要随意乱丢已感染的枝叶。用杀菌剂灌施效果较好。常用的药剂有 Ridomil、甲基托布津等。

④ 腐霉菌引起的根茎腐病　用杀菌剂灌根效果较好。常用的杀菌剂有 Ridomil、Truban 等。

⑤ 疫病菌引起的冠茎腐病　高温和灌溉过度易导致此病害发生，所以在夏季栽培时应尽量降低温度，避免土壤过湿。灌施 Truban 等杀菌剂有助于防治此病毒。

⑥ 白粉虱　防治病虫的关键首先是防止病虫进入温室，其次是采用防虫网。此外，物理防治可采用"黄板诱杀"。生物防治可利用其天敌丽蚜小蜂寄生白粉虱的卵和蛹，使其失去繁殖后代的能力。化学防治可采用吡虫啉、阿维菌素、毒死蜱、噻嗪酮、吡蚜酮等。

⑦ 叶螨　叶螨又称红蜘蛛，是温室中常见的害虫之一。全年发生 20 余世代，在温度较高、干旱少雨的情况下发生严重，3～6 月份和 9～11 月份为发生盛期。螨或若螨均喜栖于老叶的叶背，受害叶片有黄色斑点，检查叶背可发现虫体、卵粒、丝网及分泌物等杂物。大量发生结网危害，造成植株生长停滞，叶片干枯、掉落，植株死亡。可用 2000 倍三氯杀螨醇、2000 倍虫螨光药液喷洒。

⑧ 蓟马　用 2000 倍毒死蜱或 2000 倍虫螨光药液喷洒。

（8）栽培中常见的不良症状　一品红常见的生长不良症状有畸形、分叉、落叶等。

① 叶片畸形　表现多种多样，有的尾部像被突然斩断；有的局部皱缩、扭曲；有的整个变皱；有的边缘烧焦。

造成叶片畸形的原因主要有以下几点：a. 在植株严重缺水时浇水，就会有乳汁从茎或叶的生长点处溢出，乳汁变干之后会妨碍这部分叶片的扩展，使叶片扭曲、变形。b. 高的土壤湿度和空气湿度，都会使生长细胞间的液流压力增高从而导致叶片畸形。c. 其他因素，包括低温、机械损伤、过强的空气流通（造成生长细胞受损）及光合速率过高（由于碳水化合物积累而引起细胞的渗透压过高）等。

控制方法：a. 避免基质过湿。b. 避免空气湿度过高，尤其是夜晚的空气湿度。植株不能排得太密，彼此之间要有空间让空气流通。c. 适度遮阴以避免光合速率过高。d. 避免温度急剧变化。

② 分叉　一品红单一枝条生长到一定长度后，即使在长日照条件下也会形成花芽，此时植株继续发育就会出现分叉现象。因此，在长日照条件下必须注意适时打顶，以避免单一枝条生长过长而出现分叉现象。

③ 落叶　一品红叶片的脱落往往从植株的萎蔫开始，植株萎蔫，下部叶片变黄、脱落。原因通常有以下几点：a. 水分失调，表现为土壤过湿或过干。b. 基质中可溶性盐分含量过高。c. 温室内通风不良致使乙烯或其他有害气体在温室中积累，这种情况严重时甚至可使植株在一夜之间叶片全部脱落。d. 茎或根部发生病害。

注意水肥管理、加强温室通风有助于避免落叶的发生。

任务实践与要求　▶▶

1. 任务要求

（1）掌握一品红盆花生产技术和流程。

（2）进行一品红的盆花生产及管理。

2. 工具与材料

（1）工具　铁锹、花铲、水桶、喷雾器、量筒、天平等。

（2）材料　种苗、塑料花盆、泥炭土、珍珠岩、蛭石、河沙、农家肥、复合肥、多菌灵、虫螨光、硝酸钙、硫酸镁等。

3. 实践步骤

（1）配制基质　泥炭土：珍珠岩：蛭石＝7：2：1。

（2）配制上盆肥料　如 20-10-20 肥、钙肥等。

（3）上盆　技术关键是盆径的选择、基质的质量控制、上盆手法、上盆后浇水施肥几方面。

（4）日常管理　关键是做好温度、通风、水肥管理。

（5）换盆　适时进行株型控制、换盆。

（6）遮光和补光　按照盆花上市时间要求，及时进行遮光或补光处理。

（7）解决生产中出现的问题　如出现病虫害、落叶、畸形等现象，及时找出原因并采取防治措施。

4. 任务实施

班级分组（每组 4～5 人）进行，每组栽培管理 40 盆。

5. 任务考核标准

考核满分 100 分，分过程考核、结果考核、社会能力考核三部分，分值分别为 60 分、20 分、20 分，具体考核标准见表 3-1。

表 3-1　一品红生产考核标准

考核类型	考核内容	考核标准	分值/分	得分	考核时间/min	备注
过程考核 （60 分）	配制基质	基质种类选择、比例	5		10	可结合实际操作，针对个人提出一些问题，给出相应的分值
	上盆	方法正确，覆土深度合理	10		15	
	日常管理	水肥管理时间、用量合理，适时通风，温度控制适宜	20		30	
	换盆	摘心手法正确，换盆操作正确，株型美观	10		15	
	花期调节	遮光、补光符合要求	15		30	
社会能力考核（20 分）	参加实训时间	缺课扣 2 分/次，迟到扣 0.5 分/次	5			可结合实际操作，针对个人提出一些问题，给出相应的分值
	学习态度	学习主动，态度端正，责任心强	5			
	团队协作能力	与小组成员能很好地分工合作，善于沟通	5			
	灵活应变能力	能就实际问题提出解决方案	5			
结果考核 （20 分）	成活率 80% 以上，商品花 70% 以上	成活率每低 1%，扣 1 分	20			

任务二　绿萝的生产

1. 了解绿萝的品种分类及生态习性。
2. 掌握绿萝的栽培技术要点。

1. 能正确进行绿萝扦插繁殖技术操作。
2. 能对绿萝盆花管理技术尤其是病虫害综合防治技术准确操作。

【知识准备】

一、概述

绿萝又名黄金葛，原产热带雨林地区，为天南星科常绿藤本植物。其缠绕性强，气根发达，既可让其攀附于用棕扎成的圆柱上，摆于门厅、宾馆，也可培养成悬垂状置于书房、窗台，是一种较适合室内摆放的花卉。

二、形态特征和习性

1. 形态特征

绿萝为蔓生多年生草本。叶片较厚,蜡质有光泽,广椭圆形,暗绿色,有的镶嵌金黄色或白色、灰绿等不规则的斑点和条纹。其气生根发达,常吸附在墙壁或树木上生长。

2. 常见的种和品种

同属常见栽培的还有金葛(*S. aureus* cv. Golden Queen),叶片上具有黄色的斑点及条纹,具有较高的观赏价值;银葛(*S. aureus* cv. Marble Queen),叶片上有白色斑点及条纹。

3. 生态习性

绿萝原产热带雨林地区,喜高温高湿及半阴环境,不耐寒,越冬温度宜在10℃以上,对土壤要求不高,但以肥沃排水性好的土壤最为适宜。绿萝最适宜的生长温度为白天20～28℃、晚上15～18℃。冬季只要室内温度不低于10℃,绿萝即能安全越冬,如温度低于5℃,易造成落叶,影响生长。

三、栽培技术要点

1. 繁殖

绿萝主要用扦插法繁殖。选取健壮的绿萝藤,春末夏初剪取15～30cm的枝条,将基部1～2节的叶片去掉,然后插入素沙或煤渣中,深度为插穗的1/3,每盆3～5根,浇透水,放置于荫蔽处,每天向叶面喷水或覆盖塑料薄膜保持盆土湿润,一个月左右即可生根发芽,保持环境温度不低于20℃,成活率可达90%以上。

2. 上盆

生根30～40天后即可上盆,高温季节可直接剪取末端芽条3～4根种植上盆。盆栽宜选用疏松、透气、排水性好的土壤,最好采用园土、腐熟农家肥和少量泥炭混合成排水良好的基质。也可用腐叶质70%、红壤土20%、油菜饼和骨粉10%混合沤制。还可用腐殖土、泥炭和细沙土混合。

3. 光照管理

绿萝的原始生长条件是参天大树遮蔽的树林中,属于阴性植物,忌阳光直射,喜散射光,较耐阴。在室内栽培可置窗旁,但要避免阳光直射。阳光过强会灼伤绿萝的叶片,过阴会使叶面上美丽的斑纹消失,通常以接受4h的散射光,绿萝的生长发育最好。如放室外培养,要注意遮阳,特别是夏季更要注意防止强光直射,否则会导致新叶变小,叶色暗淡,同时易灼伤叶缘。绿萝耐阴性极强,在400lx光照强度下能正常生长。但过于阴暗,温度低于10℃时,易导致落叶、枯叶,影响植株的生长及观赏性。

4. 温度管理

绿萝安全越冬需10℃以上的温度,如果冬季温度低于10℃,就要把绿萝放置在温室、塑料大棚或室内越冬,尽量少开窗。

5. 水肥管理

绿萝生长期盆栽土壤以保持湿润为宜,叶片要求相对湿度在60%以上,发现盆土变白时,即应浇透水。夏季气温高于28℃时,应早、晚各淋水且向叶面、叶背喷水1次,降温保湿。但浇水不宜过多,否则宜烂根烂苗。夏秋干旱时应每天早、中、晚向叶面喷水,以增加湿度。也可使用加湿器,让植物靠近加湿器,每天开放时间在5h以上。冬季室温较低,绿萝处于休眠状态，应少浇水，保持盆土不干即可。冬季气候干燥时，还需每隔4～5天用温水喷洗1次叶片，洗去叶面上的灰尘，保持叶片光亮翠绿。

施肥以氮肥为主、钾肥为辅。春季绿萝生长期前，每隔10天左右施硫酸铵或尿素0.3％溶液1次，并用0.05％～0.1％的尿素溶液作叶面追肥1次。北方秋冬季节，植物多生长缓慢甚至停止生长，应减少施肥。5～9月是绿萝生长期，应每2个月施1次化肥，另外每10天再施1次较稀的液体肥。注意对于较小的植株，只施液体肥。

6. 病虫害防治

绿萝病虫害主要有炭疽病、叶斑病、叶枯病、黑斑病、灰霉病、疫病、病毒病、介壳虫等，防治上应在增施磷钾肥、提高植株抗病力。及时清除病残体、减少侵染源，提高棚内夜间温度、降低棚内湿度的基础上，科学对症下药。防治炭疽病、叶斑病可用25％炭特灵可湿性粉剂500倍液，10天1次，连喷3～4次；防治叶枯病、黑斑病可用40％百菌清悬浮剂600倍液、70％代森锌可湿性粉剂500倍液，10天1次，连喷2～3次；防治灰霉病可用50％异菌脲或50％农利灵可湿性粉剂1000倍液、28％灰霉克可湿性粉剂500～800倍液；防治疫病发病前喷27％铜高尚悬浮剂300～400倍液，发病高峰期喷72％霜脲锰锌可湿性粉剂600倍液，10天1次，连续2～3次；防治病毒病，在防好蚜虫的基础上，发病初期喷7.5％克毒灵水剂900倍液、3.85％病毒必克可湿性粉剂700倍液、2％宁南霉素260倍液，10～15天1次，连续2～3次。防治介壳虫在幼虫孵化期用25％亚胺硫磷乳剂800～1000倍液喷洒。

7. 安装绿萝柱

绿萝柱对绿萝的生长具有固定支撑的作用，同时还能提供必要的水分。通常用棕柱作绿萝柱，把棕柱放入盆中，略埋些土，用木棍塔成三角形使其固定，再埋入土，因为还要长植物，土不宜过多。取已发芽的绿萝苗插入土中，一般来讲，盆中绿萝苗越密长出后越好看，一盆中栽4～5株左右。用线一边捆住小苗，一边固定在棕柱上，向棕柱固定浇水，使其保持潮湿，一些天后，绿萝的气生根即会在棕柱里扎根并生长。加入绿萝柱的时机以春夏之交较好，冬天气温低，苗易受伤，加柱时，应注意把握好温度。

任务实践与要求 ▶▶

1. 任务要求

（1）根据气候及市场需要等情况选择适宜品种。

（2）进行扦插繁殖。

（3）做好上盆工作。

（4）生长期间做好温室的管理，特别是做好温度控制、通风和水肥管理。

（5）做好整形修剪，安装绿萝桩，满足市场需求。

（6）及时诊断生长中出现的各种问题、病虫害，并进行综合防治。

2. 工具与材料

（1）工具　铁锹、花铲、水桶、喷雾器、量筒、天平等。

（2）材料　绿萝藤、绿萝柱、细沙土、腐殖土、泥炭土，农家肥、尿素、硫酸铵等肥料，炭特灵、百菌清、代森锌、灰霉克、亚胺硫磷乳剂等农药。

3. 实践步骤

（1）配制基质　腐殖土：泥炭土：细沙土为5：3：2。

（2）扦插　同时做好扦插后保湿、遮阴管理。

（3）上盆　技术关键是上盆手法、上盆后浇水施肥。

（4）日常管理　关键做好温度、光照、水肥管理。

（5）对于生产中出现的病虫害，及时找出原因并采取防治措施。

（6）安装绿萝柱。

4. 任务实施

班级分组（每组 4～5 人）进行，每组栽培管理 40 盆。

5. 任务考核标准

考核满分 100 分，分过程考核、结果考核、社会能力考核三部分，分值分别为 60 分、20 分、20 分。具体考核标准见表 3-2。

表 3-2　绿萝生产考核标准

考核类型	考核内容	考核标准	分值/分	得分	考核时间/min	备注
过程考核（60 分）	配制基质，扦插	基质种类选择及其比例；扦插操作正确	10		10	可结合实际操作，针对个人提出一些问题，给出相应的分值
	上盆	方法正确，覆土深度合理	10		15	
	日常管理	水肥管理时间、用量合理，适时遮阴，温度控制适宜	20		30	
	病虫害防治	诊断准确，防治方法合理、正确	10		15	
	安装绿萝柱	柱体稳定，绑扎牢固	10		30	
社会能力考核（20 分）	参加实训时间	缺课扣 2 分/次，迟到扣 0.5 分/次	5			
	学习态度	学习主动，态度端正，责任心强	5			
	团队协作能力	与小组成员能很好地分工合作，善于沟通	5			
	灵活应变能力	能就实际问题提出解决方案	5			
结果考核（20 分）	成活率 80% 以上，商品花 70% 以上	成活率每低 1%，扣 1 分	20			

项目二 ▶▶ 观花盆花的生产

任务一　蝴蝶兰的生产

 知识目标 ▶▶

1. 了解蝴蝶兰常见品种分类及生态习性。

2. 掌握蝴蝶兰的栽培技术要点。

1. 能对蝴蝶兰出瓶、定植时期的环境因子进行合理的管理。
2. 能熟练进行蝴蝶兰小苗、种苗、大苗及成花不同阶段的管理。

【知识准备】

一、概述

蝴蝶兰为兰科多年生附生草本，由根、叶、茎和花组成，主要分布在热带及亚热带地区，其花形奇特，色彩艳丽，花期持久，素有"兰中皇后"美誉，具有极高的观赏价值和经济价值，在国内外花卉市场上极受欢迎。

二、形态特征和习性

1. 形态特征

蝴蝶兰为多年生常绿草本，花形似蝴蝶而得名。茎短，肥厚，无假鳞茎。叶肉质，短而厚。单轴分枝。气生根发达，呈扁平丛状。花茎长 20～30cm，拱形。总状花序，互生，着花 8～10 朵，花大、蝶形，花色有白色、紫色、粉红等。

2. 常见的种和品种

（1）点花系　主要亲本是雷氏蝴蝶兰和斯氏蝴蝶兰。最大特点是萼片和花瓣上有大小和疏密不等的红色或紫色斑点。品种有完美、琼丽皇后等。

（2）粉红色花系　一般将其分为三类：小型红花原种、花大型、深紫红色的大花型。品种有桃姬、梅娃等。

（3）条花系　花的萼片和两枚侧瓣底色是白、黄或红色。品种有东京、狂欢节等。

（4）黄色花系　纯黄色花的品种不多见，花瓣和萼片底色为黄色。品种有垂笑黄、金丝雀。

（5）白色花系　花萼与两枚侧瓣为白色。品种有多里士、卡拉山、美人、冬至。

3. 生态习性

蝴蝶兰原产亚洲热带地区，性喜高温多湿、通风的环境，耐阴喜热，是标准的附生兰，生长适温 18～28℃，35℃以上高温或 10℃以下低温，蝴蝶兰则停止生长。蝴蝶兰冬季需充足的阳光，夏季需适当遮阴。蝴蝶兰喜湿度较高的环境，如果空气湿度小，则叶面容易发生失水状态。栽培基质应保持良好的透气性，忌积水。

三、栽培技术要点

1. 繁殖

蝴蝶兰可采用分株进行繁殖，但现多用组织培养繁殖。

分株繁殖在春季新芽萌发前进行。一般结合换盆进行，将母株从盆里托出，少伤根叶，把兰苗轻轻掰开，取带有 2～3 条根的小苗直接盆栽。蝴蝶兰为附生兰，因此多选用疏松、排水和透气性良好的基质，常用苔藓、蕨根、树皮块、椰壳或蛭石等。

组培繁殖多用叶片作外植体。通过产生愈伤组织分化出原球茎形成植株。

2. 瓶苗出瓶和定植

瓶苗移栽理想培养基质是水苔藓。刚从玻璃瓶中移出的试管苗，最好种植在盛有水苔藓的盆钵中，对幼苗生长有利。移栽前先将瓶苗放入栽培温室中炼苗 3～5 天。光照逐步加强到 4000lx。温度控制在 20～28℃。每天喷雾 3 次以保持相对湿度在 90％以上，待叶片完全转绿后即可出瓶移栽。从瓶内移苗时，对于较小者可用镊子小心夹出，对少量较大、不易用镊子夹出者，应将瓶子打破再移出，不可弄伤根部和叶部。用清水将培养基及琼脂冲洗干净，并去除黑根和黄叶，再用消毒水或高锰酸钾 0.05％稀溶液浸泡与分解，置阴凉处晾干。种植瓶苗时，深浅应以不没及花茎基部为宜，先拿少许浸泡并甩干的水苔放于蝴蝶兰根的中间，使其根系呈放射状向外排列，外围包裹一层水苔，然后种植于营养钵或育苗盘中即可。包裹时松紧度要适中，过紧易烂根并滋生病害，过松则植株固定不稳或发生植株脱水现象。

瓶苗在出瓶后，需要先做分级，分为大苗及小苗，大苗两叶间距为 4cm 以上，可直接种在 1.5in（1in≈3.33cm）软盆中，但除看叶子长度外也要看其根的生长情况两者相互配合，若叶长够，但根系不好，一样要种在穴盘中，两叶距离小于 4cm 者则种于穴盘中。已经分好的 1.5 寸苗及穴盘苗中，仍需做大小分级，将大小相近的种在同一盘中以方便日后的管理。

蝴蝶兰为单茎性兰，几乎不长分株，只要换盆即可。瓶苗出瓶后直接种植的 1.5 寸苗约经 3.5～4 个月后可移植到 2.5 寸软盆中，而穴盘苗经过 2.5～3.5 个月后需要先移植到 1.5 寸软盆中，再经过 2～3 个月后才能移植到 2.5 寸软盆。

3. 小苗阶段的管理

小苗种植后，抵抗能力较弱，应立即喷洒杀菌剂、杀虫剂以预防病虫害发生。刚出瓶的苗前 7 天内不可浇水，仅在中午相对湿度低时应进行地面喷水或叶面喷雾，相对湿度控制在 65％～80％；7～15 天后可直接进行叶面喷淋。为使瓶苗迅速恢复生长，可保持日温 25～29℃、夜温 22～24℃。刚出瓶的幼苗生长势弱，光照保持在 2000～4000lx 范围内，待缓苗后再提高至 6000～8000lx。20 天后开始施肥，在新根生出前叶面喷速效肥 5000 倍液，一般 3～4 天喷一次；待发根后，用速效肥 6000～8000 倍液灌根。

4. 中苗阶段的管理

当 1.5 寸苗叶尖距离达 12cm±2cm（叶角 15°），并且根系已经伸长到盆底但还未盘至一圈且软盆上部没有气生根露出则要进行换盆。如果有一个标准未符合就不可换，小株换种在大盆内，因为水苔多，浇水后吸水性太强，不易干燥，造成水苔迅速腐烂，伤害根部；小株种在大盆内一段时间后都会出现一些病症，如叶片发黄、叶尖发黑、根尖腐烂、根呈黑烂等，而大株及时换盆只是根长出盆外，长势受到影响，但因为其根为气生根所以植株仍是健康的。

在透明软盆底部放置 4～5 块小泡沫或陶粒（不能太大，以免漏出），透水，并防止盆孔被水苔阻塞。将 1.5 寸软盆中的蝴蝶兰苗小心取出，在其外围再包裹一层水苔，放置在 2.5 寸软盆中。在换盆过程中，若发现有长出盆外的气生根，也要小心地包入水苔中，再种在 2.5 寸软盆中。水苔的硬实度要比种在 1.5 寸软盆时硬实一些，但不可太紧，给根一些生长空间，以有利于根的发展。换盆时仍需要进行大小分级，同一大小的放在同一植架上，以利于日后管理。

换盆后应立即喷洒杀菌剂、杀虫剂以预防病虫害发生。换盆后不能立即浇水和施肥，只需每天向叶面喷水或喷雾以维持空气相对湿度在 65％～85％。刚换完盆时需 10000～12000lx 的弱光以利于生根。待缓苗后光照要达到 12000～18000lx 以促进叶片生长。在新根未长出前一般不施根肥。每星期只需向叶面喷施速效肥 2000～3000 倍液；直到从盆底或四周看到有根尖露出水草，开始施速效肥 4000 倍液。

5. 大苗阶段的管理

换盆后应立即喷洒杀菌剂、杀虫剂以预防病害。换盆后 7 天内不能浇水和施肥。每天只需进行叶面喷水或喷雾以维持空气相对湿度 65%～85%。温度白天控制在 25～32℃、夜间 20～22℃，保持 5～8℃的温差，以利于养分积累；温度低于 18℃会刺激花芽分化，提前开花，影响其商品性。光照在缓苗期应控制在 10000～12000lx，以利于缓苗、生根。正常生长时控制在 15000～18000lx。光照过低会造成徒长，养分积累不足，不利于花芽分化和开花，待根尖露出水草后，开始施速效肥 2500～3000 倍液，间隔时间为 7～10 天。

6. 成花阶段的管理

低温可促进蝴蝶兰的花芽形成。而从低温处理至开花需经 110～130 天。可通过调节催花处理的时间，实现蝴蝶兰在元旦、春节、国庆及中秋时开花上市，提高其经济价值。大苗经过 5 个月营养生长后，叶距达 32cm、生长健壮且球茎大而饱满，可换至 16.7cm 塑料花盆中进行催花。温度要求日温 25～28℃、夜温 18～20℃，昼夜温差达 10℃左右，30 天左右便可长出花芽，且花芽的形成率与每天低温处理的时间成正比。催花时间因温度较低，光照可提高到 30000～40000lx，湿度一般控制在 70%～80%。应选用含磷、钾成分较高的高磷钾（氮∶磷∶钾＝10∶30∶20 或 9∶45∶15）2000 倍液浇施，同时叶面喷施磷酸二氢钾 1000 倍液，有利于蝴蝶兰花芽分化，提早开花。

当花梗抽出时，为避免花梗扭曲或花朵排列混乱，应插入铁丝进行牵引并用胶带固定造型。开花后夜温保持不变，日温降到 22～24℃，光照可适当减弱到 15000～25000lx 以延长花期。相对湿度控制在 65%～85%为宜，仍施用速效肥 2000 倍液，每隔 7～10 天浇施一次。当花枯萎后，应及时将花从基部上 34cm 处剪掉，可减少养分消耗，从而保证来年正常开花。

7. 病虫害防治

蝴蝶兰易感染的细菌性病害主要有软腐病、褐斑病等，它们是蝴蝶兰最严重的病害。褐斑病发病时叶片出现棕色斑点，呈油状或心脏形，且有黄色形状物围绕。化学药剂对此种病害无作用，而生长状况良好、健壮植株对此病菌具有一定的抗性；主要采用预防为主的措施，可通过调整肥料中的含氮量、及时去除病株及保持稳定的环境等措施预防病菌传播。

真菌性病害有炭疽病、灰霉病等。可通过降低灌溉水的 EC 值、减少介质含水量、加强通风来预防病害发生。发病初期用 50%的甲基托布津 800 倍液或 80%多菌灵 600 倍液每周喷施一次，连续喷施 3～4 次可控制病害的蔓延。病毒性病害发病时花朵变小、生长速度变慢，尤其在低温催花阶段表现明显。目前对其防治没有特效药，主要是早发现、早隔离、早烧毁，以防止病毒进一步传播。

蝴蝶兰常见的虫害有介壳虫、蚜虫等。可用 50%氧化乐果乳剂 1000 倍液喷施防治。螨类、红蜘蛛可引起叶部轻微变形及严重颜色变化，用 40%三氯杀螨醇 1000 倍液或 40%氧化乐果 800 倍液进行喷施。

📚 **任务实践与要求** ▶▶

1. 任务要求

（1）根据气候及花期、市场需要等情况选择品种，以满足市场需要。

（2）及时进行出瓶和定植，做好各个生长阶段的温度和湿度控制。

（3）及时诊断生长中出现的各种问题、病虫害，并进行综合防治。

2. 工具与材料

（1）工具 铁锹、花铲、镊子、水桶、喷雾器、量筒、天平等。

（2）材料　组培瓶苗、水苔藓、各类农药、化肥、杀菌剂等。

3. 实践步骤

（1）组培瓶苗的出瓶和定植。

（2）小苗阶段的温室管理。

（3）中苗阶段的温室管理。

（4）大苗阶段的温室管理。

（5）开花阶段的温室管理以及上市前的修剪整理。

4. 任务实施

班级分组（每组 4～5 人）进行，每组栽培管理 40 盆。

5. 任务考核标准

考核满分 100 分，分过程考核、结果考核、社会能力考核三部分，分值分别为 60 分、20 分、20 分，具体考核标准见表 3-3。

表 3-3　蝴蝶兰生产考核标准

考核类型	考核内容	考核标准	分值/分	得分	考核时间/min	备注
过程考核（60 分）	瓶苗出瓶和定植	操作步骤准确，苗无损伤、处理干净	10		10	可结合实际操作，针对个人提出一些问题，给出相应的分值
	小苗管理	水肥施加时间、量准确合理	15		15	
	中苗管理	换盆手法准确；水肥施加合理，光照控制准确，苗子长势良好	10		30	
	大苗管理	换盆手法准确，温度控制合理，水肥施加合理，苗子长势良好	10		15	
	成花期管理	温度控制合理；水肥施加合理；修剪正确，长势良好	15		30	
社会能力考核（20 分）	参加实训时间	缺课扣 2 分/次，迟到扣 0.5 分/次	5			
	学习态度	学习主动，态度端正，责任心强	5			
	团队协作能力	与小组成员能很好地分工合作，善于沟通	5			
	灵活应变能力	能就实际问题提出解决方案	5			
结果考核（20 分）	成活率 80% 以上，商品花 70% 以上	成活率每低 1%，扣 1 分	20			

任务二　仙客来的生产

 **知识目标** ▶▶

1. 了解仙客来的品种分类及生态习性。

2. 掌握仙客来的栽培技术要点。

👆 **技能目标** ▶▶

1. 能准确进行仙客来的播种繁殖。
2. 能合理进行仙客来苗期各阶段的管理。

【知识准备】

一、概述

仙客来为报春花科仙客来属多年生球根花卉，目前在盆花生产中多作一年生栽培，因其品种繁多、花形独特、花色艳丽、开花期长又正值圣诞、元旦、春节，所以深受人们喜爱，成为经久不衰的年宵盆花。其需求量在日本市场是仅次于兰花的第二大盆花，在荷兰的花卉市场上，仙客来被列为十大盆花之一。我国近几年来仙客来在各大省市的销量排名均在前十位，随着经济的发展，仙客来盆花的需求量将会逐年增加。

二、形态特征和习性

1. 形态特征

多年生球根草本，株高 20～30cm，具扁圆形肉质球茎。外披木栓质皮。叶丛生球茎顶端，叶柄长，褐红色；叶近心形，叶面深绿色，有银白色斑纹，边缘有大小不等的锯齿，叶背暗红色或绿色；花单生自叶丛中抽出的细长花梗上；花瓣 5 枚，基部成短筒；花蕾时花瓣先端下垂，开花时向上反卷；花色有白、红、粉红、洋红、紫红等色，瓣基常有深色斑。化期冬春。蒴果球形，内含种子多数。

2. 类型及品种

现代仙客来的园艺品种极多，都是本种的后代，依据花型可分为以下几种。

（1）大花型（var. *giganteum*）　叶缘锯齿较浅或不显著。花大，花瓣平伸，全缘，花瓣 7～10 枚，白、红或紫色，花蕾端尖。有单瓣、复瓣、重瓣、银叶、镶边和芳香等品种。

（2）皱瓣型（var. *rococo*）　叶缘锯齿显著。花蕾顶部圆形，花瓣极宽，边缘有细碎褶皱，瓣片向后反转。

（3）平瓣型（var. *papilla*）　叶缘锯齿显著。花蕾尖形，花瓣较狭而平展，边缘具细缺刻。

（4）洛可可式　花瓣边缘波皱有细缺刻，不像大花型那样反卷开花，而呈下垂半开状态。

（5）重瓣型　花瓣 10 枚以上，不反卷，瓣稍短，雄蕊常退化。

此外还有芳香品种及小叶品种。

3. 生态习性

原产南欧及突尼斯、地中海等地。喜凉爽、湿润及阳光充足，不耐强光暴晒，不耐寒；喜肥沃、疏松、排水良好的微酸性沙质土壤。忌夏季高温高湿，休眠期喜冷凉干燥；为半耐寒性球茎花卉。

（1）温度　仙客来的生长适温为 15～24℃，在 10～22℃范围内，温度越高开花越早。冬季最好不要低于 10℃，否则会造成根系腐烂，叶片卷曲，花小且花色暗淡。夏季长期高于 28℃植株将停止生长；超过 35℃，植株易腐烂、死亡。实践证明，低夜温能促进开花，且生长在 18℃日温和 15℃夜温条件下开花最早，但花小。

（2）光照　仙客来生长适宜的光照强度为 25000～45000lx，高于此光强则可通过遮阴、降温、喷雾等综合措施来控制。仙客来为日中性植物,日照长度的变化对花芽分化和开花没有决定性作用,但日长和光强可以改变其成花速率和花的发育进程,增加有机物质积累。光强在叶芽转化为花芽过程中是一个决定性因素。

(3)空气湿度 1片真叶形成以前,空气湿度应高于95%;出现2~3片真叶时,空气湿度应高于85%;出现4~5片真叶时,空气湿度应在75%~85%之间;当达到6片真叶以上,空气湿度维持在65%~85%即可。

(4)通风 仙客来非常喜欢通风良好的环境,要经常打开通风窗或安装内置循环风机,同时为了使仙客来有完美的株型,必须及时疏盆,且要经常人工整形,让其分层且有次序地生长。

三、栽培技术要点

仙客来通常采用播种繁殖,一般以9~10月为好。播种土要求肥沃、疏松和排水良好;播后放置于18~20℃温度条件下,保持黑暗,约40天发芽。

1. 基质和肥料

(1)基质 基质的选择很重要,要求基质疏松,通气性好,渗水性好,保肥保水能力强。应以草炭土为主,为了提高播种的出芽率和壮苗率,可以加入10%~25%的小粒珍珠岩。保证基质的pH值在6.0~6.5,EC值在0.5~0.75,基质的酸碱度可通过加入硝酸或碳酸钙来调整到要求的范围。另外,每立方基质中需加入500g的N:P:K比例为1:1:2的复合肥,以及一定量的杀菌剂(如1kg百菌清/m³基质)和杀虫剂(如1.5kg米乐尔或呋喃丹/m³基质)。

(2)肥料 肥料种类可选择适合仙客来各个生长阶段的专用肥料,如花多多、卉友、美沃、花无缺等商品肥料。也可采用配方施肥:N:P:K比例在1:0.6:2较适合仙客来的生长。不同生长阶段对肥料的EC值要求不同,小苗EC值为0.8~1.2,中苗为1.2~1.5,大苗为1.5~1.8。此外,各生长阶段都要补充微肥,尤其是硼、铁、锰、锌、铜、钼,浓度在5~20mg/kg即可。

2. 播种

(1)播种时间 具体播种日期,需依据多种因素进行确定,如上市时间,播种、生长期间的环境条件,以及不同品系之间的区别等。一般播种期在11月至次年3月。

(2)播种方式 如果生产规模较大,以播种机播种较节省人工和时间,且利于发芽整齐。小型园艺场采用人工播种较节约成本。

(3)种子播前处理 播种之前,将种子按花色品种分别放置在25~35℃的温水中浸泡24h,取出后搓去黏状物,并在1000倍的多菌灵或甲基托布津溶液中浸泡1h或在0.1%硫酸铜溶液浸泡半小时,取出经清水冲洗后沥去水分即可待播。

(4)填装基质 通常采用128孔或288孔穴盘,基质松紧适度,播种前半天用多孔喷头喷透水,待底部不滴水后,在装好基质的穴盘中用压孔板压出0.5cm深的凹槽,然后将经过浸泡处理的种子均匀地点播在凹槽中间,播种后及时用直径2~4mm的蛭石覆盖3~5mm的厚度,用细雾喷头将蛭石喷湿。

(5)播后管理 将播种完毕的穴盘移至发芽室或可控温室中,最佳温度应控制在18℃,湿度控制在90%~95%,并保持出芽前在全黑暗状态下。播后每天不同时间查看空气温湿度情况及基质温湿度情况,及时调整到仙客来最适宜的发芽条件。15天后观察出芽情况,当有60%~70%左右的仙客来幼芽顶出土面,即可撤除黑布换成白塑料布。播种第30~40

天后85%子叶出土，撤除白塑料布，40～50天后出全苗，湿度控制在85%。仙客来在播种出苗期间最关键的一点是要保证较高的空气湿度，尤其是在去除白塑料布（播种后25～30天左右）后的20天内脱壳的关键期，要保证空气湿度维持在85%以上，但也不能太大，以免引起猝倒病。

3. 苗期各阶段的日常管理

（1）生长环境和水肥管理

① 播种后　此时应保持环境阴凉和高湿度。将穴盘放在发芽室或盖黑布的苗床上，温度最好保持恒温18℃，可以通过自动喷雾或人工喷雾来维持高湿度。浸过种的仙客来种子，从第15天起，每天必须检查种子穴盘，看胚根是否出现。21～25天内发芽，并出现小的球茎和根系，此阶段仙客来需要黑暗的环境。

② 出现第一片暗绿色的子叶后　此时基质保持湿润，空气湿度应高于90%，但也不宜过大。如果种球由红褐色变为嫩绿色时，说明水量过大，应控制浇水。光照要小于15000lx。

③ 第一片真叶普遍长出后　此时空气湿度高于85%，同时开始注意追肥，特别是如果幼苗子叶呈淡绿色、真叶出现红色时，表明肥料缺乏，应及时追肥。轮流喷施75～100mg/L的硝酸铵和硝酸钙，EC值在0.8左右，硝酸铵促进叶片生长，钙肥促进植株更健壮。此期光照控制在25000lx以下。

④ 当植株长到4片叶之前　此时应将其全部移栽完成。此期空气湿度降到75%～85%，并逐渐降低夜间温度到16℃左右，光照控制在35000lx。

（2）苗期病虫害防治　幼苗阶段易得的两类病害为猝倒病和立枯病。

① 猝倒病　多发生在穴盘苗期，幼苗刚破土而出，真叶展开前后。该病菌为土传真菌，基质带菌为发病的根本原因，另外温度在12～23℃条件下及高湿通风不畅时均有利于此病害的发生和蔓延。所以，育苗时最好采用通透性良好且无菌的泥炭，同时加强通风降温，控制适宜的湿度，来防止猝倒病的发生。因其传染性强，所以子叶出土后应每天检查穴盘苗的生长情况，一旦发生此种病害应及时用消过毒的工具夹除，并进行药剂防治。通常采用的药剂有58%甲霜灵粉剂1000倍液喷施、50%的立枯净粉剂900倍液喷施或72.7%普力克水剂800倍液喷施。

② 立枯病　主要危害穴盘苗，在茎基部产生褐色病斑，绕茎扩展，最后幼苗倒伏死亡。在低温多湿条件下易发生此病。可喷施50%的立枯净粉剂900倍液进行防治。

4. 移栽

（1）移栽时间　播种后2～3个月左右，当真叶达到2～3片时，根系基本已充满穴盘，需要移栽。

（2）移栽前管理　移栽前2周开始控水，移栽前1天穴盘苗浇适当水，保证在移栽时保持基质湿度适当，以便取出小苗，利于移栽。移栽前花盆装满基质，基质可用较粗的盆栽基质，纤维长度在5～25mm较好，最好摆在苗床上，且要紧密摆放，以便营造一个较好的微气候环境。待苗移栽好后再浇水，以喷淋最好。并尽快喷洒一次杀菌剂，如1000倍液的百菌清或甲基硫菌灵等。

（3）第一次移栽　移苗时，尽量少伤根系，移栽时先在盆中央打好孔，土团最好不要下压，种球露出1/3～1/2。移栽后第一周要进行遮阴保护，光照控制在15000lx以内，夜间温度维持在16～19℃，白天温度控制在25℃以下。两周后开始浇肥，EC值控制在1.0～1.5，通过调整营养液的浓度可以改变植株的生长速度，并采用定量施肥的方法调控植株的生长，平衡施肥可以培育出株型匀称的成品花。

（4）第二次移栽　生长 3 个月后叶片达到 6～8 叶，开始第二次移栽。在第二次移栽前，球根必须保持湿润，基质表面不要出现干化现象，否则影响种球底根下扎，浇水的标准是使根系基质完全浸透，但水不会流出花盆，水要少量勤浇。第二次移栽通常采用规格为 16cm×14cm 的塑料花盆，程序和第一次移栽相似。

第二次移栽后的肥水、株型、花芽分化控制和病虫管理非常重要。第二次移栽换盆后一个月内，应控制浇水，浇水程度至半盆基质为宜。此时是仙客来苗生根的关键时期，适量控水利于新根的形成。并且在每次换完盆后，集中喷一次 300mg/L 的农用链霉素加 1000 倍百菌清。一个月后即可进入常规管理。此期进入花芽分化的旺盛阶段，适当增加昼夜温差和光线强度对花芽分化有利。换盆半个月后即可浇肥，肥料浓度控制在 EC 值为 1.2～1.5 即可。摆放密度最好按照成品花的标准进行，一次到位，如空间不足，可以稍密一些，之后再疏一次盆。

浇水施肥的原则是：见干见湿，但不能太干，浇则浇透，如果太干时，最好不要直接浇肥，先用水湿透，再行浇肥，以免损伤根系。

通常，在仙客来生长旺季，每隔 3～4 天施一次肥，每隔半月测一下基质 EC 值，如果在 1.75～2.5ms/cm，则需要用清水淋洗一次，减少因累积盐分过多对根系造成的伤害。浇水施肥尽量在晴天的上午进行，且避开高温期，保证日落前叶片上不积水，不增加夜晚的湿度，减少病害的发生。当叶片盖满 16cm×14cm 盆时，可根据具体的品种生长状况进行适当整形。

5. 上市前管理

开花前两个月应停止使用药斑残留量大的农药，以保证成品花的叶色光泽。开花期间正值元旦或春节，温度较低，浇施的肥水应先经过加温处理，一般浇到盆中的水温不能低于 14℃、也不能高于 18℃。冬季最低温度要保证在 10℃ 以上，否则花色暗淡，影响观赏价值，也易得灰霉病。

开花期间减少肥料使用频率，以浇水为主，最好为两次水、一次肥。将空气湿度提高到 50% 以上，空气湿度太低会使花蕾干枯变黑，花期缩短，花瓣发锈，叶片无光泽。成品运输过程中宜将温度维持在 10℃ 以上，最低不能长时间低于 5℃，以免发生冻害。

任务实践与要求 ▶▶

1. 任务要求

（1）根据气候及花期、市场需要等情况选择品种，以满足市场需要。

（2）及时进行基质的配制、播种、育苗，并做好苗期管理。

（3）根据长势及时进行移栽。

（4）生长期间做好温室的管理，特别是做好温度和湿度控制以及通风和水肥管理。

（5）做好上市前的管理和准备工作。

（6）及时诊断生长中出现的各种问题、病虫害，并进行综合防治。

2. 工具与材料

（1）工具　铁锹、花铲、水桶、喷雾器、量筒、天平等。

（2）材料　种子、穴盘、塑料花盆、草炭土、珍珠岩、蛭石、农家肥、复合肥、商品肥、多菌灵、甲霜灵、立枯净等。

3. 实践步骤

（1）配制基质　草炭土：珍珠岩＝4：1。加入 500g/m³ 的 10-20-10 复合肥，以及 1kg/m³ 的百菌清和 1.5kg/m³ 的米乐尔或呋喃丹。

（2）进行播种。

（3）进行育苗阶段的温度和湿度控制、水肥管理以及病虫害防治。

（4）第一次移栽。

（5）第二次移栽。

（6）进行移栽后的水肥管理。

（7）做好上市前的水肥管理、株型调整等准备工作。

4. 任务实施

班级分组（每组4～5人）进行，每组栽培管理40盆。

5. 任务考核标准

考核满分100分，分过程考核、结果考核、社会能力考核三部分，分值分别为60分、20分、20分。具体考核标准见表3-4。

表3-4 仙客来生产考核标准

考核类型	考核内容	考核标准	分值/分	得分	考核时间/min	备注
过程考核（60分）	配制基质	基质种类选择及其比例	5		10	可结合实际操作，针对个人提出一些问题，给出相应的分值
	播种和育苗	播种方法正确，温度、湿度控制精确，出苗早，出苗率高	10		15	
	移栽	时机正确，操作正确，移栽前处理合理	20		30	
	移栽后的水肥管理	水肥管理时间、用量合理，温度、湿度控制适宜	10		15	
	上市前管理	上市前的水肥控制合理，做到农药控制	15		30	
社会能力考核（20分）	参加实训时间	缺课扣2分/次，迟到扣0.5分/次	5			
	学习态度	学习主动，态度端正，责任心强	5			
	团队协作能力	与小组成员能很好地分工合作，善于沟通	5			
	灵活应变能力	能就实际问题提出解决方案	5			
结果考核（20分）	成活率80%以上，商品花70%以上	成活率每低1%，扣1分	20			

项目三 ▶▶ 多肉多浆植物的生产

任务一 芦荟的生产

 知识目标 ▶▶

1. 了解芦荟的品种分类及生态习性。

2. 掌握芦荟的栽培技术要点。

技能目标 ▶▶

1. 能进行芦荟的繁殖操作。
2. 能合理进行芦荟的日常管理。

【知识准备】

一、概述

芦荟叶形奇特，四季常青，其肥厚多汁的叶片在烈日下苍翠悦目，有较高的观赏价值。盆栽适宜在厅室点缀和庭院布置，是一种极常见的盆栽花卉。

二、形态特征和习性

1. 形态特征

芦荟是多年生常绿肉质草本。幼苗期叶片呈二列状排列，植株长大后叶片呈莲座状着生，叶轮生于圆柱状肉质茎上，基部抱茎，节间短，叶披针形，肥厚多汁，中央下凹，两侧叶缘翘起，边缘有刺状小齿，两面有白色斑纹。总状花序自叶丛中抽生，直立向上生长，小花筒状，花黄色或具红色斑点，花萼绿色，花期 12 月份。

2. 常见的种和品种

芦荟品种繁多，现在估计有 400 多个品种，常见的主要有以下几种。

（1）**库拉索芦荟**　又称翠叶芦荟、蕃拉芦荟或美国芦荟，有"沙漠百合"、"真芦荟"等美称，是目前在食品、药品和美容方面利用最广泛的一种芦荟。库拉索芦荟原产于非洲北部地区，现在在中美洲的库拉索岛和巴巴多斯岛有广泛分布，在日本、韩国和我国台湾、海南岛也都有大面积栽培。库拉索芦荟平均每株 12～15 片叶，叶片肥厚多肉，翠绿色，有白色斑点，成株后的叶表白色斑纹消失。叶片呈螺旋状排列，叶缘有齿。叶片长约 80cm。库拉索芦荟有中国芦荟、上农大叶芦荟等变种。

① **中国芦荟**　又称斑纹芦荟，是库拉索芦荟的变种。其茎短，叶片宽大、肉质，较厚，近簇生，幼苗叶片成两列，叶面叶背都有白色斑点，叶长达 50cm 左右、稍向下弯，不随叶子的生长而褪色。中国芦荟分株能力强，有较强的适应性。

② **上农大叶芦荟**　是库拉索芦荟的变种。幼苗叶面叶背均有白色斑点，成株后白斑消失。上农大叶芦荟生长速度快，但分株能力弱，主茎不分枝，自然繁殖慢。

（2）**木立芦荟**　又称日本芦荟、木剑芦荟、小木芦荟、树芦荟，原产于南非。主茎明显，外形像直立的树木，叶子呈灰绿色，细而长，叶缘锯齿明显，单叶较小。木立芦荟可以做成食用的家庭菜，还可以加工成化妆品等，被认为是目前最好的药用芦荟品种，在日本和许多国家已投入商业化生产。

（3）**开普芦荟**　又称好望角芦荟、青鳄芦荟，原产于非洲，主产南非开普敦。其茎直立，高度可达 6m，叶片深绿色，大而坚硬，并有尖锐的刺，叶长 60～80cm，无侧枝。

3. 生态习性

芦荟原产于热带地区，喜温暖耐高温、不耐寒，生长最适温度为 20～30℃，冬季温度在 10℃时植株开始受冻，生长缓慢或停止生长，0～5℃时，叶片衰弱，容易感病。低于 0℃芦荟叶肉受冻则全部萎蔫死亡。喜光耐旱，不耐荫，忌潮湿积水，在疏松、透气、排水性良好、pH 值在 6.5～7.2 的沙壤土上生长良好。

三、栽培技术要点

1. 繁殖

芦荟可以用分株、扦插方式进行繁殖。

（1）分株繁殖　分株繁殖可结合换盆进行，时间在 3～4 月份。中国芦荟、上农大叶芦荟等，生长 2～3 年以上时，从地下茎部或主茎的节部蘖生出新的植株，当小苗具有 4～5 片小叶时，将其用刀从母株上切离进行繁殖，若根部有伤口，应将其晾干后再上盆。

（2）扦插繁殖　扦插繁殖一般在 4～5 月份或 8～9 月份间进行。切取顶端嫩茎或叶腋间的幼芽 10～15cm，放在通风遮阴处 2～3 天，待其切口处收缩干燥后插于沙床，扦插不要过深，约 1～2cm。插后要遮阴，以保持空气湿润，在此期间不要浇水，2 周左右即可生根。生根后应适当追肥。

2. 盆土配制和上盆

（1）盆土的配制　能够长期保持良好的排水、保水、透气和均衡释放养分的优良特性，是保证芦荟健壮生长的关键。所以，根据不同基质的理化特性进行科学的配制是非常重要的。腐殖土、田园土和河沙按 2：2：1 的比例配制的盆土是较理想的芦荟盆栽土；也可用木屑代替河沙，但木屑一定要进行堆积发酵后才能使用，否则易烧苗。

为杀灭基质中可能存在的虫卵和病菌，保证芦荟健康生长，盆土最好进行消毒处理，常用的消毒方法有烧土消毒、蒸气消毒和药品消毒等。

（2）上盆　上盆宜在春夏季进行，室内气温在 15～28℃ 时比较适宜。冬季不宜上盆，因为温度太低，不利于新根发生，甚至还会出现幼苗"腐心"，造成死亡。

3. 水肥管理

芦荟耐旱，但怕积水，在盆土过湿、排水不良的情况下容易造成芦荟叶片萎缩，枝根腐烂乃至死亡。要使芦荟长得叶茂肉厚，及时适量地浇水很重要。芦荟最适湿度为 45%～85%。芦荟浇水与季节有关，冬季时由于温度的原因芦荟的生长受到抑制，应尽量少浇水，一般 15～20 天浇 1 次，如果需要可采取叶面喷水，使盆土保持适当干燥，有利于芦荟安全过冬；春季，当温度在 15～25℃ 时，则 5～7 天浇水 1 次；夏天气温高，蒸发量大，一般 2～3 天浇水 1 次。另外，每天早晚可向叶面喷水，以避免夏天烈日暴晒。

芦荟施肥一般采用基肥和追肥两种形式。在装盆前，将基质与发酵过的有机肥充分混合，基质与有机肥料的比例为 10：1 左右。追肥在装盆以后芦荟生长期间进行，要将肥液稀释后再使用，一般采用不超过 2% 的尿素或 1% 的过磷酸钙上清水溶液进行浇施。追肥也可以采用发酵过的有机肥用水稀释进行，这种追肥效果也很好。在追肥时，肥液不宜过浓，否则会产生"肥害"。特别是采用叶面喷施追肥时，肥料浓度不宜超过 0.1%。追肥一般每隔 20～30 天进行 1 次。

4. 光照管理

芦荟喜光照，最好放置于室外通风和光照好的地方，但在炎夏应适当遮光，冬季应放在高于 5℃ 向阳的地方则可安全过冬。

5. 越冬管理

芦荟怕寒冷，需要生长在终年无霜的条件下，因为芦荟在 5℃ 左右即停止生长，0℃ 时生命过程发生障碍，如果低于 0℃，就会冻伤，造成叶片出水溃烂，最后全株死亡。越冬季节若温度过低可采取以下措施：①将盆栽芦荟搬至室内，当室内也不能保证在5℃以上时，则要采取相应的保暖措施。②控制浇水，在冬季尽量少浇或不浇水，使盆土保持干燥，如果空气太干燥，可采取叶面喷水的办法。冬季不节制浇水易造成盆土温度降低，甚至结冰，造成芦荟烂根死亡。③白天气温回升时，尤其是有太阳时宜多见太阳，以补充光照不足和取暖。芦荟生长最适宜的温度为15～35℃。

6. 病虫害防治

芦荟一般较少发生病虫害，偶见炭疽病、褐斑病、叶枯病、白绢病及细菌性病害等以及介壳虫和粉虱等虫害。宜采取预防为主，将0.5～0.8的石灰等量式波尔多液（即每100kg水加硫酸铜和石灰各0.5～0.8kg）施于芦荟叶面，可有效预防、抑制病菌侵入和蔓延。病虫害发生后，炭疽病和灰霉病害，可用100％抗菌剂401醋酸溶液1000倍液喷洒。介壳虫和粉虱虫害，用40％氧化乐果乳油1000倍液喷杀。

 **任务实践与要求** ▶▶

1. 任务要求

（1）掌握芦荟等芦荟属多肉多浆类盆花的生产技术和流程，重点掌握其繁殖、上盆、换盆、温度和湿度管理技术。

（2）能独立进行芦荟的盆花生产。

2. 工具与材料

（1）工具　铁锹、花铲、水桶、喷雾器、量筒、天平、剪刀等。

（2）材料　种苗、塑料花盆、腐殖土、壤土、粗沙以及农家肥、尿素、过磷酸钙等化肥和农药等。

3. 实践步骤

（1）配制盆土。

（2）上盆：技术关键是上盆手法、上盆后浇水施肥。

（3）日常管理：关键是做好温度、光照、水肥管理。

（4）发现生产中出现的病虫害，及时找出原因并采取防治措施。

（5）及时分株繁殖。

4. 任务实施

班级分组（每组4～5人）进行，每组栽培管理40盆。

5. 任务考核标准

考核满分100分，分过程考核、结果考核、社会能力考核三部分，分值分别为60分、20分、20分。具体考核标准见表3-5。

表3-5　芦荟生产考核标准

考核类型	考核内容	考核标准	分值/分	得分	考核时间/min	备注
过程考核（60分）	配制盆土	基质种类选择及其比例	10		10	可结合实际操作，针对个人提出一些问题，给出相应的分值
	上盆	操作熟练，方法正确，覆土深度合理	10		15	
	日常管理	水肥管理时间、用量合理，适时遮阴，越冬温度控制准确	20		30	
	病虫害防治	诊断准确，防治方法合理正确	5		15	
	分株	分株数量合理，切口整齐，流程正确	15		30	

续表

考核类型	考核内容	考核标准	分值/分	得分	考核时间/min	备注
社会能力考核(20分)	参加实训时间	缺课扣2分/次,迟到扣0.5分/次	5			可结合实际操作,针对个人提出一些问题,给出相应的分值
	学习态度	学习主动,态度端正,责任心强	5			
	团队协作能力	与小组成员能很好地分工合作,善于沟通	5			
	灵活应变能力	能就实际问题提出解决方案	5			
结果考核(20分)	成活率80%以上,商品花70%以上	成活率每低1%,扣1分	20			

任务二　金琥的生产

 知识目标 ▶▶

1. 了解金琥的品种分类及生态习性。
2. 掌握金琥的栽培技术要点。

技能目标 ▶▶

1. 能熟练进行金琥的繁殖操作。
2. 能合理进行金琥的生产管理。

【知识准备】

一、概述

金琥又叫黄刺金琥,是仙人掌科、金琥属中很受欢迎的仙人球种类。其寿命长,球体大,球体浑圆、端庄、碧绿,硬刺金黄色,金碧辉煌,观赏价值很高,是城市家庭绿化理想的观赏植物。盆栽装饰点缀较大的空间,如厅堂、会议室,能显示华丽壮观的气派,更显金碧辉煌。

二、形态特征和习性

1. 形态特征

金琥为仙人掌科金琥属多年生草本多肉植物。茎圆球形,单生或成丛,高可达1.3m,直径50~80cm。球体深绿,密生黄色硬刺,球顶密被金黄色绵毛,有20~30条棱,排列整齐,棱上刺座较大,密生金黄色硬刺,辐射刺8~10根,长3cm,中刺3~5个,稍弯曲,长5cm。花黄色,顶生于绵毛丛中,花径约6cm。花期6~10月份。

2. 常见的种和品种

（1）白刺金琥（*E. grusonii* var. *albispinus*）　是金琥的变种,球体密被刺为白色。

（2）狂刺金琥　俗称曲刺金琥，是金琥的曲刺变种。球体上被满弯刺，刺呈不规则弯曲。

（3）短刺金琥　刺很短。

（4）大龙冠　金琥的同属常见种，茎球形或长球形，丛生，高约80cm，直径约25cm，刺红色或黄色，坚硬且弯曲。

3. 生态习性

原产墨西哥中部干燥、炎热的热带沙漠地区，现我国南方、北方均有引种栽培。喜温暖干燥，畏寒、忌湿，性强健，生长适温20～25℃，冬季宜在8～10℃。夏季阳光强烈时需适度遮阴，以防球体被强光灼伤。喜肥沃、透水性好、含石灰质及石砾的沙质壤土。

三、栽培技术要点

1. 繁殖

金琥通常用播种、嫁接和扦插进行繁殖。

（1）扦插繁殖　是最常用的繁殖方法，一年四季均可进行。在生长期切除球体的顶部生长点，促其产生子球，当子球长到1cm时，切下置于荫处半日，然后扦插于沙床中。扦插基质应选用蛭石、珍珠岩、河沙等通气性好、保水性好的材料。扦插后不宜浇水，使基质保持湿润即可。

（2）播种繁殖　播种时间通常在5～9月份进行，用当年采收的种子出苗率高。播后20～25天即可发芽，发芽后30～40天幼苗球体有米粒或绿豆大小，可进行移栽或嫁接于砧木上生长。但30年生母球才能结子，种子不易获得，因此金琥繁殖方法通常采用扦插或嫁接。

（3）嫁接繁殖　嫁接繁殖可以促进植株提前开花。嫁接一般用量天尺作砧木，时间以9月份最为适宜。一般采用平接。其方法简单，且易成活，适于在柱状或球形种类上应用，具体方法如下。

① 削砧木　球形种类的砧木，用利刀在适当高度作水平横切，然后再沿切面边缘作20°～45°切削。横切部位不能太高，否则球体顶端的生长点未彻底切除，嫁接后砧木还会向上生长而将接穗顶歪，导致嫁接失败。

② 削接穗　将接穗下部进行横切，立即放置在砧木切面上。

③ 固定　放置时，要注意接穗和砧木的髓部吻合。若大小不一也应将髓心对齐。然后用细线或塑料带纵向捆绑，使两切面密接。捆绑时注意用力均匀适当，避免接穗歪斜移位或被线勒坏。

④ 加压　为了使接穗和砧木更加充分密接，可适当施加一些外力（如压重物），以接穗不破坏为度。

最后将其置于荫蔽处，罩上塑料薄膜保持空气湿度，一周内不要浇水，一般7天后接口即可愈合。

2. 上盆和换盆

（1）盆土配制　金琥喜含石灰质的沙壤土，可用等量的粗沙、壤土、腐叶土及少量陈墙灰混合配制。

（2）上盆　栽植上盆最好在早春进行，花盆不宜过大，以能容纳球体且略有缝隙为宜。花盆过大，浇足水后吸收不了，盆内空气不通，易使根系腐烂。栽培时应在盆底部垫以少量碎砖石、瓦片，以使排水通畅。

（3）换盆　当球体直径达 20cm 开始，必须每年换盆、换土 1 次。球径 20cm 以下的，可 2～3 年换 1 次土。换盆换土在每年春季 3 月中旬进行。翻盆使用的新培养土，宜用发酵后的畜、禽粪肥作基肥，加入煤灰、草木灰及少量动物骨粉等混合拌匀；盆要用阳光晒、蒸煮和喷药等办法进行消毒处理，以防烂球。

换盆时，先将自根部开始的四周泥土松动，视球体重量取粗细合适的软绵打成瓶口结，套在球体中部偏下，拉紧瓶口结，提出绑好的金琥，清除宿土，修剪枯根和过长的老根。晾 4～5 天后再上盆，填好周围新土，分几次摇动，直至盆土充实、球体不动摇为止。栽种不宜太深，以球体根颈处与土面持平为宜。先放阴凉通风而不受冻害处，再逐渐移至阳光下。

为避免引起烂根，新栽植的仙人球不要浇水，只须每天喷雾 2～3 次，半月后可少量浇水，一个月后新根长出才能逐渐增加浇水。

3. 水肥管理

夏季是金琥的生长旺季，需水量增加。如遇干旱要勤浇水，时间最好是在清晨和傍晚，切忌在炎热的中午浇过凉的水，易引起"着凉"而致病。如中午盆土过干，可少喷水使盆面湿润即可，不能向球的顶部及嫁接部位喷水，以免积水腐烂。生长期内，半月左右施 1～2 次含氮、磷、钾等成分的稀薄肥液，结合浇水进行。有机肥要充分腐熟，浓度适当。每次浇水必须待盆土完全干燥后再浇，注意浇水时不要淋球体。每周施 1 次薄肥。施肥时要注意不可沾到球上，如有沾上应及时用水喷洗。

冬季休眠期间应节制浇水，以保持盆土不过分干燥为宜，温度越低，越要保持盆土干燥。成年大球较之小苗更耐旱。冬季浇水应在晴天上午进行。随着气温的升高，植株将逐渐脱离休眠，浇水次数及浇水量才能随之逐渐增加。

4. 温度管理

金琥性喜高温、干燥环境，冬季室温白天要保持在 20℃ 以上，夜间温度不低于 10℃。温度过低容易造成根系腐烂。

5. 光照管理

金琥要求阳光充足，但在夏季不能强光暴晒，需要适当遮阴。当气温达到 35℃ 以上时，中午前后应遮阴，避免强阳光灼伤球体。在上午 10 时以前或下午 5 时以后，可将金琥置于阳光下，促使多育花蕾，并可避免过分遮阴，使球体变长而降低观赏价值。

6. 病虫害防治

金琥生性强健，抗病力强，但夏季由于湿、热、通风不良等因素，易受红蜘蛛、介壳虫、粉虱等病虫危害，应加强防治。对红蜘蛛，用 40% 乐果或 90% 敌百虫 1000～1500 倍液喷雾防治。发现介壳虫、粉虱等为害时，可进行人工抹杀。无论喷洒哪种药液，都要在室外进行。

📚 **任务实践与要求** ▶▶

1. 任务要求

（1）熟悉金琥等仙人球类盆的花生产技术和流程，重点掌握其繁殖、上盆、换盆、水肥管理技术。

（2）能独立进行金琥的盆花生产。

2. 工具与材料

（1）工具　铁锹、花铲、水桶、喷雾器、量筒、天平等。

（2）材料　种球、塑料花盆、腐殖土、壤土、粗沙、陈墙灰、农家肥、复合肥、农药等。

3. 实践步骤

（1）配制基质。

（2）上盆或换盆，此技术关键是上盆手法、上盆后浇水施肥。

（3）日常管理，关键是做好温度、光照、水肥管理。

（4）发现生产中出现的病虫害，及时找出原因并采取防治措施。

（5）及时嫁接繁殖。

4. 任务实施

班级分组（每组 4～5 人）进行，每组栽培管理 40 盆。

5. 任务考核标准

考核满分 100 分，分过程考核、结果考核、社会能力考核三部分，分值分别为 60 分、20 分、20 分。具体考核标准见表 3-6。

表 3-6　金琥生产考核标准

考核类型	考核内容	考核标准	分值/分	得分	考核时间/min	备注
过程考核（60 分）	配制基质	基质种类选择及其比例	10		10	可结合实际操作，针对个人提出一些问题，给出相应的分值
	上盆（换盆）	方法正确，覆土深度合理	10		15	
	日常管理	水肥管理时间、用量合理，适时遮阴，温度控制适宜	20		30	
	病虫害防治	诊断准确，防治方法合理正确	10		15	
	嫁接	嫁接方法正确，切口整齐，绑扎牢靠	10		30	
社会能力考核（20 分）	参加实训时间	缺课扣 2 分/次，迟到扣 0.5 分/次	5			
	学习态度	学习主动，态度端正，责任心强	5			
	团队协作能力	与小组成员能很好地分工合作，善于沟通	5			
	灵活应变能力	能就实际问题提出解决方案	5			
结果考核（20 分）	成活率 80% 以上，商品花 70% 以上	成活率每低 1%，扣 1 分	20			

模块四 切花的生产

项目一 ▶▶ 一二年生切花的生产

任务一 切花金鱼草的生产

知识目标 ▶▶

1. 了解金鱼草的生态习性。
2. 掌握切花金鱼草的栽培管理技术。

技能目标 ▶▶

1. 能按照切花金鱼草的生产技术流程进行操作。
2. 能合理进行切花金鱼草的采收及贮藏操作。

【知识准备】

一、概述

金鱼草又名龙口花、龙头花、洋彩雀，为玄参科、金鱼草属多年生草本植物，生产上作一二年生栽培。其在国际花卉市场上较受欢迎，因而栽培面积逐渐增加，市场开发潜力巨大。

二、生物学特性

金鱼草原产地中海一带。性喜凉爽气候，较耐寒，不耐酷热及水涝。生长适温白天为18～25℃、夜间10℃左右。切花栽培的植株高80～150cm，有分枝。花序长度35cm以上，花冠筒状唇形。花色有粉、红、黄、白、紫与复色多种，花色鲜艳，花由花葶基部向上逐渐开放，花期长。喜肥沃、疏松、排水良好和富含有机质的沙质壤土。

三、繁殖方式

以播种繁殖为主。种子细小，每克有6500～7000粒种子，秋播或春播于疏松沙质混合土壤中，播后不盖土或覆盖一层非常薄的土。然后盖上透明塑料薄膜，保持潮润，但勿太湿。发芽适温 20℃。播后 7～14 天发芽，苗期易遭猝倒病侵染，应加强通风透光，降低空气湿度。自播种到开花的生长周期为 90～110 天。

四、栽培管理技术

1. 定植

定植土壤以沙质壤土为最佳。定植前，要施足基肥，每 100m² 施入充分腐熟的农家肥 600kg，均匀翻入耕作层内。金鱼草通常在苗高 10～12cm 时为定植适期。定植时，以 15cm× 15cm 的支撑网平铺于畦面，在每一网眼栽种 1 株。幼苗定植初期应适当遮阴。在金鱼草整个生长过程中，一般架设三层网，防止花茎弯曲或倒伏。

2. 肥水管理

金鱼草生长过程中，通常每 10 天左右进行 1 次追肥。金鱼草忌土壤积水，否则根系易腐烂，茎叶枯黄凋萎。但浇水不足，则影响其生长发育。应该经常保持土壤湿润，在两次灌水间宜稍干燥。另外，浇水时应尽量避免从植株上方给水，以减少叶面湿度和水滴飞溅传播病害。施肥量一般为每 100m² 施氮肥 2.4～3.0kg、磷肥 2.8～3.5kg、钾肥 3.0～3.5kg。

3. 光照

阳光充足条件下，金鱼草植株生长整齐，高度一致，开花整齐，花色鲜艳。半荫条件下，植株生长偏高，花序伸长，花色较淡。金鱼草为长日照植物，虽然现在有许多中性品种，但冬季进行 4h 补光、延长日照可以提早开花。

4. 温度

温室栽培保持夜温 15℃、昼温 22～28℃左右。温度过低，降到 2～3℃时植株虽不会受害，但花期延迟，盲花增加，切花品质下降。

5. 整形修剪

在定植后，苗高达 20cm 时进行摘心，摘去顶端 3 对叶片，通常保留 4 个健壮侧枝，其余较细弱的侧枝应尽早除去。摘心植株花期比不摘心的晚 10～15 天。金鱼草萌芽力特别强，在整个生长过程中，会不断从叶腋中长出小芽，因此不论摘心或独本植株，均需及时摘除这些侧芽。

6. 病虫防治

（1）茎腐病　主要危害茎和根部。发病初期，根茎部出现淡褐色的病斑，严重时植株枯死。防治方法为轮作、土壤消毒及药剂防治。发病初期向发病部位喷施 40％乙膦铝可湿性粉剂 200～400 倍液，或用 50％敌菌丹可湿性粉剂 1000 倍液浇灌植株根茎部。

（2）苗腐病　主要危害幼苗。发病初期幼苗近土表的基部或根部呈水渍状，最后腐烂，以致全株倒伏或凋萎枯死。发病初期可喷洒 50％多菌灵可湿性粉剂 800 倍液或 75％百菌清可湿性粉剂 800 倍液。

（3）草锈病　主要危害叶片、嫩茎和花萼。发病初期，可喷洒 15％粉锈宁可湿性粉剂 2000 倍液或 65％代森锌可湿性粉剂 500 倍液。

（4）叶枯病　主要发生于叶部和茎部。发病初期，可喷洒等量式波尔多液，或 65％代森锌可湿性粉剂 600 倍液，或 50％苯来特可湿性粉剂 2000～2500 倍液。

（5）灰霉病　是温室内栽培金鱼草的重要病害。植株的茎、叶和花皆可受害，以花为主。发病初期，选用70%甲基托布津可湿性粉剂1000倍液，或50%多菌灵可湿性粉剂800倍液喷雾防治。每隔10~15天喷1次，连喷2~3次。

（6）蚜虫、红蜘蛛、白粉虱、蓟马等 可用3%天然除虫菊酯或25%鱼藤稀释成800~1000倍液，对蚜虫有特效。40%三氯杀螨醇兑水1000倍，是专用杀螨剂。用黄色塑料板涂重油，诱杀白粉虱成虫。喷施兑水1000倍的50%杀螟硫磷等内吸剂与土壤内施用15%涕灭克或3%呋喃丹，对防治蓟马均有较好效果。

7. 切花采收

金鱼草切花以花序下部第1~2朵小花开放时为采收适期。采收后，即去除花茎下部1/4~1/3的叶片，并放在清水或保鲜液中吸水。干贮时应将花茎竖放，否则发生弯头现象，影响切花品质。金鱼草对乙烯与葡萄孢属的真菌敏感，要重视喷洒杀菌剂防治。在0~2℃低温条件下干贮期为3~4天；湿贮期为7~14天。用杀菌剂处理后在保鲜液中低温贮藏可达4~8周。贮藏后最适宜的催花温度为20~23℃，湿度不低于75%~80%。

田间留下植株下部健壮的叶芽，侧枝抽发的枝条可望在10月再度开花。

 **任务实践与要求** ▶▶

1. 任务要求

（1）根据花期要求选择金鱼草切花栽培品种，以满足花卉市场需要。

（2）按照目标花期，对金鱼草生长采取的合适的管理方法有肥水管理和修剪等，以使花期满足要求。

（3）及时诊断金鱼草的病虫害，并进行综合防治。

2. 工具与材料

（1）工具 花铲、喷壶、铁锹、喷雾器等用具。

（2）材料 金鱼草种子、肥料、基质、穴盘等材料。

3. 实践步骤

（1）播种 播种基质为3份泥炭、3份河沙、3份园土、1份堆肥土或3份泥炭、3份蛭石、4份园土配制。由于种子细小，可以不覆土。苗期可用2：1：1的复合肥喷施，保持苗期生长势健壮，为定植打下基础。一般播种至开花的生育期为130~150天，可根据目标花期来确定播种期。

（2）定植 苗高10~12cm时为定植适期。定植时，以15cm×15cm的支撑网平铺于畦面，在每一网眼栽种1株。幼苗定植初期应适当遮阴。在金鱼草整个生长过程中，一般架设三层网，防止花茎弯曲或倒伏。

（3）管理 温度、光照、肥水的管理按照知识准备的相关内容进行，达到满足金鱼草生长要求。另外，设施栽培过程中，一定要配备好通风设施，因为在通风良好场所栽培生长的金鱼草茎秆粗壮，长势健壮。

（4）采收 金鱼草的采收以花序下部第1朵花完全开放时为适期。采收后，即去除花茎下部1/4~1/3的叶片，并放在清水或保鲜液中吸水。干贮时应将花茎竖放，否则会发生弯头现象，影响切花品质。

4. 任务实施

班级分组（每组4~5人）进行，每组播种管理128株。

5. 任务考核标准

考核从六个方面进行，具体见表 4-1。

表 4-1　金鱼草切花生产实训考核标准

考核项目	考核要点	等级分值					备注
		A	B	C	D	E	
实训态度	积极主动，实训认真，爱护公物	10～9	8.9～8	7.9～7	6.9～6	<6	
播种处理	播种方法正确、规范	18～16	15.9～14	13.9～12	11.9～10	<10	
定植方法	播种定植过程正确	18～16	15.9～14	13.9～12	11.9～10	<10	
管理过程	过程正确、合理	18～16	15.9～14	13.9～12	11.9～10	<10	
合格品率	植株生长状况及切花长度	18～16	15.9～14	13.9～12	11.9～10	<10	
总结创新	总结出各环节的技术要点及注意事项	18～16	15.9～14	13.9～12	11.9～10	<10	

任务二　切花紫罗兰的生产

1. 了解紫罗兰品种及生态习性。

2. 掌握切花紫罗兰的栽培管理技术。

1. 能熟练进行切花紫罗兰的栽培管理。

2. 能合理进行切花紫罗兰的采收及贮藏操作。

【知识准备】

一、概述

紫罗兰又名草紫罗兰、草桂花，十字花科、紫罗兰属，为多年生或一二年生植物。紫罗兰原产地中海沿岸，在古希腊已发现，1542 年已有红、紫、白三种花色，1568 年首次有重瓣品种的记载。1900 年以前育出的品种重瓣率达 50％以上。20 世纪以后作了极有效的品种改良工作。有的切花品种花茎高达 80cm，重瓣率达到 95％。现我国各地园林中广为栽培。紫罗兰花期较长，花朵丰盛，花序硕大，色彩丰富，有香味，可用作花坛、花境的布置材料和盆栽美化居室，也是很好的切花植物。

二、生态习性

紫罗兰喜冬暖湿润、夏凉干爽的气候环境。苗期稍耐荫，花蕾形成及开花期喜充足阳光。较耐寒冷，能耐短期 0℃ 左右低温，但不耐霜冻。忌暑热多湿气候，梅雨天气易发生病害。一般以冬季种植、春季开花为主。由于周身具有柔毛，体内水分蒸发较少，生长期一般可少浇水，花期需适量浇水。根系极发达，要求土壤肥沃疏松、土层深厚。黏重土及排水不良地难以生长。

三、类型及品种

紫罗兰园艺品种甚多，有单瓣和重瓣两种品系。重瓣品系观赏价值高；单瓣品系能结种，而重瓣品系不能。一般扁平种子播种生长的植株，通常可生产大量重瓣花；而饱满充实的种子，大多数产生单瓣花的植株。花色有粉红、深红、浅紫、深紫、纯白、淡黄、鲜黄、蓝紫等。在生产中一般使用白花、粉花和紫花等品种生产切花。主要栽培品种有白色的"艾达"（Aida）、淡黄的"卡门"（Carmen）、红色的"弗朗西丝卡"（Francesca）、紫色的"阿贝拉"（Arabella）和淡紫红的"英卡纳"（Incana）等。依株高分有高、中、矮三类；依花期不同分有夏紫罗兰、秋紫罗兰及冬紫罗兰等品种；依栽培习性不同分一年生及二年生类型。

四、繁殖方法

以播种繁殖为主，也可扦插繁殖。通常栽培多为二年生品种。播种后，在 15～22℃ 条件下，7～10 天发芽，再经 30～40 天左右，具有 6～7 片真叶时定植，3 月即可开花。播种时要将盆土浇足水，播后不宜直接浇水，若土壤变干发白，可用喷壶喷洒或采用"浸盆法"来保持土壤湿润。苗盘放在遮阴处，并盖上遮阴物，待出苗后应逐渐撤去遮阴物，使其见光。注意秋播的时间不能太晚，否则将影响植株的生长、越冬及开花的数量及质量。

五、栽培管理技术

选择富含腐殖质的沙质壤土作栽培基质。切花多进行温室栽培，种植地忌积水。苗高 8～10cm 时可定植。栽种密度为每平方米 30～40 株，等间距穴栽。紫罗兰为直根性植物，不耐移植。因此为保证成活，移栽时要多带宿土，尽量不要伤根系。定植后浇透水。在生长前期应控水蹲苗，保持土壤处于微潮偏干状态，一般 3～4 天浇一次水。气温越低，浇水越少。环境温度升高后，加大浇水量，否则植株长得较矮，会对切花品质造成影响。栽植时应施足基肥，生长前期视植株长势适当施肥。施肥时，一次不要太多，要薄肥勤施，否则易造成植株徒长，当植株孕蕾后，追施 0.1%～0.2% 磷酸二氢钾溶液，每周一次。紫罗兰喜光，需全日照。温度通过塑料大棚来调控，控制在 10～30℃ 之间，越冬时温度不宜低于 5℃。冬天需利用设施栽培来提高温度加以保护，夏天利用通风来降低环境温度，有利于切花的生产，并保证切花的品质。在植株生长过程中，随着花序增长，植株重量增加，植株易倒伏，影响切花品质并造成施肥浇水困难，且影响通风，易染病害，因此在花蕾期应张网。此外，在适宜期注意中耕除草，以利于土中有益微生物的繁殖与活动，从而促进土壤中有机质的分解，为花卉根系生长和养分吸收创造良好的条件。夏季高温、高湿要注意病虫害的防治。

六、病虫害防治

紫罗兰的主要病虫害有以下五种。

（1）叶斑病　是由连作密植、通风不良、湿度过高等原因引起的。防治方法有：①清除病株残体，减少侵染源；②选用抗病品种，适当增施磷、钾肥，提高植株抗病性；③实行轮作；④沿土壤表面浇灌，避免在植株上喷水；⑤喷洒 1％的波尔多液或 25％多菌灵可湿性粉剂 300～600 倍液，或 50％甲基托布津 1000 倍液，或 80％代森锰锌 400～600 倍液。

（2）猝倒病　主要通过土壤和肥料传播，湿度过大、土温过高、播种过密、幼苗生长瘦弱等情况下易发生。防治方法有：①及时拔除病株；②对土壤进行消毒；③幼苗出土前期，适当控制浇水；④发病初期用 50％的代森铵 300～400 倍液或 70％甲基托布津可湿性粉剂 1000 倍液浇灌。

（3）腐烂病　主要是由于湿度大、光照不足、通风不良而造成。防治方法有：适当控制水分，透光通风。

（4）根结线虫病　主要通过灌溉及农事操作进行传播，带病土壤和残株是侵染的主要来源。防治方法有：①进行土壤消毒；②进行药剂处理。

（5）虫害　主要是蚜虫，积聚在叶、嫩芽及花蕾上，以刺吸式口器刺入植物组织内吸取汁液，使受害部位出现黄斑或黑斑，受害叶片皱缩、脱落，花蕾萎缩或畸形生长，严重时可使植株死亡。蚜虫能分泌蜜露，导致细菌生长，诱发煤烟病等病害。防治方法有：①通过清除附近的杂草来消除；②喷施 40％乐果或氧化乐果 1000～1500 倍液，或杀灭菊酯 2000～3000 倍液或 80％敌敌畏 1000 倍液等。

七、切花采收与贮藏

当花枝上 1/2～2/3 小花开放时采收。采收时间以早晨或傍晚为好。此时植株体内的细胞含水量较多，能使鲜花保鲜时间延长。从茎基部采剪，使花枝更长。每束 10～20 枝，绑扎好后基部放入容器中充分吸水，再用包装纸或塑料薄膜包裹后，冷藏或装箱上市。切花花枝在 4℃温度下可保持 3～4 天，3～4 天后就应回到室温环境中。

任务实践与要求

1. 任务要求

（1）根据花期要求选择紫罗兰切花栽培品种，以满足花市场需要。

（2）根据紫罗兰生长情况，采取合适的管理方法，包括肥水管理等，以使植株生长健壮，满足切花要求。

（3）及时诊断紫罗兰的病虫害，并进行综合防治。

2. 工具与材料

（1）工具　花铲、喷壶、铁锹、喷雾器等用具。

（2）材料　紫罗兰种子、肥料、基质、穴盘等材料。

3. 实践步骤

（1）播种　播种基质要求疏松透气，由于紫罗兰是中性种子，可稍覆盖。

（2）定植　在真叶 6～7 片、苗高 8～10cm 时定植。

（3）管理　温度、光照、肥水的管理按照知识准备的内容进行，达到满足紫罗兰生长要求。

（4）采收　当花枝上 1/2～2/3 小花开放时采收。采收时间以早晨或傍晚为好。

4. 任务实施

班级分组（每组 4～5 人）进行，每组播种管理 128 株。

5. 任务考核标准

考核从六个方面进行，具体见表 4-2。

表 4-2 紫罗兰栽培管理实训考核标准

考核项目	考核要点	等级分值					备注
		A	B	C	D	E	
实训态度	积极主动，实训认真，爱护公物	10～9	8.9～8	7.9～7	6.9～6	<6	可结合实际操作，针对个人提出一些问题，给出相应的分值
播种处理	播种方法正确、规范	18～16	15.9～14	13.9～12	11.9～10	<10	
定植方法	播种定植过程正确	18～16	15.9～14	13.9～12	11.9～10	<10	
管理过程	过程正确、合理	18～16	15.9～14	13.9～12	11.9～10	<10	
合格品率	生长健壮，花枝长	18～16	15.9～14	13.9～12	11.9～10	<10	
总结创新	总结出各环节的技术要点及注意事项	18～16	15.9～14	13.9～12	11.9～10	<10	

项目二 ▶▶ 宿根、球根切花的生产

任务一 香石竹切花的生产

 **知识目标** ▶▶

1. 了解香石竹的品种选择及生物学特性。
2. 掌握香石竹的栽培管理技术。

技能目标 ▶▶

1. 能按照香石竹切花栽培的技术流程进行操作。
2. 能进行张网、摘心、疏芽等技术操作。
3. 能进行香石竹病虫害的综合防治。
4. 能合理进行香石竹切花的采收及采后处理工作。

【知识准备】

香石竹又名康乃馨。其花朵绚丽、高雅、馨香，花色丰富，单朵花期长，在插花、花束、花篮、花环中都被广泛应用，装饰效果好，单价较低，深受消费者欢迎，是世界上最大众化的切花，占切花总产量的 17%。又因其单位面积产量较高，便于包装运输，容易贮藏保鲜，仅香石竹本身即可构成周年种植体系，因此，也备受花农青睐。近年来，随着国外优良品种的引进和栽培技术的逐步掌握，香石竹在我国的种植面积成倍增加。

一、生物学特性

香石竹属石竹科、香石竹属多年生草本植物，是一种日中性花卉，喜空气干燥、通风良好、日照充足，忌高温多湿。最适生长气温为 19～21℃，夏季高于 35℃、冬季低于 9℃，其生长十分缓慢甚至停止。0℃以下花蕾及花瓣最易受冻害。香石竹的栽培土壤要求保肥、通气、排水性能好，富含腐殖质，最适 pH 值为 6～6.5。

二、栽培管理技术

1. 环境选择及基地建设

根据香石竹的特性，栽培环境应选择在地势干燥、排灌方便、土地平坦、土壤含盐量低的熟壤土为好。冬季地下水位在 80～100cm 以下，洪水、内涝时根系不会受淹。20cm 表土含盐量在 0.1% 以下，含盐量过高、碱性过重的土壤会影响根系生长，甚至烧根死苗，必须经雨水充分淋溶或深水淹灌，降低盐分含量后才可作为香石竹种植基地。为了防雨和保温，满足香石竹的生长环境，在长江流域应搭建钢架塑料大棚。考虑到香石竹的品种搭配、劳动力的合理利用和市场销售等综合因素，基地应具有一定规模，以达到较高的经济效益。

香石竹同许多作物一样是不能连作的，规划建立香石竹基地时，必须安排好轮作作物和土地休闲，香石竹的前茬以浅根系作物为好。水稻土病原菌和旱生草少、含盐量低，是较为理想的前茬作物，但应在冬季深翻、风冻以改良土体结构。基地附近应具有无污染、盐分较低的水源或自来水，作为香石竹灌溉之用，并按香石竹生产所需水量，安装一台水泵和相应的水管、阀门。在基地周围应开设一条 1m 深的主排水沟，与出水口相通，大棚之间沟深 50cm，并与主沟相连。

2. 品种选择与种苗繁殖

（1）品种选择　目前国内种植的香石竹大体可分为大花型、中花型和多花型三种，绝大部分是从荷兰、法国、以色列和德国引进的。生产单位选择的品种应具备抗病性强、生长快、产量高（特别是冬花产量）、裂苞少、品质好、市场商品性强等条件。近几年，经科研单位和花卉良种场的试验比较，已经筛选出一批优良品种。

（2）种苗繁殖

① 优质种苗　优质种苗是香石竹生产成败的关键。优质种苗首先应具备原品种的优良特性，直接从国外引进的母本上打头扦插的一代苗或经脱毒的组织培养苗都能达到上述要求。其次是选择根系好、茎粗、叶厚、节间短、无病斑、苗期和苗龄适中的扦插苗。

② 母本圃的建立　母本圃应设立在离香石竹生产地较远的大棚内，建离地高床，泥炭与砻糠灰、珍珠岩等混合作基质，尽可能用滴灌给水，以营养液栽培。营养液浓度为 0.1%～0.2%，每周营养液施肥 2～3 次，基质 EC 值 1～1.5，营养液配方为：硝酸钙 750g/t 液＋硝酸钾 648g/t 液＋硫酸镁 400g/t 液＋磷酸二氢铵 124g/t 液＋螯合铁 15～25g/t 液＋硼酸 3g/t 液＋硫酸锰 2g/t 液＋硫酸锌 0.22g/t 液＋硫酸铜 0.05g/t 液＋钼酸钠 0.02g/t 液。

母本苗应该是国外进口的母本苗或国内生产的脱毒组织培养苗。母本数量一般是需采穗量的 1/30～1/25。采穗母本的定植时间，根据采穗数量和生产上的用苗时间而定，一般在 9～10 月份进苗栽植。

③ 扦插　香石竹插床可用高床或地床，用珍珠岩、砻糠灰作扦插基质，插床底部填 2～3cm 直径的石粒或煤渣，以利排水。扦插基质下面安装电热线。从母本茎中部 2～3 节萌发的侧芽作插穗，侧芽长 10～12cm、8～10 片叶时，掰下侧芽整理，保留 6～8 片叶，蹾齐基部，蘸上生根粉。然后以 2～2.5cm 行株距插入已准备好的扦插床，并立即浇透水，用遮阳网遮阴。以后根据天气喷水，保持叶面湿润，新根发出后不再遮阴，插床温度保持在 15～20℃，14～15 天开始生根，25～30 天可起苗移植。

3. 翻耕、整地、消毒

香石竹的翻耕整地应在种植前 2 个月进行，种香石竹的前茬收获后，至少有 1 个月的休闲期，使土壤充分翻耕矿化、雨淋，降低土壤盐分，提高土壤熟化程度。

在 30m 长、6m 宽的塑料大棚内，做 3 条畦，畦宽 1~1.1m，中间沟宽 60cm，棚边沟宽 75~80cm，畦高 30cm，每棚施充分腐熟猪粪或牛粪 1500~2000kg，翻入离畦面表土 10cm 以下，畦面施 15~20kg 复合肥和 2~2.5kg 呋喃丹，整平畦面后，用 0.1%~0.3% 的甲醛液（福尔马林）浇入土中，立即盖上地膜，10 天后揭膜，松土 2~3 次，使土中甲醛充分挥发后，即可种苗。

4. 定植

目前，江浙一带香石竹的定植时间通常在 4~5 月份，因为在此期间气候适宜，种苗价格较低，而且经 2~3 次摘心，即可在 12 月进入盛花期，花价较高。对于那些底土盐分含量较高或夜潮土地区，通过提早种植，可提高种苗成活率。

如果 4 月停止摘心，7 月进入盛花期，7 月中旬将所有植株回剪，7 月下旬作系统整理，春节前后可出现二次盛花期。但这种栽培方式种源较少，种苗价格较高，夏季回剪难度较大，7 月产出的花价格较低，只能在繁殖种苗单位或初夏定植成活率较低的地区采用。

定植密度通常是每平方米 35~50 株，分枝能力弱、种植时间较迟的密度可高一些，反之可以低一些。

栽苗尽可能以"浅植"为原则。浅种既有利于根系生长，又可以防止种植过深而感染茎腐病。选择晴天种植，栽后立即在行间浇水，普遍喷一次百菌清或多菌灵。

5. 定植后的管理

（1）肥水管理　香石竹的生育期较长，在施足基肥的基础上，还要施足够的追肥，追肥的原则是少量多次。在不同生育期，又要根据生长量调整施肥次数和施肥量。

第一阶段：4~6 月中旬，香石竹生长量约占全年生长量的 25%；6~9 月高温期，生长缓慢甚至停止生长，其生长量仅为全年生长量的 10%~15%。

第二阶段：9 月下旬至 12 月上旬，气温适宜香石竹的生长，其生长量占全年总生长量的比例高达 50%~60%。

第三阶段：12 月至翌年 2 月，完成其余 15%~20% 的生长量。

根据上述生长规律追肥，第一阶段每隔 2~3 周 1 次，第二阶段 3~4 周 1 次，第三阶段 2 周 1 次，开花期少施氮肥，以磷钾肥为主。铵态氮不利于香石竹生长，尽可能使用硝态氮。有条件的地方可用滴管施肥，所用肥料应采用易溶于水的盐类。

香石竹的浇水，苗期要见干见湿，缓苗期保持土壤湿润，缓苗后要适度"蹲苗"，使根向下扎，形成强壮的根系。夏季的土壤水分含量不宜过高，浇水应做到清晨浇水、傍晚落干。9 月中旬开始增加浇水次数。香石竹不能垂直叶面浇水，叶面湿度过高，很容易引起茎叶病害。只能采用横向对根部浇水。滴管浇水，能做到表土湿度较低、中层土壤较湿润，这样既保证了香石竹生育所需水分，又有利于降低土壤和空气温度，抑制病害发生蔓延。

（2）张网　张网是为了使香石竹的茎能正常伸直生长，张网前先在畦边以 1.5m 距离打桩一根，桩长 1.2m，插入土中 30cm，打桩时必须纵向拉一根绳，使每畦桩排列在一条直线上。一般使用的网是由尼龙绳编织而成，网格为 10cm×10cm。张网是在摘心结束、苗高 15cm 时进行，每畦同时张 3 层网，最低一层固定 15cm 处，其余两层随植株伸长，逐渐升高网格，每层相距 20cm 左右。

（3）摘心、疏芽　香石竹一经摘心就会从节上发生侧枝，通过摘心可以决定开花枝数和调节花期。因此，合理摘心是香石竹栽培的重要技术环节。摘心通常是从基部上第五节处用手摘去茎尖，摘心尽可能在晴天进行，摘心后要及时喷药防病。

摘心通常有单摘心、半单摘心、双摘心等不同方式（图4-1）。

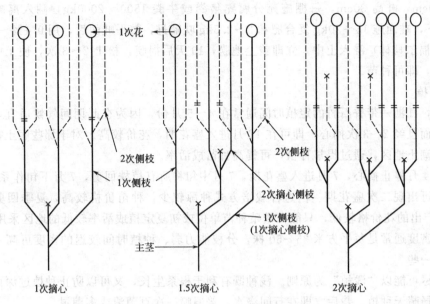

图 4-1　香石竹摘心模式图

×摘心；＝采花；○一次花

单摘心是只摘1次茎尖，打顶后生长的侧枝让其生长开花，这种方法从定植到开花的时间较短，而采取相应的管理措施后，第二批花产量较高；半单摘心也叫一次半摘心，即在单摘心后发出的侧枝，一半继续摘心、一半留作开花；双摘心即是单摘心后发生的侧枝，待长到一定高度后全部摘除，这种摘心方式使第一次收花数量较多，时间又比较集中，常常用于4～5月份定植、11月进入收花高峰的冬季花为主的栽培方式。

利用摘心方法可决定香石竹的开花数并能调节开花时期和生育状态，可摘心1～3次，最后一次摘心称为"定头"。

第一次摘心在定植后30天左右，即幼苗在6～7节时进行；第二次摘心通常在第一次摘心后发生的侧枝长到5～6个节时进行；最后一次摘心则根据不同的品种和供花时期而定，如需在12月至翌年1月开花的，一般在7月中旬定头，而要求"五一"节盛花的，摘心务必在1月初结束。为保证切花品质，摘心一般不超过3次，一般每株香石竹保留3～6个侧枝即可，将其余侧枝从基部剪除。

由于香石竹各品种间的分枝能力和生长速度差异很大，因此，对不同品种用同一摘心方式和摘心时间就不可能正确地调节花期，只有掌握每个品种的生育特性，才能使摘心达到预期效果。

疏芽也可叫抹蕾。单花型品种，除留顶端一个花蕾和基部侧枝以外，其余侧枝和花蕾全部抹掉，以使其养分集中供应顶花，提高开花质量。多花型品种需要除去中心花芽，使侧枝均衡发育。疏芽是一项连续性的工作，一般3～5天进行1次。

（4）大棚温度管理　根据香石竹的特性，只有大棚栽培才能最大限度地满足它的生长条件，这是香石竹高产优质的重要措施。而大棚栽培必须根据当地的气候条件合理使用。

春秋季温度适宜于香石竹的生长发育，除覆盖棚顶薄膜防雨以外，围膜和前后门可以卸掉，让其在自然温度环境中生长。夏季气温较高，光照较强，晴天中午盖遮阳网降温遮阴。冬季随着气温的逐渐下降应做好防冻保暖工作。

初冬早春，气温在5℃以上，四周拦好一道膜，气温下降到5℃以下，拉好二道膜，在封冻期还可设置小拱棚或四周用草封实保温。除严重封冻以外，其余时间，每天必须通风换气，降低棚内湿度。初冬、早春时通风口宜早开迟关，冬天气温较低时通风口迟开早关。

香石竹是一种积累性长日照植物，日照累积的时间越长，越能促进花芽分化，使花期提早，开花整齐度和产量明显提高。长江流域春节前1～1.5个月辅助光照处理，使香石竹在春节前获得较为整齐的开花效果，从而提高经济效益。

（5）生理病害

① 花萼破裂　香石竹的一些大花品种，在开花时花萼破裂（通称为裂苞），失去商品性，严重影响经济效益。其主要原因是在成花阶段昼夜温差较大，低温期浇水施肥过多，氮、磷、钾三要素不均衡，尤其是磷肥过多，使花瓣生长迅速、超过花萼生长，过多的花瓣挤破花萼，造成花萼破裂。

为防止花萼破裂，需提高夜间温度，白天充分换气，使昼夜温差缩小；适当浇水，避免土壤从过干急剧地变成过湿；同时应尽量选择不易裂苞的品种。对容易裂苞的品种，可以在即将开花的1～2周内，用塑料带在花萼部分抱卷成钵状，或用30～50mg/L的赤霉素处理黄豆大小的花蕾，也有减少花萼破裂的效果。

② 花头弯曲现象　花芽分化期化肥用量过多或者日照时间短、温度低，就会出现花头弯曲。

（6）病虫害防治

① 病害　香石竹病害很多，但危害较大、发生较为普遍的有真菌性叶斑病、灰霉病、丝核菌立枯病（根腐病）、镰刀菌枯萎病。现将上述病害的症状、发生条件和预防措施分述如下。

a. 真菌性叶斑病：其症状是直径介于0.5～1.5cm的紫色圆形斑点，周围环绕黄绿色边缘，随后斑点中部变成棕灰色，并且呈干燥态，后病斑扩大，出现黑色孢子，叶片开始变黄、脱落。发生原因主要是从植株上部浇水、通风不良、夜间湿度过高，种植后过度灌溉、施肥也是发病原因之一。防治方法是尽可能保持植株干燥，最好采用滴灌，保持通风良好，黄昏前通风尤为重要。每周喷1次代森锰锌或百菌清等杀菌剂，在持续潮湿的环境中，需每周喷2次农药。

b. 灰霉病：其病症是椭圆形、棕色、大而湿的斑点，随后其上生长一层灰棕色霉菌，花瓣及整朵花随之腐烂。也可感染茎、叶及花蕾。其原因是长期处于过度潮湿中。防治方法同真菌性叶斑病。

c. 丝核菌立枯病（根腐病）：其症状为部分茎或整株看似干枯，叶片先变灰再变黄，茎底部有斑点出现，呈红棕色，并有同心圆斑出现，继续发展成茎干枯、枯腐并断裂，有时可以看到有1～2mm直径的暗黑菌核。立枯丝核菌生长于土壤有机质中，适合生长在温度为25～30℃的潮湿土壤，黏性土极易引起根腐病，病原菌可通过灌溉水、消毒不彻底的工具传入。种植过深也是发生病害的原因之一。种前应进行土壤消毒，浅种香石竹种苗，夏季不使土地过湿，以及确保排水良好等都是预防该病发生和蔓延的综合措施。

d. 镰刀菌枯萎病：该病在短时间之内，茎、分枝和叶片变黄枯萎，顶端弯曲、缺绿，横切茎部可见棕色月牙形环，这是侵害香石竹最严重的病害之一，数天之内，可能导致整株植株被毁。该病多发生于气温高于 27℃ 以上的夏季，黏性潮湿土、过量施用氮肥、排水不好都是导致发病的因素，较弱的植株或已被病害侵害的植株很容易被此病侵染。镰刀菌可在土壤中存活数年。预防措施包括采用健康的种苗、定植前用甲醛或"敌克松"进行土壤消毒、及时拔除病株以及高温期浇水适量等。

② 虫害　香石竹常见虫害有蚜虫、红蜘蛛、斜纹夜蛾、根线虫和地下害虫等。春秋季用氧化乐果治蚜虫。夏季天气干燥时用三氯杀螨醇 2000 倍液或杀灭菊酯 800～1000 倍液，每 7 天喷 1 次，连续喷 2～3 次治红蜘蛛。6～9 月份根据夜蛾的发生情况，用"乙太保"防治。种植前撒施呋喃丹治地下害虫。根线虫可用土壤消毒来防治。

6. 采收、处理与上市

夏季温度较高时，一枝一花的采收时间以花瓣尚未打开、花瓣露色部分长 1.2～2.5cm 为好，散枝多头型香石竹要有两朵花瓣开放，其余花蕾现色时采收。采收时间为清晨或傍晚为佳。冬季无论什么样的香石竹，除非能进行催花处理，否则都要等花瓣微开张时采收，采收过早，水养时不能开放。

采收后，按分级标准（见表 4-3）分好后，将花头排放在一个平面上，然后将花茎末端剪平，按花色，每 10 枝、20 枝或 30 枝捆扎成一束。然后将基部 10cm 放入 37℃ 的预处理液（硫代硫酸银 100mg/L）中 2～4h，接着转移到温度为 0～1℃、相对湿度为 90%～95% 的冷库中贮藏 12～24h，然后装箱上市或放入 0.04～0.06mm 的聚乙烯袋内继续冷藏，最长可贮藏 56～70 天。蕾期需要催花的可将花枝放入催花液（10% 蔗糖＋200mg/L 8-羟基喹啉柠檬酸＋50mg/L 吲哚丁酸）中 1～4 天，而为了让花期延长，也可将开放的花枝插入瓶插液（3% 蔗糖＋200mg/L 8-羟基喹啉柠檬酸＋500mg/L B_9）中。

表 4-3　大花香石竹切花产品质量等级标准（1997 年农业行业标准 NY/T 325—1997）

评价项目		等级			
		一级	二级	三级	四级
1	整体感	整体感、新鲜程度极好	整体感、新鲜程度好	整体感、新鲜程度好	整体感、新鲜程度一般
2	花型	①花型完整优美，外层花瓣整齐 ②最小花直径：紧实 5.0cm，较紧实 6.2cm，开放 7.5cm	①花型完整，外层花瓣整齐 ②最小花直径：紧实 4.4cm，较紧实 5.6cm，开放 6.9cm	①花型完整 ②最小花直径：紧实 4.4cm，较紧实 5.6cm，开放 6.9cm	花型完整
3	花色	花色纯正有光泽	花色纯正有光泽	花色纯正	花色稍差
4	茎秆	①坚硬，圆满通直；手持茎基平置，花朵下垂角度小于 20° ②粗细均匀，平整 ③花茎长度 65cm 以上 ④重量 25g 以上	①坚硬，挺直；手持茎基平置，花朵下垂角度小于 20° ②粗细均匀，平整 ③花茎长度 55cm 以上 ④重量 20g 以上	①较挺直；手持茎基平置，花朵下垂角度小于 20° ②粗细欠均匀 ③花茎长度 50cm 以上 ④重量 15g 以上	①茎秆较挺直；手持茎基平置，花朵下垂角度小于 20° ②节肥大 ③花茎长度 40cm 以上 ④重量 12g 以上
5	叶片	①排列整齐，分布均匀 ②叶色纯正 ③叶面清洁，无干尖	①排列整齐，分布均匀 ②叶色纯正 ③叶面清洁，无干尖	①排列较整齐 ②叶色纯正 ③叶面清洁，稍有干尖	①排列稍差 ②稍有干尖

评价项目		等级			
		一级	二级	三级	四级
6	病虫害	无购入国家和地区检疫的病虫害	无购入国家和地区检疫的病虫害,无明显病虫害症状	无购入国家和地区检疫的病虫害,有轻微病虫害症状	无购入国家和地区检疫的病虫害,有轻微病虫害症状
7	损伤等	无药害、冷害及机械损伤	几乎无药害、冷害及机械损伤	轻微药害、冷害及机械损伤	轻微药害、冷害及机械损伤
8	采切标准	适用开花指数(见备注)为1~3	适用开花指数为1~3	适用开花指数为2~4	适用开花指数为3~4
9	采后处理	①立即入水保鲜剂处理 ②依品种每10枝为一扎,每扎中花茎长度最长与最短差别不超过3cm ③切口以上10cm去叶 ④每扎需套袋或纸张包扎保护	①保鲜剂处理 ②依品种每10枝或20枝为一扎,每扎中花茎长度最长与最短差别不超过5cm ③切口以上10cm去叶 ④每扎需套袋或纸张包扎保护	①依品种每30枝为一扎,每扎中花茎长度最长与最短差别不超过10cm ②切口以上10cm去叶	①依品种每30枝为一扎,每扎中花茎长度最长与最短差别不超过10cm ②切口以上10cm去叶

注:开花指数1:花瓣伸出花萼不足1cm,呈直立状,适合于远距离运输;开花指数2:花瓣伸出花萼1cm以上,且略有松散,可以兼作远距离和近距离运输;开花指数3:花瓣松散,小于水平线,适合于就近批发销售;开花指数4:花瓣全面松散,接近水平,宜尽快出售。

香石竹的长途运输必须使用特制的通气纸板箱包装,纸箱内有聚乙烯膜,纸箱要预冷,预冷温度为0℃。预冷纸板箱放入冷藏集装箱中,温度控制在2~4℃,空气相对湿度保持在85%~95%。

三、周年生产技术

为满足市场周年均衡供花的需求,香石竹栽培不仅需利用设施条件以满足其生长发育的环境因子需要,还与品种的选择、定植时期、摘心方法、温度管理等有密切关系。

1. 品种选择

香石竹作为四大切花之一,每年世界各地的育种工作者都有新品种推出。国内目前的切花生产品种仍依赖进口,且由于对品种习性不甚了解,在引种时往往只考虑花色等表面性状,引进的品种优势得不到充分发挥。

一般说来,香石竹有两大类品种可供选择,其一是适夏性品种,以罗马、肯迪、坦哥、帕来丝等为主要代表,能在夏季高温和较长日照的条件下表现出良好的性状;另一类为适冬性品种,以西姆、特来西尔、白西姆、凯丽帕索、皮尔姆、威尔赛姆等为代表,对日照长短、温度等要求较低。

2. 定植时期与摘心方法

定植时期与相应的摘心方法直接影响香石竹的开花期和经济效益。现介绍长江流域地区几种常见的定植模式。

(1) 10~11月份定植 是以采穗为主、切花为辅的定植模式。利用优质苗,定植株行距为20cm×20cm,定植后20天即可进行第一次摘心采穗,且采穗时间能持续到翌年的5月份,注意每次摘心后应使植株至少留有1~2个生长芽以保持母株有一定的叶面积。

此间正值中秋季节，气候凉爽，小苗定植成活率可高达 95%～100%。用作切花栽培的可进行 1～2 次摘心处理，务必在 1 月初"定头"，使单株的分枝数严格控制在 4～5 个，多余的侧枝从基部切除，至 5 月中旬便可盛花，并取得较好的经济效益。5 月中旬至 6 月中旬剪花后，对植株作修剪处理，回剪到植株距地面约 25cm，保留 5～6 片健壮的功能叶，11 月则又可出现第二次盛花期，并可延续到春节前后。这种种苗生产和切花生产兼得的定植模式具有成活率高、投入成本低、产出价值高等特点，近年来发展较快。

(2) 2～3 月初定植　多采用适夏性品种，一般不进行摘心，使第一次盛花期在 5 月下旬至 6 月份，这个时期香石竹的新花价格较高。采花结束后需实施"回剪"越夏，第二批花集中在国庆节前后。此法虽然开花期较为理想，但由于 2～3 月份的种苗成本较高，加之"回剪"技术要求较高，现应用面不太广。

(3) 4～5 月份定植　这是江浙一带广泛采用的定植模式，具有种苗来源丰富、成本投入低、管理方便等特点。定植的株行距可用 15cm×15cm 或 15cm×20cm 等形式，摘心 2～3 次，"定头"时间为 7 月初，盛花期在 10～12 月，并可延续至元旦，以后则产量逐渐减少。到翌年 4～5 月又有一个产花高峰，花期可延至母亲节（5 月中旬）前后。

(4) 6 月上旬定植　主要目标是为元旦、圣诞节、春节供花。其特点是生产周期短、效益较高，但是定植期正值高温季节，定植后的成活率较低，可采用种苗假植、蹲苗遮阴等措施来提高定植后的成活率。定植后作 2 次摘心处理，或提高种植密度、作一次摘心，以保证单位面积的产量。此法需周密安排，注重每一个技术环节，入冬后应加强温度管理，元旦时即有大量鲜花上市，并可延至春节，而第二批花又可在母亲节形成高峰。

(5) 9 月上旬定植　将 6 月份出圃的小苗先假植于营养钵中，并置于塑料大棚，遮阴避雨以安全越夏。假植后 20～30 天作第一次摘心，8 月初作第二次摘心，使单株分枝数在 5～6 个，于 9 月份定植。若定植后不再进行掐心处理，元旦即可有第一批花上市；若经一次摘心，则于翌年 4～5 月份达到产花高峰，并延至母亲节。花后于 6 月中旬作修剪处理，11 月至"春节"前后还可出现第二次盛花期。

在香石竹的切花栽培中，摘心处理是与定植型密切相关的。不同生长季节，由于积温的不同，停止摘心后的开花期也不同。通常，在 4～6 月份最后一次摘心（"定头"），其盛花期约经 80～95 天后开始；7 月中旬停止摘心的，盛花期约在 120 天形成；在 8 月中旬"定头"者，则约在 180 天后达到盛花期。

3. 温度管理

香石竹对温度的反应较为敏感。7～9 月份由于温度过高，病害发生多，因而夏季要遮阴，并配合喷雾以求降温；10 月下旬当夜温降至 15℃ 以下时，大棚四周应覆盖裙膜，但白天要注意开门换气；到 11 月下旬起，温度逐渐下降，若夜温降至 10℃ 以下时，棚内应设置 2 层薄膜保温，内层膜可用地膜，因地膜透光性强，又可降低成本。若遇低温寒流来临，可再设小拱棚或用草帘将棚下部四周封严实，务必使夜温保持在 5℃ 以上，以保证形成花苞的植株能够正常开花。

为元旦至春节期间产花，香石竹的冬季栽培必须加温。可采用暖风机或管道热水、热气等形式加温，将棚内温度提高到 10～12℃ 以上。

同时，为保证开花质量，冬季栽培中还应适当加光，每天以 2～4h 补光能够加速其营养生长，并提早开花。

 **任务实践与要求** ▶▶

1. 任务要求

（1）能根据周年生产需要选择适宜的定植时间，根据香石竹长势情况适时进行环境调控、肥水管理、张网、摘心、疏芽等田间管理。

（2）能根据花朵开放情况正确采收处理。

（3）通过田间管理进一步熟悉香石竹的生长发育规律，掌握香石竹摘心、疏芽及抹蕾的操作技术。

2. 工具与材料

（1）工具　直尺、剪刀、芽接刀、塑料袋、喷雾器、杀菌剂等。

（2）材料　香石竹苗。

3. 实践步骤

在教师或技术人员指导下，分组选择苗床，按生产管理方案进行摘心、疏芽和抹蕾操作。每次操作后要喷施杀菌剂，并注意以下几点。

① 根据植株生长状况，摘心类型不同，操作的次数也不同。第一次摘心留植株基部4～6节，其余茎尖摘除，摘心时用一只手握住要保留的最后一节，另一只手捏住茎尖向侧下方向折去茎尖，注意不能向上提苗。

② 花蕾发育后，除了要保留的花蕾外，下部其余侧芽和侧蕾都要及时抹去，在芽或蕾豌豆粒大小时开始抹掉，不能伤及叶及预留枝芽。

4. 任务实施

详述香石竹摘心、疏芽、抹蕾操作过程，分析操作过程中容易出现的问题。

5. 任务考核标准

通过实际操作，同学间相互讨论香石竹摘心、疏芽和抹蕾的意义和操作技巧，分析讨论因操作不当引起的后果及应采取的解决措施，并且教师逐一点评，具体考核标准见表4-4。

表4-4　香石竹切花生产实训考核表

考核项目	考核要点	等级分值					备注
		A	B	C	D	E	
实训态度	积极主动，实训认真，爱护公物	10～9	8.9～8	7.9～7	6.9～6	<6	
植株选择	选择方法正确、规范	30～28	27.9～26	25.9～24	23.9～22	<22	
操作过程	操作正确、规范到位	40～38	37.9～36	35.9～34	33.9～32	<32	
结果分析	分析正确	20～18	17.9～16	15.9～14	13.9～12	<12	

任务二　切花菊的生产

 **知识目标** ▶▶

1. 熟悉切花菊生产的栽培管理技术，能根据市场需要选择品种，培育壮苗。

2. 能根据不同切花菊品种及上市期选择适宜的扦插和定植时间，安排周年生产计划。

3. 熟悉夏菊二次采收栽培的技术要点，掌握电照菊的光照处理技术。

4. 会及时诊断切花菊的病虫害情况并进行综合防治，能根据花朵开放情况及时采收。

技能目标 ▶▶

1. 根据切花菊生长情况适时进行田间中耕除草、肥水管理、病虫害防治等。

2. 掌握摘心、整枝、抹芽及抹蕾，以及立柱、张网等基本技术操作。

【知识准备】

菊花是我国的传统名花之一，因其花色丰富、清丽高雅而深受广大群众的喜爱。17 世纪菊花传入欧美，后经各国尤其是日本的培育，进而广泛应用，发展为世界的名花。在国际市场上，菊花鲜切花的销售量约占鲜切花总量的 30%，它与香石竹、月季、唐菖蒲、非洲菊合称为五大切花，菊花名列榜首。

作为切花生产的品种群，有夏菊、夏秋菊、秋菊和寒菊。现代技术可针对不同的习性，给以遮光、延长光照或调节温度等方法来控制花期，使切花菊达到周年生产。幅员辽阔之中国，可充分利用各地的气候资源进行周年生产，主要产地先是广州，后扩展到上海、云南等地。

一、生物学特性

菊花系菊科、菊属多年生宿根亚灌木，其基部茎半木质化。常见的观赏菊花为高度杂交种。

菊花喜日照充足、通风高燥、气候凉爽的环境。其对土壤适应性强，以排水良好、有一定肥力的沙壤土为宜，土壤酸碱度适合范围为 pH 6.5～7.0。菊花生长的适宜温度为 15～25℃，超过 35℃对生长不利。其地下宿根耐寒力较强，一般可耐-10℃左右的低温，其开花适宜温度为 5～15℃，0℃以下时，花冠易受冻害。

切花菊各品种群的自然花期：夏菊为 4 月下旬至 6 月下旬；夏秋菊为 8～9 月份；秋菊为 10 月上旬至 11 月下旬；寒菊为 12 月至翌年 1 月。

菊株经过一定时期的营养生长后，在适宜的条件下进入生殖生长，而不同品种群在开花生理上存在着一定的差异，主要受日照时数和温度两个因子的影响。

对日照时数的反应：夏菊为中性；夏秋菊为中性；八月菊为中性；九月菊对花芽分化呈中性，对花蕾的发育开花呈短日性；秋菊和寒菊均为短日性。

对温度的反应：夏菊大部分在 10℃左右进行花芽分化，而八月菊与秋菊大多在 15℃以上进行花芽分化，其花蕾发育若遇低温会产生"柳芽"；秋菊大部分品种在 15℃以上进行花芽分化，且花蕾的发育与开花不受高温抑制；寒菊若遇 25℃以上高温时，对花芽分化、花蕾的发育与开花会有抑制作用。

当菊株营养生长完成后，若未达到进行生殖生长的条件，菊株先端会长出一丛柳叶状的小叶，有的在上方形成发育不全的花蕾，通常称为"柳芽"或"柳叶头"，也就是盲花。

二、品种与育苗技术

1. 品种简介

切花菊由于应用方式不同，要求品种具有花大色艳、花朵挺立、瓣质厚硬、花期持久、茎干挺拔、节间均匀、叶厚平展、经贮存运输不易萎蔫、水养能全开的优点。目前，国内采用的大都是日本品种。如夏菊的金精兴（黄）、新精兴（白）、夏红等；秋菊有秀芳之力（黄、白、红）、巨宝（黄）、日本雪青、日橙、四季之光等；寒菊有寒金城（黄）、金御园（黄）、银御园（白）、寒娘（红）等。我国也选育了一些秋菊品种，如上海已应用的有金碧辉煌（黄）、赤壁鏖兵（黄）、红楼醉日（红）、绿水长流（绿）等。北京近年来也选育了国庆开花的切花品种，如金潮（黄）、亚运之光（白）、东方睡莲（雪青）、银月（白）等，有待推广。

2. 育苗技术

切花菊的育苗生产，多采用扦插繁殖法。

（1）母本选留 扦插繁殖，需以 1:30 的比例选留品种纯正、生长健壮、无病虫害侵染的母株。于花后修剪整理，分品种集中种植，冬春期间，加强肥水管理，以期今后取得足够的优质插穗。

（2）插穗 当母株的脚芽长至近 20cm 时，进行摘心，利用新萌发的侧枝作繁殖插穗。而首次摘心之梢，可随即扦插作为繁殖亲本。为保证插穗的质量，对每株母株的采穗限 3～4 次。

在采穗前 20～25 天，需对母株喷施杀菌剂进行防病。

插穗必须是嫩枝，以摘取的嫩茎横断面呈绿色为宜，若不易折断且茎中心已呈白色的不宜再用，因老化的插穗不易生根，成苗质量低劣。

插穗以保留 3 枚展开叶为宜，长度 6～8cm，基部以切取节间处为佳。采穗时应注意保湿，必要时可用杀菌剂溶液浸泡 10min 左右，既可使整个插穗充分吸水，又可起到防病作用。

若母株嫩枝已适龄，又暂不扦插，可摘取后冷藏保存。其方法是：将插穗整齐地装入聚乙烯膜袋，不予封口，再集中装入包装盒置于冷藏箱，保持 2℃ 低温、相对湿度 80%～90%，贮藏以 2 周内为安全。但贮藏插穗应稍长，以便在扦插前再进行回切，利于发根。

（3）插床与基质 扦插最好采用标准苗盘（内深 5～8cm），一般生产也可实地作畦，但应在底层铺垫粗粒土以利排水。专营扦插苗者宜作高床，以便人工操作和安装全光喷雾设施。扦插基质要求无菌、疏松、持水、排水性良好，不含或少含肥分，例如珍珠岩、河沙、沙壤土等都可采用，亦可采用珍珠岩与砻糠灰等量混合的基质。

扦插前应对基质进行消毒，为确保扦插苗的质量，基质的使用为一次性，用后可掺入生产地。

（4）扦插 消毒后的基质在潮润状态时即可进行扦插。垂直插入，深度 2cm，插后手压扶正，插毕浇水，扦插距离为 3～4cm。还需根据扦插季节及品种（叶大小不同）有所调整。如夏菊在 12 月至翌年 1 月扦插，可相对紧密；秋菊在 5～6 月份扦插为适中，以叶挨叶；而寒菊在 6～7 月份扦插，气温渐渐升高而应稍放疏，菊叶不能重叠，以免引起腐烂。

菊花扦插生根比较容易，对少数难于生根的品种，或在天气比较炎热时扦插，可用 ABT 2 号生根剂处理，可起到促进生根及防腐的作用。

具体每一品种的菊苗扦插期，应根据目标定植期推算而定。

（5）插后管理 为确保扦插苗的质量，菊花扦插应在保护地内进行，以避雨防病、控温保湿。

扦插后的管理，先以防风保湿为主，除 11 月至翌年 2 月的扦插外，一般插后需使用遮阳网，同时每天上、下午各行一次雾状喷水，使叶面湿润，保持插穗的活力，促其发根。插穗 10 天左右开始发根，此时可适当增加浇水量，同时渐渐加强通风，增加早、晚透光时间，直至撤除遮光网。插后 14～20 天，根系渐形成，待根长至 1.5～2cm 时便可定植。若不及时种植，滞留苗床时间过长，根系老化，植株瘦弱，种植后缓苗困难，影响生长。

三、栽培管理技术

1. 整地、作畦及基肥施用

（1）整地作畦　菊花虽对土壤适应性强，但必须选择排水良好的地块，以土层较深厚、肥沃、通气良好为理想。整地前使用草甘膦等灭生性除草剂进行化学除草，在翻耕中需捡取恶性杂草根并集中烧毁。作畦则根据品种有所不同。露地栽培的夏菊，畦宽可为 80～120cm。大田生产，畦不宜过长，需开好腰沟，使排水良好。秋菊和寒菊，需使用塑料大棚，常采用四畦式，畦宽 80cm，两侧靠棚壁沟为 65cm，中间三条沟宽为 50cm，沟深 20～30cm。

（2）基肥施用　菊花为喜肥植物，种植前务必施足基肥，为利于土壤改良，基肥应以有机肥料为主。施用量视土壤肥力而有差异。以猪粪为例，每公顷施用 45000～75000kg，也可施用菜籽饼，每公顷 3000～4500kg。此外再增施一些磷钾肥，每公顷施用过磷酸钙或骨粉 225kg 左右、草木灰 1500kg 左右。施用有机肥料必须经腐熟。在施用基肥的同时，拌入呋喃丹 3% 颗粒剂，每公顷 45kg 左右，以防地下害虫及线虫危害。

施用肥料、农药可随翻耕埋入土壤。有条件者，种植时在种植行再铺一层焦泥灰等培养土。

（3）连作障碍　菊花连作，易发生病害和养分缺乏症。为克服连作障碍，除轮作外可采取以下措施。

将表土 5cm 左右土层刨取，与秸秆、枯枝、杂草等堆烧焦泥灰后还田；5 年一次耕翻土地（深度为 30～50cm）；严格土壤消毒；增施有机肥料；使用无病健壮苗；大棚栽培的应利用空闲时节充分淋雨以降低土壤盐分。

2. 定植

（1）株型　菊花栽培可分独本和多本。独本为一株一花，而多本是通过摘心培育一株多花。多本又分一回摘心和二回摘心。多本栽培以留 3～4 个开花枝为宜，以保证切花质量。独本型生育周期较短，花大干挺，产品质量高，但用苗量多、工作量大。因而大面积栽培时，都结合多本栽培，虽多本型花径稍小，生育周期延长，但可合理安排种源、劳力，延长供花时间。

（2）定植　宜选择阴天或傍晚进行定植，植后压紧扶正，并随即浇水，并视季节、天气遮阳 2～3 天。种植时要使根系舒展，深度以稍超过原扦插深度为宜。

① 定植时间　夏菊露地栽培在 3 月上中旬；秋菊一般栽培在 5 月中下旬至 6 月上旬；秋菊电照栽培在 7 月下旬至 8 月上旬；寒菊在 6 月中下旬至 7 月上旬。以上均为多本栽培种植期。

若是独本栽培，夏菊宜早不宜迟，既可提早上市，又可避免一般夏菊品种高温时开花不良的现象。秋菊、寒菊的独本种植可稍推迟。而且每类群之中的品种还有早、中、晚花期之别，可适当加以调整，以求合理产出。

② 定植密度　定植密度直接关系到产量和质量，相对密植可充分利用土地，提高收益。独本栽培，每平方米 60 株；多本栽培，每平方米 20～30 株。实际种植以畦面宽 80cm 为基准。以宽窄行种植法为例，一畦 4 行，行距：两侧留 15cm、中心留 30cm、两种植行之间为 10cm，株距：独本型为 5cm、多本型为 10～15cm。

3. 保护地设施利用与管理

在长江流域，切花菊利用塑料大棚保护设施有如下情况。

（1）夏菊　根据江浙一带的气候条件，夏菊可进行露地栽培，但母本越冬和采穗育苗仍需一定的保护设施。通常在二次采收后，于 11 月中旬前后，对母本就地搭盖塑料大棚或移植至保护地，在保护地内加强肥水管理，促其脚芽发生，并在保护地内采穗进行繁殖。

（2）秋菊、寒菊　产花期在初霜来临前的早花秋菊品种，可行露地栽培，但为提高切花的品质，大都实行保护地栽培，尤其对多雨的地区更为重要。若种植时未覆盖塑料薄膜，最迟在 10 月中下旬应覆盖好，至 11 月中旬大棚两侧围裙膜应封闭，进而在气温可能出现 0℃前，务必设置好二层塑料膜保温。二层膜可采用无色透明地膜，透光率高又节约成本。比较寒冷的地区，在大棚两侧下方，还应用护草包或用厚层无纺布保暖。

保护地栽培要适时通风，以此调节温度和湿度，改善空气质量，防止病虫害发生，利于植株健壮生长。一般在初冬季节，当棚内气温达到 25℃时即可开始通风，甚至打开两侧薄膜加强通风。在寒冬季节需利用午间、气温相对较高时适当通风，以防止棚内过湿，影响正常生长。尤其是对于寒菊，过高温度会影响其成花开花，更应严格通风降温。

4. 中耕及肥水管理

苗期需及时中耕除草，以造成良好环境，利于菊苗根系生长。小苗浅锄，并逐渐加深，尤其在菊株封行（呈郁闭态）前，需仔细进行一次中耕，封行后一般不再中耕。

种植后，应视苗情每隔 10～15 天进行 1 次追肥。若施用人粪尿、饼肥水，施后应及时冲洗，以保持叶面洁净。也可干撒复合肥，此法方便、卫生。植株封行后，可停止根部追肥。孕蕾期应进行叶面施肥，每隔 10 天喷 1 次 0.2% 的磷酸二氢钾溶液，一般喷施 2～3 次。并视植株叶色酌情添加 0.1%～0.2% 尿素溶液，使叶色、花朵鲜艳有光泽。

菊花虽是喜肥植物，也并非越肥越好。追肥要视长势而灵活掌握，若是过肥，会使菊株营养生长过旺而影响花芽正常形成。尤其是秋菊，因生长过快，完成了营养生长阶段而未得到短日照条件，此时菊株会产生"柳叶头"，从而影响切花的产量。

水分管理：小苗期控制浇水，以利发根；至生长旺期，进而进入初花、盛花期，应给予充足的水分。高温季节还需辅以叶面喷水，可起到降温和水分补给的双重作用。

5. 摘心、整枝、抹芽及抹蕾

菊花多本型的种植，应在 10 天后进行摘心，留 3～4 枚叶，待侧枝发生后，留强去弱，合理整枝，一般每株留 3～4 枝为宜；2 次摘心，可酌情留 5 枝左右。留枝过多，养分分散，质量下降。随后还应及时抹去侧枝上的腋芽，独本菊也同样要抹去腋芽，使营养集中于开花枝。现蕾期应及早抹蕾，仅留顶端花蕾，其余侧蕾都应及时抹去。抹蕾工作，宜在主蕾豌豆大时开始进行，而且需多次作业，操作要仔细，尤其在植株水分充足时，更应注意不要碰伤主蕾。如花蕾生长密集，可待花梗稍长大后剥除，使养分集中供给主蕾。

在栽培过程中，如出现"柳叶头"现象，可用及早摘心换头来补救。其方法是：将枝条顶梢的柳叶部分，连同下方 1～2 片正常叶摘除，待其下部萌发的侧枝长成枝条后扶正，代替主茎继续生长，以后在短日照条件下，进行花芽分化和孕蕾开花。

6. 立柱、张网

为确保切花菊茎干挺拔，生长均匀，必须立柱张网。柱高 1～1.5m，网以尼龙细绳编织，网眼 15～20cm 见方。当植株长至 30cm 高时，就将网张在菊株顶端，日后随株长高而调整网的高度，日常作业需注意对菊株按网格相对调整，使其均匀、直立。

7. 病虫害防治

对于病虫害应以预防为主，尤其是病害，需坚持定期喷药。常见的病害有白粉病和黑斑病。病害传播途径主要是淋雨、土壤中染菌及高温高湿所致。防治方法主要以托布津、百菌清等杀菌剂，交替施用，一般 10 天进行 1 次；同时，管理上要注意通风、透光，增强植株的抗性。

菊花常见的害虫有蚜虫、地老虎、蛴螬、菊天牛及蚱蜢等。

蚜虫可用杀灭菊酯、氧化乐果、杀螟松等药剂交替施用，每 10 天喷杀 1 次。地老虎、蛴螬是地下害虫，危害菊花植株的根茎部分，除在土壤处理中施用呋喃丹外，还可在晨间捕捉，或用辛硫磷溶液浇洒消灭幼虫。菊天牛，一年一代，成虫在 5 月间危害，环咬茎部，使上部枯萎，防治方法为人工捕杀；在成虫羽化期用杀螟松杀成虫；及时剪除危害枯梢，消灭其中的卵。蚱蜢，可用对菊天牛相同的方法防治。为减少病虫害发生，还应及时清除周围杂草，保持环境清洁。

8. 使用激素

为提高切花菊的质量，在生产中需针对不同品种合理地施用激素。对高度不易达到要求的品种可使用赤霉素。一般在菊株开始进入营养生长旺盛期喷洒，浓度为 40～50mg/L，每周 1 次，共用 2～3 次，以促进茎秆增高。对于花颈过长的品种，待主蕾有 0.5cm 时用 1000mg/L B_9 溶液喷洒株顶，以控制花颈长度，提高产品质量。

四、夏菊二次采收栽培技术

由于夏菊的日中性，露地栽培的夏菊，在初夏产花后，通过回剪还可作一次产花。江浙一带气候温和，十分适宜进行夏菊的二次采收，是少投入、多产出的一种栽培方式。其栽培要点如下所述。

1. 采后回剪

在初夏采收时，由于产花有先有后，其间应及时浇水，防止畦面过干，以满足老本植株对水分的需求。待采收完毕，约 7 月中旬统一回剪。回剪高度以 3cm 为宜，要求剪口平滑。回剪的同时适当疏枝，由于地段、长势不同，老本基部的萌生程度有较大差异，一般每株保留 2～3 枝，最多不超过 4 枝，多余的以及带有花蕾的枝条都应剪除。已有脚芽产生的保留脚芽，剪去地上部枝条。

2. 培土施肥

春植菊株因浇水的冲击，有部分根部裸露，回剪后应适当培土，以利萌发新芽、新根。与此同时在行间开沟施肥，以补充两次采收生长所需的养分。作业中需清除杂草、残叶，以期减少病虫害发生。

3. 整枝及管理

对于二次采收的菊株管理，大体上与春植相同，只是不再进行摘心，而是以疏枝方式限定产花枝数。回剪后，应适当浇水以利正常发芽展枝。在回剪 20 天以后，可酌情疏除多余的芽、枝。此外，对网架应及时整理、加固修补，以保持枝干挺直，提高产品质量。原独本型的夏菊，7月中旬回剪至9月底可开始产花；多本型的7月下旬回剪至10月中下旬至11月上旬可作二次采收。

五、切花菊补光栽培技术

在无自然花期品种可用的季节，可以通过人工控制花期达到周年供应市场的目的。生产中常利用秋菊、寒菊的短日性，进行补光栽培，抑制花芽分化，延迟开花在12月至翌年4月，可满足元旦、春节用花需要。这种补光栽培又称为电照栽培。

1. 品种要求

利用电照栽培将花期延迟，因此必须选择在较低温度下仍能较好地进行花芽分化和发育，并在低温下仍能开花齐全的品种。上海地区主要栽培品种是日本选育、易于灯光控制、适合密植高产的秀芳、乙女樱、天家原等系列品种。在日本，天家原、乙女樱、柠檬女皇、弥荣、四季之光、白丽等电照菊品种栽培已久，另有初光之泉、精兴之华、藤牡丹、黄球等是被认为有希望的电照菊栽培品种。

2. 定植与摘心

秋菊调节至元旦产花的电照摘心栽培，一般在7月下旬定植；以春节为产花目标的电照摘心栽培在8月上旬定植，同时又以一回摘心、二回摘心来调节花期，为保证切花质量，对最终摘心期应有控制，生育期较短的品种为8月25日、生育期较长的为8月15~8月20日。若是独本栽培型，可适当推迟定植，但最终不迟于8月底。

3. 电照补光处理

秋菊、寒菊经过较为充分的营养生长后，在短于14.5h日照的条件下开始花芽分化，进而在短于13.5h的日照条件下正常发育至开花。电照栽培则以补光来抑止花芽分化，达到延期开花的目的。

（1）光照要求及照明安装　抑制菊花花芽分化的照度一般为5~10lx。但各品种对光强反应不同，又常有电压不稳等因素干扰，故在实际安装中，照度常调整在40lx以上，以确保补光成功。考虑光源质量和降低成本的因素，常采用白炽灯。安装方式为：将100W的白炽灯灯泡安装于中部两畦靠外侧的沟边，标准塑料大棚（6m×30m）内每条10只共20只，中间距离为3m，两端离棚为1.5m，灯泡高度为距离菊株80cm，并可随生长而调整。装后应在夜间用照度计测试检查。

（2）补光时间　长江流域的自然条件下，秋菊的花芽分化始期在8月20日左右。因此，通常于7月下旬定植的菊花，从8月20日开始补光处理。但对于摘心后10~15天，所发生的长度约为10~12cm的侧枝，尚未开始花芽分化，此时开始补光正为适期。而对于定植较迟的，补光可适当延迟，但最迟在9月5日前应开始补光。

补光以深夜照明法效果为好，而且深夜电压较稳，并可少招引昆虫。应用电子定时器，自动控制在23：00至凌晨1：00~2：00，给予2~3h照明（可从8月开始每隔半个月递增15min照明）。

终止补光时间，视产花期而定。消灯后，菊株即进入短日照状态。若夜温在10~15℃左右，花芽分化需10~15天，花芽分化至开花需50~55天，共计60~70天。以此推算，若12月下旬到元旦上市的切花，一般可安排在10月中旬终止补光。而在1~2月份上市的切花，因气温较低，从停光至开花需70~80天，可在10月下旬终止补光。对于无加温设施的电照栽培，停光宁早勿迟，以免延误花期。

（3）管理要点　电照栽培管理，基本同自然光照栽培，但需加强光源和温、湿度的管理。定期检查补光实况，如定时器是否运转正常、灯泡有否损坏等。若有用电故障，需在3日内排除，超过3日将会导致花芽分化而影响正常的花期调节。

电照栽培的成花时节气温较低，应切实注意保温和加温，保持棚内温度白天20℃左右、夜间最低温在10℃以上。一般自11月下旬开始加温，如温度不足，易造成株顶呈簇生的"莲座状"叶，不能正常成花。如突遇寒流，可利用原电照的设施，安装红外线加温灯以防冻伤。在电照栽培中，为保温常常减少通风而使湿度偏高，故浇水尽量在晴天上午进行，水量适可而止，并注意午间通风管理。

六、采收与包装

采收需根据气温、运输远近等情况分别处理。高温季节采收，以花开五六成时剪取为宜，若需远途运输的，以初开时为宜；低温期，则以七八成开时采收为宜。

采收时间，若是当地销售，在早晨或傍晚进行，而远销需包扎装箱的宜在中午前后进行。

剪花应在离地面10cm切取，剪口平整。并将剪取的花枝置于阴凉处整理分级。先去除下部1/6的叶片，分品种、花色，并按部颁菊花切花标准分级（见表4-5），以10枝扎成一束，用报纸或专用透明纸包装，随后酌情吸水，以利保鲜。远途运输需采用鲜切花专用瓦楞纸箱包装，并防止途中日晒。

表 4-5　标准菊产品质量等级标准 （1997年农业行业标准 NY/T 323—1997）

评价项目		等级			
		一级	二级	三级	四级
1	整体感	整体感、新鲜程度极好	整体感、新鲜程度好	整体感一般、新鲜程度好	整体感、新鲜程度一般
2	花型	①花型完整优美，花朵饱满，外层花瓣整齐 ②最小花直径14cm	①花型完整，花朵饱满，外层花瓣整齐 ②最小花直径12cm	①花型完整，花朵饱满，外层花瓣有轻微损伤 ②最小花直径10cm	①花型完整，花朵饱满，外层花瓣有轻微损伤 ②最小花直径10cm
3	花色	鲜艳纯正有光泽	花色鲜艳纯正	鲜艳，不失水，略有焦边	花色稍差，略有褪色，有焦边
4	茎秆	①坚硬，挺直，花颈长5cm以内，花头端正 ②长度85cm以上	①坚硬，挺直，花颈长6cm以内，花头端正 ②长度75cm以上	①挺直 ②长度65cm以上	①挺直 ②长度60cm以上
5	叶片	①厚实，分布均匀 ②叶色鲜绿有光泽	①厚实，分布均匀 ②叶色鲜绿	①叶片厚实，分布稍欠匀称 ②叶色绿	①叶片分布欠匀称 ②叶片稍有褪色
6	病虫害	无购入国家和地区检疫的病虫害	无购入国家和地区检疫的病虫害，有轻微病虫害症状	无购入国家和地区检疫的病虫害，有轻微病虫害症状	无购入国家和地区检疫的病虫害，有轻微病虫害症状
7	损伤等	无药害、冷害及机械损伤	基本无药害、冷害及机械损伤	轻微药害、冷害及机械损伤	轻微药害、冷害及机械损伤
8	采切标准	适用开花指数（见备注）为1～3	适用开花指数为1～3	适用开花指数为2～4	适用开花指数为3～4

续表

评价项目		等级			
		一级	二级	三级	四级
9	采后处理	①冷藏,保鲜剂处理 ②依品种每12枝为一扎,每扎中花茎长度最长与最短差别不超过3cm ③切口以上10cm去叶	①冷藏,保鲜剂处理 ②依品种每12枝为一扎,每扎中花茎长度最长与最短差别不超过5cm ③切口以上10cm去叶	①依品种每12枝为一扎,每扎中花茎长度最长与最短差别不超过10cm ②切口以上10cm去叶	①依品种每12枝为一扎,每扎基部整齐 ②切口以上10cm去叶

注：开花指数1：舌状花紧抱，其中1～2个外层花瓣开始伸出，适合于远距离运输；开花指数2：舌状花外层开始松散，可以兼作远距离和近距离运输；开花指数3：舌状花最外两层都已开展，适合于就近批发销售；开花指数4：舌状花大部开展，宜就近尽快出售。

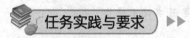 任务实践与要求 ▶▶

1. 任务要求

通过田间管理进一步熟悉切花菊的生长发育规律，掌握切花菊张网、抹芽的操作技巧。

2. 工具与材料

（1）工具　竹签、芽接刀、塑料袋、竹竿、铁丝网等。

（2）材料　切花菊苗。

3. 实践步骤

在教师或技术人员指导下，分组选择苗床，按生产管理方案进行张网、疏芽操作。

①选择切花菊苗床，当切花菊长到15cm以后，根据苗床长宽及株行距设计网的长宽及网孔大小，并张网。在苗床四周每隔2m插一高为1m的竹竿，并将事先结好的网固定在竹竿上，要求平整、踏实，定期（半月左右1次）向上提拉。可张2层网，使菊花在网内均匀分布。

②在定苗后及时剥去下部腋芽，待芽长到0.5cm时开始抹芽，用竹签、芽接刀或直接用手抹除腋芽，操作中不可损伤菊花花、枝、叶，剥除要干净、及时。

4. 任务实施

详述切花菊的张网、抹芽操作过程，分析操作过程中容易出现的问题。

5. 任务考核标准

通过实际操作，同学间相互讨论切花菊张网、抹芽的意义和操作技巧，分析讨论因操作不当引起的后果和应采取的解决措施，并且教师逐一点评，具体考核标准见表4-6。

表4-6　切花菊生产实训考核表

考核项目	考核要点	等级分值					备注
		A	B	C	D	E	
实训态度	积极主动,实训认真,爱护公物	10～9	8.9～8	7.9～7	6.9～6	<6	
植株抹芽	处理正确、规范	30～28	27.9～26	25.9～24	23.9～22	<22	
张网操作	操作正确、规范到位	40～38	37.9～36	35.9～34	33.9～32	<32	
结果分析	规范到位,分析正确	20～18	17.9～16	15.9～14	13.9～12	<12	

任务三　非洲菊切花的生产

1. 熟悉非洲菊切花生产的栽培管理技术，能根据市场需要选择品种、培育壮苗。
2. 能根据不同非洲菊品种及上市期选择适宜的定植时间，安排周年生产计划。
3. 会及时诊断非洲菊的病虫害情况并进行综合防治，能根据花朵开放情况及时采收。

技能目标 ▶▶

1. 根据非洲菊生长情况适时进行田间中耕除草、肥水管理、病虫害防治等。
2. 能熟练进行摘心、整枝、抹芽及抹蕾，以及立柱、张网等基本技术操作。

【知识准备】

非洲菊又称扶郎花、太阳花、大丁花。原产南非，另马达加斯加岛上也有大量野生种，少数分布在亚洲。其花色丰富、花型多样，栽培用工省，在温暖地区能周年不断地开花。由于现代育种和组织培养苗商品化生产的应用以及先进的温室大棚栽培技术，现可周年生产，且已经成为世界闻名的十大切花之一。目前其切花生产的主产地有：荷兰、意大利、德国、法国和美国等。我国栽培非洲菊的历史不长，在 20 世纪 80 年代末由于解决了非洲菊组织培养的快繁育苗技术，克服了品种退化，使其切花生产迅速发展起来，并已成为目前国内市场上的主要切花之一。

一、生物学特性

非洲菊是菊科、非洲菊属的多年生常绿草本。其亲缘关系来自菊属和紫菀属。它的头状花序是由许多小花组成的，外轮花为雌性舌状花，色彩艳丽；中部的花主要是雄性管状花，即所谓的花心。非洲菊虽为雌雄同株，但却是异花授粉植物。

非洲菊最适生长的昼温为 $22\sim26℃$，夜温一般要比白天低，最适为 $20\sim24℃$，日平均温度为 $23℃$，温差为 $1\sim4℃$。若低于 $7℃$ 会使花蕾停止发育，且根部容易发生病害；若低于 $0℃$，则植株会受冻；当温度高于 $30℃$ 时，生长受阻、开花减少。

非洲菊喜阳光充足的环境，每天日照时数不低于 12h，当光照过强（高于 600001x）时，应适当遮阴。因非洲菊根系对土壤中的缺氧环境较为敏感，所以土壤要求充分疏松透气，并富含有机质。土壤 pH 值在 $5.5\sim6.0$ 最合适，不会影响其植株对矿质元素的吸收利用。

二、品种选择及育苗

非洲菊的花型有：窄花瓣型、宽花瓣型和重瓣花型，目前栽培较多的是窄瓣型和宽瓣型。

（1）窄瓣型　舌状花瓣宽 $4\sim4.5mm$、长 50mm，排成 $1\sim2$ 轮；花序直径 $12\sim13cm$，花盘小，花梗粗 $5\sim6mm$、长 50cm。单株年产量 30 枝以上。

（2）宽瓣型　舌状花瓣宽 $5\sim7.5mm$、长 $41\sim48mm$，60 瓣左右，排成 $1\sim3$ 轮；花序直径 $11\sim13cm$，花梗粗 6mm、长 $50\sim70cm$。单株年产量 20 枝以上。常见的有玛林：黄花

瓣；黛尔非：白花宽瓣；海力斯：朱红花宽瓣；卡门：深玫红花宽瓣；吉蒂：玫红花瓣、黑心。尤以黑心品种深受人们喜爱。

国内目前切花生产的栽培品种，多是近年来从荷兰等国引进的。

由于非洲菊为异花传粉植物，自交不孕，其种子后代必然会发生变异。因此，必须采用分株、扦插和组织培养等无性繁殖方法进行育苗。因分株只适应分蘖力强的品种，且繁殖速度慢；扦插苗的生长势及产量不够理想，操作不易，故生产上基本以组织培养苗为主。

组织培养苗45天苗龄可移植，90天苗龄移植则成活率更高。虽然非洲菊可多年栽种，但由于第二年以后，切花的质量和产量都会有所下降，因此有必要进行更换种苗。最经济的种植周期为2年。

三、周年生产栽培技术

在现代保护地条件下，只要保证合适的温度等环境条件，非洲菊很易做到周年生产供花。

1. 土壤要求

非洲菊属深根系，因此深层土下不能有硬土层。栽培土最好是经配制的培养土，用泥炭、珍珠岩、砻糠灰、稻壳、树皮等混合，使通透性增加，以保证根系生长有足够的氧气。非洲菊对土壤中的通气性特别敏感，尤其在夏季，植株需要更多的氧气用于呼吸作用，但此时因高温期浇水量大和水温的升高都会使土壤含氧量减少。

非洲菊喜偏微酸性的壤土，pH值在5.5～6.0，若过高会使某些元素如镁和铁的吸收困难。土壤盐类浓度不能太高，钠和氯的高浓度说明其EC值偏高，钠和氯对非洲菊植株尤其是幼苗危害极大，因此，定植前应对土壤进行清洗。同时，在定植前对土壤进行消毒也很关键。否则，会带来真菌和线虫的危害。消毒方法包括用蒸汽消毒6～8h和撒布溴化甲基药剂等。

非洲菊忌水湿，即使短时期的地下高水位也会导致烂根。在温室或连栋大棚等现代保护地设施中，应充分注意要有良好的排水，可在距地下70～80cm深处安装闭路式的管道排水系统。

非洲菊是最适宜用于无土栽培的切花种类，基质栽培能最大限度地满足其对土壤的各项要求，可床栽或盆栽生产，切花的质量、产量均佳。

2. 定植

宜作高畦或堆砌种植床，高度应达30～40cm。采用窄畦法种植，畦面宽50～60cm，畦上种2行，行距为30～40cm、株距为25～30cm即可。这样在塑料大棚或温室内将走道等计算在内，每平方米约为6～7株。种2行既利于排水，也能使叶片展开，使植株中心充分受光，还便于操作。标准塑料大棚可作4畦或3畦，一个棚约种植900株。

非洲菊适宜种在潮湿土上，一般可将幼苗充分吸水后再下种，种植时间为清晨或傍晚，注意不能种得太深。苗的根颈部应露出土面1～1.5cm，因为非洲菊具有一种粗壮的老根，称为"收缩根"，能通过其收缩性质将植株往下拉，使在生长过程中会有下沉现象，若生长点被埋于土中，生长发育会受阻。

定植后立刻浇水以提高相对湿度，浇灌或利用喷雾设施均可，保持土壤有一定的湿度，直至发出足够叶片能实行自我调节为止。苗期避免温度过高和光照过强。定植的最初一个月内，温度不要低于15℃，以20～22℃为宜，光强不要超过45000lx。

3. 温度及湿度管理

非洲菊切花的高产栽培，至少应保持 16℃ 以上的常年温度，并避免昼夜温差过大。夜温通常比白天低 2～3℃，如温差过大，会造成畸形花序。同时，灌溉的水温也很重要，水温最好与气温相一致，一般最低水温为 15℃，若水温过低会引起一些根部病害。此外，土温也很重要。适宜的土温会促进根系生长，并有利于水分和养分的吸收，而当土温比气温低时，植株不能吸收足够的水分用于蒸发。

相对湿度决定了植株的蒸发量，一般最佳湿度为 70%～85%。或湿度过高则会引起真菌等病害，如灰霉病、菌核病等。因而，注意利用通风和加热设备来调节保护地内的空气湿度。同时，又要保持设施环境内的充分通风。

4. 肥水管理

由于非洲菊忌土壤高盐，通常不宜大量施用基肥。可在定植前用腐熟、干燥的家畜肥混入栽培土中。因非洲菊四季开花不断，所以必须在整个生育期不断追肥，追肥的最佳模式为营养液滴灌。非洲菊的营养类型属于氮钾型，肥料可以复合肥为主。一般每隔 10～15 天左右施 1 次，标准大棚每次用量为 10～15kg。追肥应根据不同的生长阶段进行配比，在开花前氮、磷、钾的比例为 20：20：20，在开花期间则应使氮、磷、钾、钙、镁的比例保持在 15：10：30：10：2。除了大量元素之外，微量元素也应定期供给。

非洲菊生长量大，需经常浇水以保证植株需求。浇水时要特别注意叶丛中心不能积水，以防烂花芽；浇水时间最好在清晨或日落后 1h。

水质的好坏甚至比土质还重要，雨水、自来水或井水都可用于灌溉。非洲菊对水中的含盐度（尤其是 Na 和 Cl）很敏感，浓度越低越好。

在非洲菊的切花栽培中，用二氧化碳施肥能够获得较好效果。在适宜的光照强度和温度条件下，当保护地内的 CO_2 浓度为 600～800mL/m³ 时，对非洲菊的生长有积极的促进作用，有利于提高切花的产量和质量。

5. 剥叶与疏蕾

(1) 剥叶　剥叶的必要性：非洲菊除幼苗期外，整个生长期为营养生长与生殖生长同时进行，即一边长叶、一边开花。如叶片过于旺盛，花数减少，甚至只长叶而不开花；叶片过少过小，开花也会减少，并因营养不足导致花梗变矮、花朵变小。因此，协调好营养生长与生殖生长的矛盾，是提高非洲菊出花率及品质的关键所在。其中重要的措施就是在整个生育期要经常不断地合理剥叶。

剥叶的作用：剥叶可以减少老叶对养分的消耗，促使新叶萌发；可以加强植株的通风透光，减少病虫害的发生，让生长于叶丛中的小花蕾得到充足的阳光；剥叶可以抑制过旺的营养生长，促使植株由营养生长及时转向生殖生长。

剥叶操作不能仅简单地剥去外层老叶。有些生产者只是一味地剥去外层老叶，使得植株只留下集聚在一起的小叶叶丛，正常功能叶减少，从而破坏了植株本身应有的平衡，造成花小、花少。

正确的剥叶方法如下。

① 剥去植株的病叶与发黄的老叶。

② 剥去已被剪去花的那张老叶（从理论上讲，非洲菊的每张功能叶均能开一枝花）。

③ 根据该植株分株上的叶数来决定是否再需剥叶。一般 1 年以上的植株约有 3～4 个分株，每分株应留 3～4 张功能叶，整株就是 12～14 张功能叶。多余的叶片要在逐个分株上剥

叶，不能在同一分株上剥。

④ 将重叠于同一方向的多余叶片剥去，使叶片均匀分布，以利更好地进行光合作用。

⑤ 如植株中间长有密集丛生的许多新生小叶，功能叶相对较少时，应适当摘去中间部分小叶，保留功能叶，以控制过旺的营养生长，同时让中间的幼蕾能充分采光，这对花蕾的发育相当重要。

（2）疏蕾　疏蕾的主要目的是提高切花品质，使花枝更具商品性。疏蕾的方法是：当同一时期植株上具有 3 个以上发育程度相当的花蕾时，为避免养分分散，应将多余的花蕾摘除，以保证主花蕾开好花。

此外，在幼苗刚进入初花期时，未达到 5 张以上的功能叶或叶片很小，应将花蕾摘除，不让其开花，以保证足够的营养体发育，实现"大叶大花"。

当夏季切花廉价时，应尽量少出花，以蓄积养分，利于冬季出好花。

四、病虫害防治

非洲菊的主要病害有灰霉病、白绢病、菌核病等，多为真菌引起，可通过土壤消毒、降低空气湿度和定期喷施杀菌剂等进行防治。

非洲菊的虫害较多，如跗线螨、蚜虫、红蜘蛛、潜叶蝇、线虫等，其中又以跗线螨的危害最普遍、最严重。由于跗线螨易传播、难以治愈，且影响产量和质量，因此，从育苗期到开花期的整个生育期，都必须高度重视并预防跗线螨的发生。

跗线螨一般肉眼不可见，常在嫩叶背面及幼蕾上吸取汁液为害，会造成嫩叶叶缘上卷、叶面油状光泽增强、叶片变小、花序局部畸形如舌状花轮残缺等，同时，花瓣往往也褐变、萎缩、变形。

跗线螨的发生高峰多在 5 月份，8～9 月间的温度高、气候干燥时也易发生。低温及空气湿度大时，其危害显著减轻。以药剂预防为主，宜每隔 10～15 天喷洒 1 次三氯杀螨醇 1000 倍液，最好能用克螨特 1000～1500 倍液、速螨酮 900 倍液或索尼朗 1000 倍液等进行交替施用，效果较好。此外，病虫害的防治还应注意保护地的田间卫生。

五、采收与保鲜

由于非洲菊的茎基部离层易折断，所以采收时只需握住花茎，轻瓣拔起即可。切花的采收期应掌握在花茎挺直、外轮舌状花瓣平展时进行，最适宜的采花时间在清晨或傍晚，因清晨植株呼吸最低，花茎导管中充水量最大，傍晚则经一天的光合作用后，花茎中的养分含量最高。

非洲菊采切后不能缺水，应立即插入水或保鲜液中，使之吸足水分，可采用湿贮方法。在相对湿度 90%、温度 2～4℃条件下，湿贮法可保持 4～6 天，干贮法则只有 2～3 天的保鲜期。

为避免包装时损伤展开的花瓣，可用塑料或纸固定花头。最理想的包装是用纸板固定法，即在纸板上设置孔洞，让花茎穿过孔洞，而使每个花朵平铺在纸板上。最后，用长 70cm、宽 40cm、高 30cm 的包装盒包装，并在盒中放置硬泡沫长条，以防在运输、搬运过程中折断盒中的花枝。

任务实践与要求 ▶▶

1. 任务要求

通过非洲菊的田间管理，进一步熟悉非洲菊的生长发育规律，掌握非洲菊剥叶、疏蕾的操作技巧。

2. 工具与材料

非洲菊苗，剪刀等。

3. 实践步骤

在教师或技术人员指导下，分组选择苗床，按生产管理方案进行剥叶与疏蕾技术操作。

① 选择非洲菊苗床，根据苗生长大小，进行合理的剥叶处理。

② 根据植株上花蕾的多少，有选择地去除花蕾，去除要干净、及时。

4. 任务实施

详述非洲菊剥叶、疏蕾操作过程，分析操作过程中容易出现的问题。

5. 任务考核标准

通过实际操作，同学间相互讨论非洲菊剥叶、疏蕾的意义和操作技巧，分析讨论因操作不当引起的后果和应采取的解决措施，并且教师逐一点评，考核标准见表4-7。

表4-7 非洲菊切花生产实训考核表

考核项目	考核要点	等级分值					备注
		A	B	C	D	E	
实训态度	积极主动,实训认真,爱护公物	10~9	8.9~8	7.9~7	6.9~6	<6	
植株选择	选择方法正确、规范	30~28	27.9~26	25.9~24	23.9~22	<22	
操作过程	操作正确、规范到位	40~38	37.9~36	35.9~34	33.9~32	<32	
结果分析	分析正确	20~18	17.9~16	15.9~14	13.9~12	<12	

任务四 满天星切花的生产

 **知识目标** ▶▶

1. 熟悉满天星切花生产的栽培管理技术，能根据市场需要选择品种、培育壮苗。
2. 能根据不同的满天星品种及上市期选择适宜的定植时间，安排周年生产计划。
3. 掌握满天星的花期调控处理技术。
4. 会及时诊断满天星的病虫害情况并进行综合防治，能根据花朵开放情况及时采收。

技能目标 ▶▶

1. 根据满天星生长情况适时进行田间中耕除草、肥水管理、病虫害防治等。
2. 能熟练进行摘心、整枝、立柱、绑扎等基本技术操作。

【知识准备】

满天星是石竹科、丝石竹属的多年生宿根草本植物，又名重瓣丝石竹。其野生种原产中亚，开单瓣小花，经人工选育为开重瓣花的品种，并成为世界鲜切花家族中的重要一员。

满天星洁白的小花如繁星点点，极具装饰美、朦胧美，尤其适合作插花和捧花的配花材料，是欧洲十大名切花之一。我国自20世纪80年代后期引进栽培，由于其消费市场大、生产投资省、管理较容易、经济价值高（尤其是冬季产花），目前已成为国内的主要切花品种之一。

一、生物学特性

满天星耐寒性很强，喜好凉爽、干燥、阳光充足的环境，宜略带石灰质的中性或偏碱性的干燥土壤。也很耐热，但最忌高温高湿气候。适宜的生长温度为 15～25℃，10℃ 以下、30℃ 以上均易导致满天星生长受阻，并使植株呈现莲座状。

满天星属长日照植物，花芽分化的临界日照为 13h。不同类型品种的临界日照长度有差异，一般大花型品种比小花型品种对长日照更敏感。满天星属肉质直根，忌移栽，不宜露地栽培，应严格遮雨栽培。

二、品种与育苗

目前从国外引进的满天星白花品种主要有 3 个。

（1）仙女（Bristol Fairy） 属小花种，花朵多而小。该品种适应性强，产量高、栽培较容易，易周年开花，但花茎偏软，保鲜能力稍差。

（2）完美（Perfect） 属大花种，茎挺拔粗壮，保鲜期长，但对光温反应较敏感，栽培技术要求高，较难做到周年开花。

（3）钻石（Diamond） 属中花种，其花型大小、栽培特性等均介于大花种和小花种之间。

满天星的种苗繁殖主要有扦插法和组织培养法两种。由于满天星的扦插生根较为困难，现绝大多数采用组织培养法育苗。采取茎尖培养的方法，还可大量生产出优质的脱毒苗。定植用组织培养苗的质量标准，一般要求有 5～6 片叶以上，苗高 8～10cm，健壮挺拔，根系发育良好。

三、栽培管理技术

1. 土壤准备

满天星喜干怕涝，因此宜选择地势高燥、土质疏松、土层深厚并富含有机质的地块种植。在定植前深翻土地，经曝晒或进行土壤消毒。

满天星需肥较多，应充分施入基肥，每公顷用腐熟的有机肥 45000kg、复合肥 450～600kg，并适当施用草木灰、过磷酸钙等石灰质肥料，基肥用量占总用肥量的 60%～70%。

在标准大棚内作畦 3 条或 4 条，每条畦面宽 1m 左右、畦高 30～40cm。基肥需翻入土中，敲碎土块，平整畦面后才可种苗。

2. 定植方式

在保护地设施条件下，满天星基本上已能做到周年开花，所以完全可以根据供花期来确定定植时间。以长江流域为例，若要求四季产出优质的切花，需保证一年有 3 次开花高峰，一般有以下几种定植型。

（1）4～7 月开花型 在 10～12 月之间定植，于普通塑料大棚条件下保温越冬。翌年 2 月底摘心、整枝，留 4 个健壮的主分枝，3 月底重施一次以磷、钾肥为主的追肥，4 月底即可开花，花期可延续到 6 月底至 7 月初。此定植型一般不需加温、补光。但要在 4 月中旬盛花的，则需在 1 月份整枝修剪，并电照补光。

此开花型，还可于春季 3～4 月定植小苗，整枝，剪去莲座状枝和早生侧芽，留基部花茎，到 7 月盛花。5 月中旬摘心使之在 6 月底到 7 月盛花。

(2) 10～12 月开花型　应在春季 3～4 月定植，不摘心，到 6 月因高温已有部分花茎抽茎开花，但多数呈莲座状枝条。此时应及时剪去莲座状枝，使茎基部的隐芽重新萌发。9 月上旬补加光照，至 10 月初就能开花，花期延续到 12 月底。

(3) 元旦至春节开花型　于 6 月中下旬定植，至 8 月中下旬齐根剪去地上部的枝条，即实施重修剪或称"回剪"，到 9 月中下旬开始补加光照，则一般于 11 月中下旬有花，元旦、春节期间盛花。此定植型的经济价值高，但在冬季栽培中，保护地设施内的环境温度需达到 10℃以上，才能使满天星正常开花，并维持一定的产量。

满天星的定植参数主要是密度和深度。通常 4 条畦的每畦种 2 行，株距则依产花期而定，出夏花的密度稍大些，株距为 50cm；出冬花的株距可为 40cm 左右。株距太大，易生侧枝而使切花的品质下降。标准塑料大棚每棚可定植小苗 900～1000 株。定植时以"浅植"为原则。

3. 肥水管理

满天星对水分的要求是宜干不宜湿，尤其怕涝。在生长发育初期，需水量较多，只要土地排水良好，应在苗期多浇水；而土壤过于干燥，反而会使生长停滞，产生莲座状花序。一般小苗下种后，要先浇一次透水，遮阴半个月以确保成活，在此期间不宜多浇水。排水不良的栽培地，若整天土壤湿润，则更不能浇水，以免导致根腐死亡。抽薹开花期应控制浇水，以保证花枝挺拔。

值得注意的是，满天星在整个生育期内，切勿经露天雨淋，也不能采用沟灌或遭遇积水浸淹，否则很易造成大量死苗。

满天星施肥以基肥为主，追肥主要集中在 3 个阶段：小苗定植成活后，追施一次以氮肥为主的返青肥；摘心以后应重施一次氮、钾配合的分枝肥；抽薹后追施一次以磷、钾为主的促花肥。氮肥应集中于前期使用，后期若氮肥偏多易产生徒长，枝条软弱，营养枝大量发生，影响开花和切花的品质。

4. 摘心整枝

摘心一般在植株出现 7～8 对叶，下部叶腋中已发出新枝时进行。将主枝在 3～4 叶位处摘去，摘心后 2 周会长出许多侧枝，当侧枝叶片伸展时，留 2～3 个侧枝，其余均抹去。

在产花期，由于满天星整个植株的各分枝开花参差不齐，早开花的花枝被剪之后，会促进下部营养枝的发生。所以，直到花期，还应注意经常摘除新发生的营养枝，以免影响花枝的发育和开花。

5. 薹期管理

满天星生长发育过程中营养生长转向生殖生长的重要标志是茎的伸长，即称"抽薹"。该时期的管理主要应注意以下几方面。

(1) 立柱绑扎　在每个抽薹的主侧枝旁插一根长约 60cm 的小竹竿，当薹抽到 25cm 时，及时绑在小竹竿上，以后再长 30cm 可再绑一次。

(2) 肥水管理　抽薹前期应重施肥水，以供给植株大量生长所需的养分；随后逐渐减少氮肥比例，增加磷、钾肥用量，同时多施一些硝酸钙、硝酸钾等速效肥。

抽薹后期，开花前 45 天应停止施用氮肥，开花前 30 天左右（已见花蕾）应基本控水，可用 0.2％的磷酸二氢钾进行根外追肥，每周喷 1 次，有利于花茎更为挺拔、硬质。

（3）温度管理　夏秋开花的应避免持续高温，满天星如遇连续 10 天 30℃以上的高温，易产生莲座状花序；冬季开花则必须保证夜温在 10℃以上，若处于低温短日照条件下，最易产生莲座状。冬季在 11～12 月份已形成花蕾，但因加温不足而不能开放者，可延续到翌年春 3～5 月份开花。

6. 病虫害防治

（1）根腐病　由镰刀菌引起，属土传真菌性病害。病菌首先从肉质宿根内侵入，沿输导组织向上发展，堵塞导管，造成植株失水而枯萎。根腐病是满天星的主要病害，从苗期到开花期均可危害。主要防治措施有：做好土壤消毒工作，避免连作；有效地降低地下水位，防止淋雨和水淹，严格避雨栽培，夏季雨后应及时用百菌清 500 倍液等进行防治，一旦发生病株要及时拔除销毁，并用敌克松进行局部土壤消毒，防止蔓延；尽量选用脱毒的组织培养苗，促进根系发育，以提高植株的抗病性。

（2）小苗立枯病　主要是因浇水过量、湿度太大引起，常于苗期发生。症状是下部叶片首先出现如烫伤状暗绿斑点，直到全株腐烂而死，湿度大时，病叶上可见白色菌丝。应在发病初期就喷百菌清或多菌灵等进行防治，并加强通风，控制土壤湿度使其不能太高。

（3）灰霉病　此病在高温多湿的梅雨季发生率高。叶片上带霉点，花朵也发黑色带绿。主要防治措施是：加强通风，降低空气湿度，及时去除基部老叶、枯叶等。

（4）斜纹夜蛾　在蔬菜产区，斜纹夜蛾是满天星的大敌，常于苗期大发生，其幼虫钻食植株顶部嫩叶和幼芽，严重影响植株生长发育。而且常常因世代交叠，造成防治困难。防治方法有：及时检查，发现虫害于幼龄期喷药效果明显，药剂可用杀灭菊酯、杀螟松、敌百虫等。

（5）红蜘蛛　危害高峰在高温干燥季节，一般在 5 月份和 8 月份有 2 次高峰。叶片、花茎受害后变灰白色，植株生长停滞，严重时植株部分或全部枯死。防治措施有：保持生产场地的环境整洁，清除杂草，减少红蜘蛛的中间寄主。虫害发生后，可用三氯杀螨醇、氧化乐果等进行喷施，每周 1～2 次，连续喷 3 周。注意慎用克螨特，此药易对满天星造成药害。

四、花期控制

根据满天星的花芽分化机理和开花习性，花期控制主要从光、温两方面进行。

1. 电照补光

满天星是在短日照条件下完成营养生长、在长日照条件下完成生殖生长，长日照是其花芽分化的必要条件。每天日照若少于 13h，则极易产生莲座状丛生而难以开花。

下半年开花的促成栽培，开始补光的适期在 9 月上中旬，或者以小苗摘心后 3 周开始加光（刚摘心就开始加光，基本无效果），效果最好。方法是用 60～100W 的白炽灯（白炽灯的加光效果比荧光灯要好），每隔 1.5～2m 1 只，在植株上方 1～1.5m 高处进行夜间加光，使光强达到 50lx 以上。加光时间一般从晚上 10 点至凌晨 2 点，补光 4h，连续 1 个月，可保证 80% 的植株花茎伸长、开花。如通宵补光 3 个月，则 100% 的植株都能开花。长日照处理后还可使切花的长度等商品性提高。当花茎伸长开始现蕾，可停止光照。

2. 温度管理

满天星的自然花期为 4～6 月份，而低温是诱导其花芽分化的重要条件。在日夜温度的影响中，尤其以夜温最为重要。满天星的生长适温在 15～25℃，若夜温不低于 10℃，并给予 16h 的光照就能做到周年供花。若要提早开花，则可在苗期加温促进生长，2 月份加光，

3 月份即可开花。或者在 2 月份喷施 200mg/L 的 GA 溶液 2 次，也可在 3 月下旬开花。

冬季除补光外，还需有保温或加温措施，使夜温保持在 10℃以上，则开花效果较好；若夜温在 5℃以上，虽也能开花，但开花极缓慢，且大花品种易产生莲座状花序。在苗情良好情况下，如在 10 月底、11 月初用 200mg/L GA 喷施，结合加温，也可以获得冬季切花。

3. 宿根冷藏

这是打破休眠、促进提早开花的手段之一，也是满天星回避夏季高温、避免出现莲座状的有效措施。具体做法是：将上半年已开过花的满天星老根于 7 月中旬挖起，洗净后，用 1000 倍高锰酸钾处理并晾干，装箱放入 1～3℃冷库中冷藏，至 9 月上中旬进行定植。宿根冷藏后，发芽快而长势旺，配合补光和加温，即只要保证夜温在 15℃以上，定植后 60 天就能开花，而且花枝高大整齐，切花品质优良。

宿根冷藏措施的关键是要适时掘根。一般在 6 月份终花后，让宿根留在土中完熟，15～20 天左右再掘，此期间应严格控制浇水；挖掘时，不能损伤根茎的交接处；冷藏时要选择健壮的宿根，剔除烂根、差根。冷藏宿根的定植要避开持续 25℃以上的高温期，以 9 月中下旬较为安全。

五、采收与保鲜

满天星花序的小花由上往下逐渐开放，因此宜分期分批进行采收，切花适期是 50%左右小花已开放，或以每 3 朵小花中有 1 朵开足为适期，过早或过迟都会影响其商品性。满天星因花枝嫩，保水性较差，故剪花时最好带水桶到栽培地中剪切，剪后立即插入水桶中，使其充分吸水，为延长保鲜期，可在 20mg/L 的硝酸银和 3%的蔗糖溶液中浸一昼夜。

花茎常以 25～35cm 长、5～25 枝为一束，或以重量分等级（见表 4-8）。在每枝花的花枝下端用浸有保鲜液的脱脂棉花球裹住，或以直径 1cm、长度 2cm 的塑料管套住花枝下端，以保证在运输、贮藏期中供给水分和养分，延长保鲜期。

表 4-8 满天星切花产品质量等级标准（1997 年农业行业标准 NY/T 324—1997）

评价项目		等级			
		一级	二级	三级	四级
1	整体感	极好,聚伞圆锥花序完整	好,聚伞圆锥花序完整	一般,聚伞圆锥花序较完整	一般,聚伞圆锥花序欠完整
2	花型	小花饱满,完整优美	小花完整,无明显黑粒与异常花	小花完整,有少量黑粒与异常花	小花完整,有少量黑粒与异常花
3	花色	花色纯正明亮	好,小花黄化及萎蔫率低于 5%	一般,小花黄化及萎蔫率低于 10%	一般,小花黄化及萎蔫率低于 15%
4	茎秆	①茎秆鲜绿坚挺,有韧性 ②长度 65cm 以上 ③主枝明显,并有 3 个以上分枝 ④花茎切口至第一大分枝处长度不超过 15cm	①茎秆鲜绿挺直 ②长度 55cm 以上 ③每个花茎有 3 个以上分枝 ④花茎切口至第一大分枝处长度不超过 15cm	①茎秆挺直 ②长度 45cm 以上 ③每个花茎都有 2 个以上分枝 ④花茎切口至第一大分枝处长度不超过 15cm	①茎秆稍有弯曲 ②长度 45cm 以上
5	叶片	有极少量叶片,鲜绿明亮	有少量叶片,鲜绿明亮	有少量叶片,有少量烧叶	有少量叶片,有少量烧叶

评价项目		等级			
		一级	二级	三级	四级
6	病虫害	无购入国家和地区检疫的病虫害	无购入国家和地区检疫的病虫害,有轻微病虫害症状	无购入国家和地区检疫的病虫害,有轻微病虫害症状	无购入国家和地区检疫的病虫害,有轻微病虫害症状
7	损伤等	无药害、冷害及机械损伤	基本无药害、冷害及机械损伤	有极轻微药害、冷害及机械损伤	有明显药害、冷害及机械损伤
8	采切标准	适用开花指数(见备注)为1~3	适用开花指数为1~3	适用开花指数为2~4	适用开花指数为3~4
9	采后处理	①保鲜剂处理 ②依品种每330g捆为一把,每把基部整齐,每扎中花茎长度最长与最短差别不超过3cm ③基部用橡皮筋绑紧 ④每扎需套袋或纸张包扎保护	①保鲜剂处理 ②依品种每330g捆为一把,每把基部整齐,每扎中花茎长度最长与最短差别不超过5cm ③基部用橡皮筋绑紧 ④每扎需套袋或纸张包扎保护	①依品种每250g捆为一把,每把基部整齐,每扎中花茎长度最长与最短差别不超过10cm ②基部用橡皮筋绑紧 ③每扎需套袋或纸张包扎保护	①依品种每250g捆为一把 ②基部用橡皮筋绑紧

注：开花指数1：小花盛开率10%~15%,适合于远距离运输；开花指数2：小花盛开率16%~25%,可以兼作远距离和近距离运输；开花指数3：小花盛开率26%~35%,适合于就近批发销售；开花指数4：小花盛开率36%~45%,宜尽快出售。

满天星切花冷藏的最适温度为4~5℃。将切花置于保鲜液中,可延长寿命期2~3倍。常用的保鲜液配方为：200mg/L 8-HQS(8-羟基喹啉硫酸盐)加2%蔗糖,或25mg/L硝酸银加5%蔗糖的水溶液。

 **任务实践与要求** ▶▶

1. 任务要求

通过满天星的田间管理,进一步熟悉满天星的生长发育规律,掌握满天星定植的操作技巧和花期调控技术。

2. 工具与材料

(1) 工具　铲子、白炽灯、喷壶等。

(2) 材料　满天星苗。

3. 实践步骤

在教师或技术人员指导下,分组选择苗床,按生产管理方案进行定植和花期调控技术操作。

① 选择苗床整地施基肥,作畦,按照一定株行距定植幼苗,浇水。

② 根据苗龄,摘心3周后,用白炽灯进行光照处理,每天观察记录生长情况。

4. 任务实施

详述满天星定植、花期调控操作过程,分析操作过程中容易出现的问题。

5. 任务考核标准

通过实际操作,同学间相互讨论满天星定植、花期调控的意义和操作技巧,分析讨论因操作不当引起的后果和应采取的解决措施,并且教师逐一点评,考核标准见表4-9。

表 4-9　满天星切花生产实训考核表

考核项目	考核要点	等级分值					备注
		A	B	C	D	E	
实训态度	积极主动,实训认真,爱护公物	10～9	8.9～8	7.9～7	6.9～6	<6	
植株选择	选择方法正确、规范	30～28	27.9～26	25.9～24	23.9～22	<22	
操作过程	操作正确、规范到位	40～38	37.9～36	35.9～34	33.9～32	<32	
结果分析	分析正确	20～18	17.9～16	15.9～14	13.9～12	<12	

任务五　勿忘我（补血草）切花的生产

知识目标 ▶▶

1. 熟悉勿忘我切花生产的栽培管理技术，能根据市场需要选择品种、培育壮苗。
2. 能根据不同的勿忘我品种及上市期，选择适宜的定植时间，安排周年生产计划。
3. 掌握勿忘我冬季的促成栽培技术，能根据花朵开放情况及时采收。

技能目标 ▶▶

1. 根据勿忘我生长情况适时进行田间中耕除草、肥水管理、病虫害防治等。
2. 能熟练进行摘心、整枝、立柱、张网等基本技术操作。

【知识准备】

补血草属花卉为蓝雪科的多年生宿根草本植物，用作切花的主要有勿忘我（*Limonium sinuatum*）和情人草（*Limonium hybrida*）两种。

勿忘我又称星辰花、补血草、不凋花，原产地中海沿岸的干燥地带，耐寒，基生叶莲座状，花茎呈叉状分枝，圆锥状花序，花萼杯状有色，有白、青紫、黄、粉红等色。补血草属植物的花萼，色彩丰富，萼片干膜质、不易凋落，成为主要的观赏部位，也是极好的干花材料；而其花瓣很小、白色，居于花萼中央，且在开花后容易脱落。

情人草又称杂种补血草，是网状补血草（*L. reticulata*）与宽叶补血草（*L. latifolium*）的种间杂交种。其外形与勿忘我相近，花朵小，小花穗分布稀密均匀，切花的观赏效果更优于勿忘我。

补血草属花卉由于栽培用工省、种植成本较低，切花价格相对平稳；其花型独特、小花繁茂，极具装饰美和朦胧美；加之可自然干燥而成为干燥花，故而近年来切花需求量不断增长。目前我国的云南、广东、福建等省已规模化种植。

一、生物学习性

补血草属植物适应性强，喜光、耐旱、耐寒，生长适温为 22～28℃；在 −2～1℃条件下不易受冻，叶面遇霜，仍可继续开花；但忌夏季高温高湿，30℃以上则呈半休眠态。喜肥沃、排水良好的沙质壤土，在阳光充足的条件下开花色泽鲜艳。

补血草的抽薹、开花需要低温诱导春化，通常在越冬期间以莲座状株丛腋间的生长点感受低温，或在种子阶段度过春化。自开始抽薹，经花芽分化到开花所需的时间和温度条件，则因种类和品种的不同各异，一般其有效温度在 10℃以上。自然花期 4～6 月。

补血草为量性的长日照植物，因此，冬季切花栽培需用长日照处理。

二、育苗方法

补血草植物为直根性，不易分株，故多用种子繁殖，现代切花生产的种苗（特别是情人草）还多用组织培养法育苗。

补血草种子发芽的适温为 20℃，种子千粒重约 0.52g。播种用土可用园土∶腐殖土按 3∶2 配制，pH 值为 6.5 左右。因补血草种子带壳，发芽率较低，可掺沙搓揉脱粒后再播。覆盖细土，以看不见种子为宜。保持 15～20℃的温度，1 周后可发芽；25 天左右长到 2～3 片叶时，应及时假植以培养壮苗，苗期可喷施 0.2％的尿素液以促进生长。

切花生产中还常用冷藏法育苗，其一是在种子吸水萌动后进行冷藏；另一种方法是播后直接将育苗盘置于冷藏室中，在 2～3℃条件下 30 天即可完成春化。注意用此法育出的苗，在早期培育时需相对低温，以防因高温而引起脱春化现象。

三、周年生产栽培技术

补血草通常在秋季定植，经自然越冬后于翌年 5～7 月份开花，在加温的保护地设施内，可早在 3 月份开花。

1. 土壤准备与定植

定植前施入基肥，每 1000 平方米可用腐熟的有机堆肥 1500kg，并用无机氮肥 15kg、磷肥 25kg、钾肥 15kg 均匀翻入土中。因补血草对微量元素硼（B）的需要量大，可在定植前作为基肥每 1000 平方米施入硼砂 2kg。播种苗经假植后长到约 12～15 片叶，或组织培养苗 8～10 片叶时进行定植。标准大棚通常做 3 畦，每畦种 3 行，勿忘我的定植株行距为 30cm×30cm，情人草定植密度可稍大，多为 40cm×40cm。

2. 肥水管理

保持土壤不湿不干为宜，每周浇水约 3～4 次，尤其是苗期到抽薹期浇水要透；抽薹以后则应适当干燥，以叶片不出现萎蔫为准，可提高切花茎的硬度。补血草的追肥可每月施 1 次，按每 1000 平方米施速效性的氮、磷、钾肥各 5kg 为宜。

3. 立柱张网

由于勿忘我植株高大，花朵集中于花序顶端，盛花期每株可抽花薹 30～40 枝，因此必须立柱张网以防倒伏。当株高 20cm 时，对分枝数较多的植株及时剪除多余的茎，然后立柱拉网。

4. 病虫害防治

在保护地栽培条件下，若空气湿度太大，易发生灰霉病，因而要注意加强通风，有效地降低湿度。主要虫害有蚜虫、红蜘蛛等，在高温、干燥时易发生，应及时防治。

5. 冬季促成栽培

为使补血草在冬季开花，可利用冷藏育苗并结合定植后加温来实施。如 7 月播种并冷藏，8～9 月在冷室中育苗，具 8～10 片叶时移入温室，若保持昼温 20～25℃、夜温 10℃，可于 1 月份开花，并延续至 3～4 月份；若于 6 月份播种、冷藏并育苗，在 8 月份定植后提前保温，则可在 10 月份开花。

6. 采收与包装

补血草切后水养难以完全开放，因此应在盛花期（80％～100％小花穗开放时）采收。通常近茎基部剪切，否则花茎失水干燥后不能挺直；但如需多年采切的，剪时就保留花茎基部1～2片大叶，以利老株再度萌发。一般多年生补血草在产花3年后品质下降，应更新换种。

 **任务实践与要求** ▶▶

1. 任务要求

通过勿忘我的田间管理，进一步熟悉勿忘我的生长发育规律，掌握勿忘我定植和张网的操作技巧。

2. 工具与材料

（1）工具　剪刀、竹竿、铁丝、卷尺、铲子、喷壶等。

（2）材料　勿忘我苗。

3. 实践步骤

在教师或技术人员指导下，分组选择苗床，按生产管理方案进行定植与张网技术操作。

① 定植　种植床为高畦，宽1m，按15～20cm株行距进行定植，注意栽植深度，栽植后喷水。

② 架网　于定植缓苗后进行张网，在种植床两端固定木桩，按种植床的长度，将支撑网两端的竹竿固定在种植床木桩上，绷紧，使每苗立于网格中。

4. 任务实施

详述勿忘我定植、张网操作过程，分析操作过程中容易出现的问题。

5. 任务考核标准

通过实际操作，同学间相互讨论勿忘我定植、张网的意义和操作技巧，分析讨论因操作不当引起的后果和应采取的解决措施，并且教师逐一点评，考核标准见表4-10。

表4-10　勿忘我切花生产实训考核表

考核项目	考核要点	等级分值					备注
		A	B	C	D	E	
实训态度	积极主动，实训认真，爱护公物	10～9	8.9～8	7.9～7	6.9～6	＜6	
幼苗定植	操作方法正确、规范	30～28	27.9～26	25.9～24	23.9～22	＜22	
张网操作	操作正确、规范到位	40～38	37.9～36	35.9～34	33.9～32	＜32	
结果分析	分析正确	20～18	17.9～16	15.9～14	13.9～12	＜12	

项目三 ▶▶ 木本切花的生产

任务　月季切花的生产

 **知识目标** ▶▶

1. 了解切花月季的优良特征及品种分类。

2. 掌握月季切花的生产技术和流程，重点掌握其播种育苗、移栽以及湿度和温度控制技术。

技能目标 ▶▶

1. 能根据不同的市场要求选择不同的品种。
2. 能独立进行月季切花生产。
3. 能熟练进行月季切花的采收及采后处理操作。

【知识准备】

一、概述

长期以来，月季以其绚丽的色彩、硕大的花朵、千姿百态的花型在市场上长盛不衰，被誉为"花中皇后"。月季是幸福、富贵、爱情的象征，因此，它非常适合用于喜庆、礼仪场合的插花装饰，也是最常用的赠送花束及婚车上的花材。其花色丰富，有粉红、红、黄、橙、紫、白、复色七大类，花型多样，品种多达万种，是四大切花之一。

二、形态特征和习性

1. 形态特征

一般直立、蔓生或攀援灌木，大都有皮刺，常绿或落叶。奇数羽状复叶，叶缘有锯齿。花顶生，单花或成伞房、复伞房及圆锥花序。萼片与花瓣5枚，少数为4枚，栽培品种多为重瓣；果为聚合瘦果。现代切花月季品种具有以下优良的特征：①花型优美，高心卷边或高心翘角，特别是花朵开放 1/3～1/2 时，优美大方，含而不露，开放过程缓慢；②花瓣质地硬，花朵衰败慢，花瓣整齐，无碎瓣；③花色鲜艳、明快、纯正，不发灰，不发暗；④花枝长，花梗硬挺，不下垂；⑤叶片大小适中，叶面平整，有光泽；⑥有一定抗热、抗寒、抗病能力；⑦生长能力旺盛，萌发力强，耐修剪，产花率高，大花型品种每平方米年产花 80～100 支，中花型品种年产花达 150 支；⑧茎秆刺较少。

2. 分类与品种

月季花包含自然界形成的物种、古代栽培的种以及人工杂交的后代所组成的一个庞杂系统。按其来源及亲缘关系而分为 3 大类，之下再分种、系或品种。

（1）自然种月季花（species roses，简称 SP 系）　未经人为杂交而存在的种或变种，故又称为野生月季花。野生性状强，每年一季花，单瓣，抗性强。我国常见及作为现代月季亲本的如野蔷薇及其变种、金樱子、峨眉蔷薇、小果蔷薇及黄刺玫等。

（2）古典月季花（old garden roses）　或称古代栽培月季花，即现代月季的最早品系——杂交茶香月季。许多种是现代月季花的亲本，现在庭园中已逐渐少见，但在现代月季的培育中起了巨大作用，是现代月季的主要亲本。

（3）现代月季花（R. hybrida）　英名 Modern roses，指 1867 年第一次杂交育成茶香月季系新品种天地开以后培育出的新品系及品种，是当今栽培月季花的主体。现代月季花几乎都是反复多次杂交培育而成，其主要原始亲本有中国原产的月季、香水月季、蔷薇、光叶蔷薇及西亚、欧洲产的法国蔷薇、百叶蔷薇、突厥蔷薇、麝香月季、臭蔷薇 9个种及其变种。

现代月季也包含几个"系"，是按植株习性、花的着生方式及花径大小而划分。有大花

（灌丛）月季系（简称 GF 系）、聚花（灌丛）月季系（简称 C 系），亦即丰花月季系（简称 Fl 系）、壮花月季系（简称 G 系）、攀援月季系（简称 Cl 系）、蔓生月季系（简称 R 系）、微型月季系（简称 Min 系）、现代灌木月季系（简称 MSR 系）和地被月季系。

切花用品种要求一定的株高，花枝长而挺直，生长强健，产花量高，花大、色艳。各种色彩的月季可按一定的比例配置。

3. 生态习性

月季喜充足光照，夏季烈日下宜遮阴。一般喜有机质丰富、排水良好、保水保肥力强的土壤，忌土壤板结与排水不良。对土壤酸碱度适应性强，通风不良常导致白粉病等病害严重。月季生育适温 20℃左右，5℃以下生育停止。周年开花品种在环境适宜、新梢生长时又形成花芽，经 6～8 周再次开花。

三、栽培技术要点

1. 繁殖

（1）扦插　常用绿枝扦插，多在开花季节扦插，但以 5～6 月份及 9～11 月份最佳。

（2）嫁接　常用枝接和芽接。枝接用一年生扦插或实生苗作砧木，停止生长的新梢作接穗，在早春发芽前或 5～6 月份进行切接或劈接，接穗一芽一叶即可。为操作方便，可将砧木种在直径 7.5cm 盆中。嫁接后最好放置于 24℃下，保湿不使叶片干枯或脱落，约 4 周便愈合。

（3）芽接　商业性切花常用芽接，有省接穗、操作快、接合口牢固等优点。多于秋季 9～11 月份扦插，成活后至次年 5 月份作砧木。至 6 月份前后，当新梢已充实便可芽接。常用嵌芽接或 T 形芽接，接口应在新梢的最低处。夏季芽接后 3～4 周即愈合，用折砧方式将砧木顶端约 1/3 折断，不断抹除砧木上的萌生芽，约 3 周后再剪砧。秋接苗在次年春季发芽前剪砧。

2. 定植

一般在温室或大棚内栽培，应光照充足和通风良好，一般床宽 60～65cm，双行种植。为保证排水良好，床底常呈 V 形，底铺排水管，管上覆碎石，表面用培养土。基质用含有 15％～20％的疏松物质，床土在栽植两个月前备好，pH 值调至 6.5 左右，一般每立方米中加过磷酸钙 500～1000g，氮肥视土壤原有肥力而定，土壤深 25cm 左右。

定植时间可在春季 2 月中旬至 6 月中旬和秋季 9 月中旬至 11 月中旬。春季定植，当年 10 月开花；秋季定植，次年 5 月开花。生产上常在 4 月左右定植。大棚内每畦种两行，共计 8 行，定植行距 50cm、株距 20～25cm，每棚定植种苗约 1000 株。注意定植小苗时穴位宜大，有利于根系尽可能舒展，定植深度以嫁接部位离地 1～2cm 为宜。定植嫁接的芽眼方向要保持一致。

3. 摘心和采花

定植后要反复摘心。从地面以上发的粗壮的枝条可作为开花母枝，摘心时从顶部以下第 1～2 枚 5 小叶的地方摘。在保证整个植株有两三个开花母枝、30 对以上完全叶片数的前提下，封住徒长枝生长，封口用低浓度杀菌剂以防烂枝，以后发现其他枝条有叶芽萌动即摘除。20 天左右徒长枝封顶处上下两片叶的叶柄内叶芽萌动，二分叉开花母株丰产骨架形成。

除了形成开花株形而摘心外，还有为调节销售期而摘心。摘心后萌发的芽至开花天数随品种、季节、栽培温度而有不同。如图 4-2 所示。但这个天数到冬天或是因为品种而变长达 60～75 天。

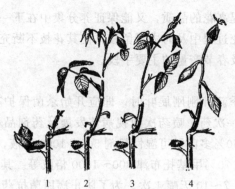

剪取切花月份	从剪取到1的天数	从1到2的天数	从2到3的天数	从3到4的天数	从4到开花的天数	合计天数
6月份	14	9	3	6	10	42
8月份	13	7	7	6	8	41

图 4-2　月季剪后到开花所需天数

采花时剪切的部位如果不恰当，会造成切花量、花的品质下降，因此在不同的季节采花的部位也不同。

4. 浇水与施肥

水与肥在月季花生产中很重要，肥、水不足常导致生长不良及开花不好。月季花喜肥，首先定植前施足有机肥。一般每亩施有机肥 2t 以上，钙镁磷肥每亩 200kg，即：施足三年的基肥，栽后浇透水。日常水肥管理从小苗开始，隔 15 天一次，施肥比例氮：磷：钾＝1：0.5：0.7，肥料可选用复合肥、硝铵、硝酸钾、硝酸钙、磷酸铵等速溶肥料，每亩每年施用 72kg 的纯氮。月季对肥水较敏感，在各生长期所需肥料种类有所不同，因此，要根据生育期进行肥水管理。在小苗期以 15～20kg/亩的氮肥催苗，催肥中对容易产生畸形花的田块要注意补充硫酸锌和硼砂；发芽阶段可用 3kg/亩的复合肥催芽，以促进幼芽生长；现蕾开花期，用 0.1％浓度的磷酸二氢钾喷雾施肥，提升花色。施有机肥，追肥要与浇水同时进行。

月季怕涝，严重时会死亡，因此浇水量不宜过多，雨季更需及时排水。采花期也不宜浇水，以免影响采花。另外，要掌握好浇水最佳时间。雨天最好不浇水，晴天浇水时间安排在上午十点以后较好。

5. 修剪

（1）夏季修剪　8 月中旬修剪徒长枝的分叉，保留两张完全叶的叶柄 0.5cm，勿伤叶芽，其他分叉同法处理，并基本保持在同一水平位置。分叉越多则产量越高，在保证整个植株 30 对完全叶的前提下，其他弱小枝条一律剪除。这样，可在 10 月前后及元旦前后实现二次产花，第一次产花达一级花标准能有 4～6 枝、二级花 3 枝左右。

（2）早春修剪　在 2 月中下旬采取强修剪调整植株，控制花期。选择离地高度 1～1.2m，生长相对充实、粗壮的枝条进行修剪，具体修剪方式同上。30 天左右芽眼开始萌动，要有选择地保护优质的芽眼，在 5 月前单棵约有 5 枝优质花及 4 枝二级花。

（3）徒长枝（更新母枝）培育技术　在 2 月中下旬和 8 月中下旬修剪之后，采取疏枝和摘除低品质的花蕾，使植株多余养分只能向下集中，促使嫁接部位萌发粗壮的更新母枝，其整型方式同苗期摘心的方法。

（4）病残枝修剪　日常管理中及时剪除病残枝。

（5）剪花　切花长成产品后，采取"上采式"修剪，在保留一对叶的叶柄处，剪下花梗，既能增加花梗长度，提高花的品质，又能保证养分集中在下一茬花的一两个芽眼上。另外，对低品质的花，在剪花过程中及时去蕾留枝，使其花枝不断充实。这种方法在8～10月被大量采用，是调节元旦及春节产量的主要手段。

6. 月季病虫害防治

（1）月季黑斑病 夏季新叶刚刚展叶时，即应开始杀菌保护直到冬季。雨季每周喷药1～2次，平时7～15天喷一次药，喷药次数视病情发展及药剂品种而定。可选用的药剂有75％百菌清500倍液，或50％多菌灵可湿性粉剂500～1000倍液，或80％代森锌500倍液，或1％等量式波尔多液，或70％甲基托布津800～1000倍液等。其中以75％百菌清500倍液喷雾的防治效果最为显著。7～10天喷1次。为了防止病原菌抗药性的产生，药剂必须交替使用。

（2）月季白粉病 早春发芽前喷3～4°Bé石硫合剂，生长期发病可喷70％甲基托布津1000～1500倍液，或15％粉锈宁可湿性粉剂1000倍液，均有良好的防治效果。粉锈宁的残效期可达20～25天。亦可用1：20的石灰水喷洒，几分钟后，再用清水喷洒洗净。

（3）蚜虫 主要为月季管蚜、桃蚜等。虫量不多时，可喷洒清水冲洗。必要时可喷2.5％溴氰菊酯乳液4000～5000倍液或10％的吡虫啉可湿性粉剂2000倍液。喷时加入0.1％的中性洗衣粉，以提高防效。注意保护瓢虫、草铃、食蚜蝇等天敌。

（4）金龟子 主要为铜绿金龟子、黑绒金龟子、白星花金龟子、小青花金龟子等。可利用成虫的假死性，于傍晚振落捕杀；利用成虫的趋光性，用黑光灯诱杀；在成虫取食危害时，用50％的马拉硫磷乳油1000倍液喷杀。

（5）介壳虫 在若虫孵化盛期，用25％的扑虱灵可湿性粉剂2000倍液喷杀。

（6）月季茎蜂 春季发现萎蔫的嫩梢，随时剪掉，消灭梢内幼虫。结合冬剪，剪除带虫枝条，集中烧毁。另外，需注意保护寄生蜂等天敌。

7. 采收和贮藏

大多数红色及粉红色品种当萼片反卷已超过水平位置，最外1～2片花瓣张开时采收；黄色品种应更早点采；白色品种宜稍迟一些采。采收过早，即花萼尚未张开时采收，这时花茎尚未充分吸水，易发生弯颈现象，甚至花不能吸水开放；采收过迟，既不利于处理、包装、运输与贮藏，也将使瓶插寿命缩短。

花枝剪下后立即将基部20～25cm浸入与室温一致的清洁水中，再移入5～7℃下放几小时使花枝充分吸水，同时进行整理与分级（见表4-11）。通常按花枝长短分级后，再将过长花枝的基部剪去一段使各枝等长。然后去掉基部一段的叶片与皮刺，每10枝或25枝捆成一束，用透明薄膜或玻璃纸包装。这些都可以半机械化操作。包装后移入10℃下冷藏，一般可储藏2周。不论冷藏时间的长短，取出后运输前都必须将花枝基部剪去一小段，最好再浸入保鲜液中4～8h，运输也应在10℃下冷藏。

表4-11 月季切花产品质量等级标准（1997年农业行业标准 NY/T 321—1997）

	评价项目	等级			
		一级	二级	三级	四级
1	整体感	整体感、新鲜程度极好	整体感、新鲜程度好	整体感、新鲜程度好	整体感、新鲜程度一般
2	花型	完整优美，花朵饱满，外层花瓣整齐，无损伤	花型完整，花朵饱满，外层花瓣整齐，无损伤	花型完整，花朵饱满，有轻微损伤	花瓣有轻微损伤

续表

评价项目		等级			
		一级	二级	三级	四级
3	花色	花色鲜艳,无焦边,无变色	花色好,无褪色失水,无焦边	花色良好,不失水,略有焦边	花色良好,略有褪色,有焦边
4	茎秆	①枝条均匀,挺直 ②长度65cm以上,无弯颈 ③重量40g以上	①枝条均匀,挺直 ②长度55cm以上,无弯颈 ③重量30g以上	①枝条挺直 ②长度50cm以上,无弯颈 ③重量25g以上	①枝条稍有弯曲 ②长度40cm以上 ③重量20g以上
5	叶片	①叶片大小均匀,分布均匀 ②叶色鲜绿有光泽,无褪绿叶片 ③叶面清洁,平整	①叶片大小均匀,分布均匀 ②叶色鲜绿,无褪绿叶片 ③叶面清洁,平整	①叶片分布比较均匀 ②无褪绿叶片 ③叶面较整洁,稍有污点	①叶片分布不均匀 ②叶片有轻微褪绿 ③叶面有少量残留物
6	病虫害	无购入国家和地区检疫的病虫害	无购入国家和地区检疫的病虫害,无明显病虫害斑点	无购入国家和地区检疫的病虫害,有轻微病虫害斑点	无购入国家和地区检疫的病虫害,有轻微病虫害斑点
7	损伤等	无药害、冷害及机械损伤	基本无药害、冷害及机械损伤	有极轻度药害、冷害及机械损伤	有轻度药害、冷害及机械损伤
8	采切标准	适用开花指数(见备注)为1~3	适用开花指数为1~3	适用开花指数为2~4	适用开花指数为3~4
9	采后处理	①立即入水保鲜剂处理 ②依品种每12枝捆绑成扎,每扎中花茎长度最长与最短差别不超过3cm ③切口以上15cm去叶、去刺	①保鲜剂处理 ②依品种每20枝捆绑成扎,每扎中花茎长度最长与最短差别不超过3cm ③切口以上15cm去叶、去刺	①依品种每20枝捆绑成扎,每扎中花茎长度最长与最短差别不超过5cm ②切口以上15cm去叶、去刺	①依品种每30枝捆绑成扎,每扎中花茎长度最长与最短差别不超过10cm ②切口以上15cm去叶、去刺

注:开花指数1:花萼略有松散,适合于远距离运输;开花指数2:花瓣伸出萼片,可以兼作远距离和近距离运输;开花指数3:外层花瓣开始松散,适合于就近运输和就近批发销售;开花指数4:内层花瓣开始松散,必须就近尽快出售。

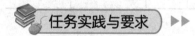 **任务实践与要求** ▶▶

1. 任务要求

(1)根据气候及花期、市场需要等情况选择品种。

(2)及时进行种植床的整理,以及床土的配制和消毒。

(3)生长期间做好日常管理,特别是做好摘心和修剪以及水肥管理等。

(4)及时发现生长中出现的各种问题和病虫害,并进行综合防治。

(5)做好上市前的采收和贮藏工作。

2. 工具与材料

(1)工具 铁锹、水桶、喷雾器、量筒、天平、修枝剪、玻璃纸等。

(2)材料 碎石、壤土、农家肥、复合肥、农药等。

3. 实践步骤

(1)准备床土,整理种植床。

（2）定植。

（3）做好定植后的田间管理，关键是做好摘心、修剪和水肥管理。

（4）解决生产中出现的病虫害，及时找出原因并采取防治措施。

（5）及时采收和贮藏。

4. 任务实施

班级分组（每组4~5人）进行，每组栽培管理2行。

5. 任务考核标准

考核满分100分，分过程考核、结果考核、社会能力考核三部分，分值分别为60分、20分、20分，具体考核标准见表4-12。

表4-12　月季生产考核标准

考核类型	考核内容	考核标准	分值/分	得分	考核时间/min	备注
过程考核 （60分）	种植床的整理	床土的质量，种植床的尺寸和厚度等	10		10	可结合实际操作，针对个人提出一些问题，给出相应的分值
	定植	方法正确，种植穴大小适中，覆土深度合理	10		15	
	日常管理	水肥管理时间、用量合理，摘心、修剪方法正确，时机适宜	20		30	
	病虫害防治	诊断准确，防治方法合理、正确	10		15	
	采收和贮藏	方法正确	10		30	
社会能力 考核（20分）	参加实训时间	缺课扣2分/次，迟到扣0.5分/次	5			
	学习态度	学习主动，态度端正，责任心强	5			
	团队协作能力	与小组成员能很好地分工合作，善于沟通	5			
	灵活应变能力	能就实际问题提出解决方案	5			
结果考核 （20分）	成活率80%以上，二级花70%以上	成活率每低1%，扣1分	20			

模块五　花卉的应用

项目一 ▶ 室内盆栽花卉的应用

【相关知识】

随着人们物质和文化生活水平的不断提高与丰富，用植物来装饰居室环境已经成为一种时尚。它们不但可以使人们获得绿色的享受，有利于身体健康，而且简单易行，品种多样，装饰效果好，为人们创造出全新的居住空间。尤其在城市化进程加快，对环境质量的重视日益加深，绿色植物及花卉在人们的生活中随时随处可见已成为常态。目前在我国各大城市中的家庭、机关单位、公共场所、宾馆饭店、购物中心等都已引入了室内盆栽植物，盆栽植物的室内装饰越来越受到重视。

一、室内环境特点

花卉植物生长所需的环境条件主要包括温度、光照、水分、空气、土壤等方面。然而室内环境条件与外界环境截然不同。了解植物生存环境的基本因素是室内植物选择和布置的基础。

1. 室内光照的特点

光是室内植物最敏感的生态要素，同室外植物一样，其生长主要受到光的 3 个特征的影响，即光照强度、光照时间和光质。

室内光照强度明显比室外弱，不同的房间光照强度差异明显。阳台、南窗等处光照充足，而北面、阴面、朝东的房间、厨房、卫生间等处的光照较弱。

室内的自然光照多为散射光，光照时间短于室外。但是在光照不足影响植物生长时，室内可以通过人工调整光照时间或黑夜中断的方式控制植物的开花。

通常在适宜的光照范围内，光照强度越大，光照时间越长，花卉生长越好，叶色翠绿，有光泽，叶片较厚，茎秆健壮，机械组织较发达。相反，室内光照弱，花卉的茎秆和叶片长得细弱、瘦长，没有光泽。喜光的植物在这种条件下长期摆放，会引起叶片变黄、脱落，甚至死亡。某些具有斑纹的观叶植物在较暗的条件下，叶色变浅、变黄，斑纹模糊；由于紫外线进入室内数量有限，原来花色艳丽的开花植物，花色会变淡。

2. 室内温度的特点

温度的高低与花卉的生长发育有着密切的关系，植物的各项生理活动都要受到温度的影响。室内温度与室外不同，室内昼夜温差小，大部分地区室内的昼夜温差小于 $10℃$，室内最高温度主要集中在 $7\sim9$ 月份，最低温度在冬季供暖前后。但室内植物大多是原产热带、亚热带地区，因此室内有效温度最好控制在 $18\sim24℃$，最低不低于 $10℃$。

3. 室内空气湿度的特点

室内空气湿度较低。通常梅雨季节可以达到 50% 以上，其余季节湿度均在 30% 左右。一般情况下，湿度不低于 50%，多数花卉能正常生长；低于 40%，植物的叶片会产生焦边、枯黄的现象。室内空气湿度还和空气流通有关，室内通风差，供给植物生长的 CO_2、O_2 不足，会导致植物生长不良，叶片腐烂、卷边以及有病虫滋生等。

通常为协调人与植物的关系，室内空气湿度应控制在 40%～60%，如空气湿度过低可以通过空调系统加湿，或是在室内设置水池、叠水、喷泉等。当温度高、湿度小时，常通过叶面喷水增加局部空气湿度。

4. 室内空气特点

CO_2 是花卉进行光合作用的原料，充足的 O_2 促进呼吸作用。一般室外环境中的 CO_2 和 O_2 可以满足花卉正常生长发育的需要。但是在不通风、空气被污染的环境中，特别是有害气体会对花卉造成伤害，影响观赏效果，甚至导致其死亡。因此，空气条件差的室内，应适当通风，有利于气体的流通和交换。

二、适宜室内应用的花卉种类

适宜室内装饰观赏的植物种类很多，有的花色艳丽，有的姿态奇特，有的叶色优美，有的果实累累，有的还有香味。一般而言，应选择长期或较长期适应室内生长的植物，主要是性喜高温多湿的观叶植物和耐半阴的开花植物。常见的应用于室内装饰的花卉可分为以下几类。

1. 按室内花卉的观赏部位分

（1）室内观叶植物　这一类植物是指以叶为观赏目的的一类植物。它们枝繁叶茂，或是叶色鲜艳、叶形奇特等，备受人们的青睐。根据观叶植物的形态特征和生活习性，还可分为草本观叶植物以及木本观叶植物。

草本观叶植物有：吊兰、文竹、吉祥草、虎耳草、福建观音莲、肾蕨、铁线蕨、波斯顿蕨、冷水花、绿巨人、广东万年青、花叶万年青、蟆叶秋海棠、孔雀竹芋、花叶芋、绿萝、喜林芋类等。

木本观叶植物有：橡皮树、变叶木、鹅掌柴、发财树、南洋杉、一品红、朱蕉、米兰、白兰、红背桂、榕树、散尾葵、鱼尾葵、棕竹、八角金盘、佛肚竹等。

（2）室内观花植物　室内观花植物一般选用花大、花多、花色艳丽的品种。常见的有瓜叶菊、朱顶红、百合、郁金香、风信子、蜡梅、倒挂金钟、何氏凤仙、梅花、菊花等。

（3）室内花叶共赏植物　即是既能观花又能赏叶的植物，常见的有君子兰、火鹤花、鹤望兰、兰花、马蹄莲、非洲菊、茉莉、长寿花、非洲紫罗兰、杜鹃、山茶、彩色凤梨等。

（4）室内观果植物　用于装饰室内的观果植物一般有果实较大、果色艳丽，或是果序稠密、果形奇特，以及挂果时间长等特点。常见的有四季橘、金橘、佛手、冬珊瑚、五色椒、南天竹、观赏南瓜、草莓等。

（5）多肉类植物　多肉植物种类较多，变化差异大，但由于其中一些小巧可爱株型不需要占用太大空间，以及管理简便粗放，近年来深受人们的喜爱。室内观赏的多肉类植物有芦荟、虎尾兰、落地生根、石莲花、翡翠珠、燕子掌、玉米石、青锁龙、条纹十二卷、仙人指、蟹爪兰、玉露等。

2. 按室内光照的要求分

（1）耐阴性植物　如橡皮树、龟背竹、蕨类植物、棕竹、凤尾兰、一叶兰、君子兰、八角金盘、蒲葵、万年青、麦冬等。

（2）较耐阴植物　如富贵竹、袖珍椰子、椒草、竹芋类、喜林芋类、变叶木、文竹、吊兰、花烛类、八仙花、凤梨类、兰科植物、大岩桐等。

（3）喜光性植物　如梅花、月季、扶桑、石榴、非洲菊、龙血树、米兰、五色梅、石竹、多肉类植物等。

3. 按室内盆栽植物高度分

根据室内空间的特点，盆栽植物按其大小分为小型、中型、大型和特大型。

（1）小型植物　高度在 30cm 以下，包括矮生的一年生及多年生花卉及蔓性植物，如文竹、景天、常春藤、玉米石、莲花掌等。适合桌面、台几或窗台之上的盆栽摆设，或做吊篮、壁饰等。

（2）中型植物　高度在 0.3～1m，包括草花和小灌木，如天竺葵、杜鹃、龟背竹等，可单独布置，也可与大、小植物组合布置，作为室内重点装饰。

（3）大型植物　高度在 1～3m，包括大多数灌木和一些小乔木，如棕竹、八角金盘、茶花等，这类植物适合栽植在室内的花池或花箱内。

（4）特大型植物　高度在 3m 以上，主要指室内大空间如多层共享空间的中庭及一些商业和办公空间种植的植物，如南洋杉、榕树以及棕榈科的许多植物。

总之，作为室内装饰的花卉植物大致具有以下特点：耐阴，易活，能长期保持原有状态；具有较高的观赏价值；管理粗放，容易栽培。

【思考与练习】

问答题

1. 和室外花卉应用相比，室内环境有哪些不同？
2. 适宜室内应用的花卉有哪些？

任务一　家庭居室的花卉应用

知识目标 ▶▶

1. 了解家庭居室花卉布置的意义和作用。
2. 掌握家庭不同功能场所花卉布置的基本方法。

技能目标 ▶▶

1. 能根据不同户型、不同装饰风格的各个房间进行室内花卉装饰与陈设的设计。

2. 能根据各种盆栽花卉的类型和特点，灵活选择各种花卉进行室内装饰。

【知识准备】

家对于人生活的意义是人所共知的。家庭的环境，包括家庭成员的休憩环境、学习环境和人际交往环境等。家庭的环境如何，对每个家庭成员都有直接的影响。室内绿化装饰，在现代居室环境中起着非常重要的作用，它不但可以改善室内的小气候，美化家庭、陶冶情操，舒缓人们由于繁忙工作的紧张情绪、消除疲劳，还能合理地组织房间。家居绿化装饰应根据各个家庭环境的实际情况，并结合家具装修、个人喜好等其他条件去布置，做到实用、舒适而又美观和经济。

一、家居花卉布置的基本原则

室内植物装饰要求充分考虑科学性、文化性和艺术性的统一，既要满足植物与室内环境在生态适应性方面的统一，又要通过艺术构图原理，体现出植物个体及群体的形式美和人们在欣赏时产生的意境美。注意要与室内的其他陈设相协调，考虑到人的舒适度，盆栽植物的数量也不是越多越好，越多则室内 CO_2 浓度越高，影响空气清新。因此，室内家居装饰主要应遵循以下几个原则。

1. 美学原则

美学原则是室内花卉布置的重要原则。如果没有美感就根本谈不上装饰。因此，必须依照美学的原理，通过艺术设计，明确主题，合理布局，分清层次，协调形状和色彩，才能收到清新明朗的艺术效果，使绿化布置很自然地与装饰艺术联系在一起。为体现室内花卉布置的艺术美，必须通过一定的形式，使其体现构图合理、色彩协调、形式和谐。

（1）构图合理　构图是将不同形状、色泽的物体按照美学的观念组成一个和谐的景观。构图是装饰工作的关键问题，在装饰布置时必须注意两个方面：其一是布置均衡，以保持稳定感和安定感；其二是比例合适，体现真实感和舒适感。

布置均衡包括对称均衡和不对称均衡两种形式。人们在室内花卉布置时习惯于对称的均衡，如在走道两边、会场两侧等摆上同样品种和同一规格的花卉，显得规则整齐、庄重严肃。与对称均衡相反的是不对称均衡。如在客厅沙发的一侧摆上一盆较大的植物，另一侧摆上一盆较矮的植物，同时在其近邻花架上摆上一盆悬垂花卉。这种布置虽然不对称，但却给人以协调感，视觉上认为二者重量相当，仍可视为均衡。这种绿化布置显得轻松活泼，富于雅趣。

比例合适，指的是植物的形态、规格等要与所摆设的场所大小、位置相配套。室内花卉布置犹如美术家创作一幅静物立体画，如果比例恰当就有真实感，否则就会弄巧成拙。比如空间大的位置可选用大型植株及大叶品种，以利于植物与空间的协调；小型室内或茶几案头只能摆设矮小植株或小盆花木，这样会显得优雅得体。

掌握布置均衡和比例合适这两个基本点，就可以有目的地进行室内花卉布置的构图组织，实现装饰艺术的创作，做到立意明确、构图新颖、组织合理，使室内观赏植物虽在斗室之中，却能"隐现无穷之态，招摇不尽之春"。

（2）色彩协调　色彩对人的视觉是一个十分醒目且敏感的因素，在室内花卉布置艺术中有举足轻重的作用。室内花卉布置的形式要根据室内的色彩状况而定。如以叶色深沉的室内观叶植物或颜色艳丽的花卉作布置时，背景底色宜用淡色调或亮色调，以突出布置的立体感；室内光线不足、底色较深时，宜选用色彩鲜艳或淡绿色、黄白色的浅色花卉，以便取得理想的衬托效果。陈设的花卉也应与家具色彩相互衬托。如清新淡雅的花卉摆在底色较深的柜台、案头上可以提高花卉色彩的明亮度，使人精神振奋。

此外，室内花卉色彩的选配还要随季节变化以及布置用途不同而作必要的调整。

（3）形式和谐　植物姿色形态是室内花卉布置的第一特性，它将给人以深刻印象。在进行室内花卉布置时，要依据各种植物的各自姿色形态，选择合适的摆设形式和位置，同时注意与其配套的花盆、器具和饰物间搭配协调，力求做到和谐相宜。如悬垂花卉宜置于高台花架、柜橱或吊挂高处，让其自然悬垂；色彩斑斓的植物宜置于低矮的台架上，以便于欣赏其艳丽的色彩；直立、规则植物宜摆在视线集中的位置；空间较大的中心位置可以摆设丰满、匀称的植物，必要时还可采用群体布置，将高大植物与其他矮生品种摆设在一起，以突出布置效果。

2. 实用原则

室内花卉布置必须符合功能的要求，要实用。所以，要根据绿化布置场所的性质和功能要求，从实际出发，做到花卉布置美学效果与实用效果的高度统一。如书房，是读书和写作的场所，应以摆设清秀典雅的绿色植物为主，以创造一个安宁、优雅、静穆的环境，使人在学习间隙举目张望时，让绿色调节视力，缓和疲劳，起到镇静悦目的功效，而不宜摆设色彩鲜艳的花卉。

3. 经济原则

室内花卉布置除要注意美学原则和实用原则外，还要求花卉布置的方式经济可行，而且能保持长久。设计布置时要根据室内结构、建筑装修和室内配套器物的水平，选配合乎经济水平的档次和格调，使室内"软装修"与"硬装修"相协调。同时要根据室内环境特点及用途选择相应的室内观赏植物及装饰器物，使装饰效果能保持较长时间。

二、家居花卉装饰的基本形式

家居花卉装饰采用何种形式，需要根据主人的性格爱好、室内空间大小、花卉装饰功能及使用价值等来确定。常见的装饰形式有以下几种。

1. 盆栽摆放式

这是家居花卉绿化装饰最常用的一种形式。即将盆花或盆景摆放在室内地面、几架或桌柜等台面上，以欣赏个体美。也可以用立体花架或活动花架摆放。这种形式特点是摆放灵活性强，可随时搬动，位置调整方便，可使室内空间的结构经常变化，给人以新鲜感。盆栽可以单盆摆放，也可以群集放置，还可摆放组合盆栽。采用盆栽摆放装饰，选择植物品种要注意色彩和姿态的协调，另外对盆器也要有一定要求。

2. 悬挂式

悬挂式是用塑料、金属、竹、木、藤等材料制成吊盆、吊篮等容器，装入轻质栽培基质后，栽入枝叶悬垂的观叶植物，再用金属链、绳索等吊挂于窗口、墙角、厅堂等高处，让枝条花叶自然垂落。这种手法可以丰富居室花卉装饰层次，创造出空中小花园的立体景观，具有轻便、灵活、移动方便等优点，可以营造轻松、飘逸、浪漫、雅致的氛围，而且不占用地面，尤其适合小房间绿化。

3. 镶嵌式

在壁面、柱面等的适宜位置，镶嵌特制的半圆形、三角形、梯形等瓶、盆、篮、斗等造型别致的容器，装入轻型基质，再栽上生长茂密、下垂或横向展开或带有卷须的植物，如吊兰、常春藤、网纹草等。此种装饰形式生动活泼、妙趣横生，装饰性强，适合于较狭窄的空间应用。

4. 立柱式

一些具有气生根的植物，如龟背竹、绿萝、心叶蔓绿绒等可做柱式栽培，方法是用棕皮、无纺布、海绵或类似其他吸水的材料包裹在木柱、塑料柱或竹竿上，再用细棉绳捆好，即成柱，待柱子立稳后，栽入有气生根的观叶植物。待植株蔓茎长到一定长度，即可人工牵引使之攀附在立柱上生长，适时喷水，保持一定的湿度即可。

5. 攀缘式

攀缘式是指将攀缘植物种于客厅墙角处，使其枝叶向上攀缘生长，布满墙面或天棚，形成绿色屏帘，为居室增添一片绿荫。

三、家庭居室的花卉装饰设计

1. 门厅（走廊）

门厅（走廊）是引导人们进入室内的通道，有的家庭不设门厅，如果有，一般也比较狭小。因此配置植物时要少而精，体量不宜过大，切勿影响人的活动。门厅的建筑装修有的追求淡雅，有的追求浓重，但其空间一般不太大，光线较暗，宜放少量耐阴、色彩鲜艳的盆栽观叶植物，可悬吊或壁挂，常用的植物有蕨类、小叶绿萝等。

2. 客厅

客厅是接待、团聚、休息、议事等的多功能活动场所，既是家庭成员活动的主要场所，也是主人向外界展示自己性格情趣的地方，因此它是家居绿化装饰的重点。客厅的花卉装饰以简朴典雅、美观大方为原则，尽量突出精神要素的作用，色彩要求明快，适当配上字画等，使环境更为素雅，营造温暖、柔和、谦逊的环境气氛，使人感觉宾至如归。

客厅主要以沙发、座椅、茶几、电视或音响陈设为主，活动范围较大，应随陈设格式和墙壁色调考虑布局。植物要根据空间大小、色彩调和等要素来考虑。在布置植物时，一定要注意数量不要太多，品种宜少，植物习性差异不能太大，不能放置在出入走动路线上。植物过多、过繁会显得居室杂乱，差异性大，管理不便会使得植物生长不良而影响观赏效果。

对于空间较大的客厅，入口处的绿化装饰可以采用较大而庄重的盆栽或盆景。如五针松、罗汉松、苏铁等，起到迎宾作用。在大厅的中央放置1～2盆高大的、株型舒展的植物如南洋杉、榕树、棕榈等分割空间。角隅如墙角、柜旁、沙发边、窗边，也可以放置大型观叶植物，如棕竹、橡皮树、香龙血树、鹅掌柴等，但要注意一般都应配白色高筒塑料盆。在角隅处还可以利用花架来放置盆花。对于一般家庭来说，客厅面积较小，常为18～20m²，客厅中央可选用主干直立、长条叶状的观叶植物，如细叶棕竹、马尾铁、朱蕉、变叶木等。较大型的盆栽可放置在角隅或人不经过处的墙边，如龟背竹、细叶榕、散尾葵等观叶植物。在沙发椅旁边可放置绿宝石、绿巨人、海芋、竹芋、富贵竹等观叶植物。在装饰橱柜上设置常春藤、花叶绿萝、蔓绿绒等蔓性观叶植物。

如果是西式客厅，在布置时首先要注意与家具的协调。装饰时依据家具及其他附属设施的色调，选用适宜的观赏植物，如叶花共赏的凤梨类、鹤望兰，叶形奇特优美的龟背竹、鹅掌柴、八角金盘等，显示南国风光的椰子、鱼尾葵、散尾葵、香龙血树等，配置于地面或花台上。茶几、桌子可放置些小型盆栽，如非洲紫罗兰、花叶芋、网纹草、多浆类植物等，但忌放在客人与主人中间，以免影响视线，给人以分隔不方便感。

3. 多用厅

多用厅是由于房间的使用面积有限，迎客、聚会、休息、看书、用餐等都集中在一个地方。多用厅一般面积较大，活动内容多，活动时间长，而且出入频繁。这种厅的装饰要根据周围环境，特别是要考虑家具的特点，以取得协调一致。

在用花装饰多用厅时，选择植物应少而精，以免盆花过多，影响人的日常生活和学习。可选择一些鲜艳的观花植物以及小型的观叶植物。利用这些植物分隔空间，或明确或模糊地隔离出会谈、进餐、读书等空间。在每个空间的角落可以少量适当地放置花卉装饰，如沙发旁的地面可摆放盆花陪衬，茶几上可摆设小型的水培花卉，房间的角隅、窗边等处都可进行装饰。也可充分利用空间，采用悬吊、镶嵌、壁挂等装饰形式来增加气氛，填补平面空间的不足，同样能收到好的装饰效果。常用来装饰多用厅的植物有菊花、仙客来、水仙、冷水花、长寿花、红掌、四季秋海棠、虎皮兰、合果芋、竹芋、变叶木等观花观叶植物。

4. 卧室

卧室是人们休息、睡眠的地方，环境要求清雅、宁静、舒适，以利睡眠和消除疲劳。卧室内的花卉植物装饰设计，要与墙面、地面、天花板、床上用品、家具、窗帘等协调统一。植物可选用一些中小型的观叶植物或多浆植物，如吉祥草、虎尾兰等稍作点缀，数量以两三盆为宜。观花种类不宜过多，要花色柔和，以免使人眼花缭乱，有不安宁的感觉。可适当放置些有淡淡清香的花卉，如小苍兰、含笑、丁香等，位置最好在窗户旁，微风吹送，给人以淡雅舒畅的嗅觉享受。但应注意香味过浓的花不宜，如兰花、百合的香气会使人过度兴奋，影响睡眠，不宜在卧室使用。

卧室花卉的布置还应考虑主人的性格差异。对于喜欢宁静者，只需少许观叶植物，体态宜轻盈、纤细；性格活泼开朗、充满青春活力者，除观叶植物外，还可增加些花色艳丽的火鹤花、仙客来等盆花，但不宜选择大型或浓香的植物；对于儿童居室要特别注意安全性，以小型观叶为主，并可根据儿童好奇的心理特点，选择些有趣的植物，如三色堇、蒲包花、猪笼草等。在色彩运用上因不同人群、不同年龄可以有多种变化，但卧室是让人感到温馨、舒缓、放松的场所，所以宜选择冷色调为主。如老年人卧室可以选紫色、白色等；儿童卧室可以丰富一些，如黄色加白色、蓝色或是粉色；新人房间可以选择粉红色、淡绿色等。

5. 书房

书房是学习的场所，有时也是与亲密朋友聊天谈心的地方。书房要求环境清静幽雅而又温馨，有激人奋进的特点。室内布置宜简洁大方，最好用中小型观叶植物，可适当配置色彩鲜艳或散发芳香的小型观花植物。

书桌上宜放上一盆文竹或玉树、狼尾蕨、袖珍椰子等小型观叶或观花的植物，不能妨碍文具、书籍的使用。书架上放一盆吊兰或常春藤。靠墙壁的花架上或沙发间的茶几上，可摆设层峦叠翠的仙人指或豆瓣绿、小龟背竹等。如果有向阳的窗台，其上还可摆放 $1\sim2$ 盆米兰、月季等喜阳的盆花，窗口上则可吊挂一盆吊兰、鸭跖草类的观叶植物。

书房放置的植物以体态飘逸潇洒为主，不宜过大。枝叶的方向，除书架顶上悬挂蔓藤外，大多讲究"横向"发展，如文竹、仙人指及五针松、罗汉松盆景，间以山水盆景等，给人以行云流水般的意念启示。植物装饰配合书房的书画作品、古玩等，形成浓郁的文雅氛围，既增加无限诗情画意，又给人以奋发图强的醒示。

6. 餐厅

餐厅是家人团聚用餐、招待客人的场所，良好的餐厅环境，有助于增进食欲，增进宾主的了解，融洽感情。餐厅环境应要求卫生、安静、舒适，宜以淡雅的暖色为基调，以小型盆栽植物装饰为主。

如在橱柜上角可放置小叶绿萝，也可挂于墙壁上。餐桌的布置可放一盆小型的亮绿观叶植物如豆瓣绿、西瓜皮椒草等，或是观花的盆栽如水仙、一品红、康乃馨等。放置的花盆最好用淡色的瓷盆套盆，盆里土面要用白色砂砾遮盖，这样就显得洁净、幽雅。植物数量要少而精，2~3盆就可以显得生机盎然，室内生辉。

7. 厨房

现代家庭厨房面积大小不一，但总体上环境特点是讲究清洁卫生，温湿度变化无常，有时油烟较重，所以应当选择抗性强的、管理粗放的小型观叶植物。装饰的空间一般是小窗门、角柜、洗手台旁、墙壁等。如窗台处可摆放景天类的植物，或五色椒、观赏茄子之类的蔬菜，也可摆放香草类的如薄荷、紫苏、迷迭香等，也可用浅盆种植葱、蒜，这样既可观赏又可食用。

8. 卫生间

家庭中卫生间通常都很小，室内温度、湿度较高，光线不足。在卫生间绿化装饰应以整洁、安静的格调为主。卫生间能摆放植物的空间有限，应选用较小的植株，一般摆放位置在台面上、窗台上、储水箱上，摆放一盆即可。注意不能妨碍洗漱，太靠近洗脸盆、马桶的位置是不方便的。例如在窗台上摆放一个透明水养铜钱草的玻璃瓶或瓷瓶。

9. 阳台

阳台对于居住在高楼大厦里的人们来讲是种植花草最好的场所。阳台的绿化装饰是人们在居室内与外界接触的媒介，它不仅能使室内获得良好景观，而且也丰富了建筑立面造型，美化了城市景观。阳台一般都在楼房高处，由水泥砖石铺装，夏秋间，日照强，吸热多，散热慢，蒸发量大，较燥热；在冬季风大寒冷，花木易受冻害。现在有许多家庭都把阳台用玻璃窗封起来形成一个阳光房，这就更加有利于观赏植物的生长了。

在进行阳台绿化装饰时，必须根据阳台的朝向及生态因素变化的特点，选择适宜的花木。向阳阳台光照充足，通风条件好，可选择观花、观果、观叶的各类花木，合理搭配。观花的如月季、石榴、天竺葵、菊花、一串红、凤仙花、万寿菊、米兰、茉莉等；观果的如金橘、四季橘、石榴、葡萄等；观叶的如花叶芋、常春藤、彩叶草、凤梨等。背阴阳台，一般选择喜阴或较耐阴的植物，如杜鹃、山茶、棕竹、南天竺、肾蕨、龟背竹、花叶芋等。东西向阳台，一般阳性花卉均可栽植。朝西阳台，夏季西晒时温度较高，易使花木产生日灼伤害，不宜摆放如杜鹃、红枫、君子兰及一些叶质薄的种类。可以在阳台的角隅栽植蔓性藤本类的植物如常春藤、绿萝、大花牵牛等，形成"绿色屏障"，既可避免炎炎烈日，又可点缀阳台。

阳台绿化布局时必须遵循艺术布局的原则，要尽量给人以主体画面的美感。既要注意整齐美观，避免杂乱无章，又要注意层次，留有一定空间，使各植株充分伸展，花盆、种植容器不能放置过多，给人以杂乱无章的拥挤感。因此，在绿化装饰设计中应注意层次分明，适当分类，及时调整，南北结合，色彩搭配。具体布置时没有既定的模式，可根据阳台大小、朝向和个人爱好确定。

1. 任务布置

以一套三房两厅双卫户型为室内花卉装饰的对象进行设计布置。

2. 任务要求

通过实训，掌握室内家居花卉装饰的基本方法，进而能对不同户型和装修风格的各个房间进行花卉装饰。

3. 工具与材料

(1) 工具　测量皮尺、白纸、笔、推车等。

(2) 材料　各类观花、观叶、观果盆栽植物如散尾葵、龙血树、发财树、文竹、红掌、天竺葵、吊兰、盆景等（可就地取材）。

4. 实践步骤

① 学生先进行分组（每组 4～5 人），每组领回自己的任务，包括要装饰布置的房间平面图和材料种类，以及该户型所住的家庭成员概况等。

② 教师先就整体平面图，以及室内各房间照片分析它的装修风格、色彩等，然后带学生实地勘察各空间的大小如面积，长、宽、高等，以及室内其他摆设等情况。

③ 各组学生根据勘察的情况和任务进行分析，并设计绿化布置，教师加以指导修改。

④ 各组学生现场实施自己的绿化装饰布置，教师点评，学生相互讨论。

5. 任务实施

(1) 整理花卉绿化装饰的设计方案。

(2) 找出所拟计划的不足之处，并提出改进建议。

6. 任务考核标准

考核按照四个方面来进行，见表 5-1。

表 5-1　花卉室内装饰实训考核表

考核项目	考核要点	等级分值					备注
		A	B	C	D	E	
实训态度	积极主动，实训认真，爱护公物	10～9	8.9～8	7.9～7	6.9～6	＜6	视布置状况进行提问
花卉选择	选择方法正确、规范	30～28	27.9～26	25.9～24	23.9～22	＜22	
摆放位置	位置正确	40～38	37.9～36	35.9～34	33.9～32	＜32	
创新总结	总结出摆放要点	20～18	17.9～16	15.9～14	13.9～12	＜12	

任务二　室内公共场所的花卉应用

1. 了解室内公共场所绿化装饰的特点和布置形式。

2. 掌握室内不同性质公共场所绿化装饰的要求。

技能目标 ▶▶

1. 能正确选择适合不同室内公共场所的绿化植物并进行装饰。
2. 能对室内绿化植物进行正确的养护。

【知识准备】

室内公共场所是指人们学习、工作、娱乐休闲的地方，如学校、企事业单位、宾馆、娱乐购物中心等地的室内公共空间，是除了自己家之外，人们停留时间较多的地方。由于现代生活节奏的加快，人们学习、工作、生活的压力较大，人们通过回归自然、亲近自然来放松、愉悦身心的需求日益增加，因而对学习、办公、娱乐环境的要求越来越高，这些场所室内环境的好坏对人们的影响也越来越受到重视，所以室内公共场所的绿化装饰也不容忽视。

一、室内公共场所的绿化装饰特点

1. 恰到好处，合理布置

室内公共场所的对象多种多样，所承担的功能各有特点，在具体进行绿化布置时无论是形式、植物的数量、色彩、大小等都要恰到好处，在布局时要体现出不同的风格特点，展现各类单位的文化品位。如学校应体现出严谨治学而又轻松活泼的校园文化氛围，在植物种类选择上可以多样化，注重科普性。企事业单位则可以表现庄重大气、严肃又不失热情的文化氛围，要体现该单位的精神风范。娱乐购物中心的装饰设计可更加丰富多彩，可以大方幽雅，也可以是华丽时尚的。

2. 体现个性，灵活多变

绿化装饰设计时在注重整体风格基调的同时，可通过各类植物种类、修剪造型及立体绿化等变化来体现不同空间的用途和性质。

（1）立足平时，节日多变　平时以观叶植物为主、观花为辅，节日里可加大时令花卉在整体环境中的用量，力求花色、花型、花的种类多变，各类花卉景观元素如摆花、花钵、花柱、悬挂花篮、花球、图案花纹等协调组合，合理布局，创造内容丰富、色彩艳丽、喜庆、轻松、愉快的节日气氛。

（2）不同季节，不同装饰　为了营造春季繁花似锦、夏季浓荫蔽日、秋季彩叶硕果、冬季枝干苍劲的四季景观，不同季节应选用不同的时令花卉，如春、夏、秋，可选用观花、观叶、观果的盆栽植物，利用其色彩、形态巧妙组合，还可将各种时令花卉摆成图案的形式构成室内视觉亮点。冬季也可摆放些水仙、蜡梅、瑞香等季节性的花卉植物，也可摆放由松柏类植物制作而成的盆景进行装饰。

二、室内公共场所的花卉布置基本形式

1. 按布局规划分

包括散置、线状布置、块面布置、悬吊布置。

（1）散置　是将盆栽植物或盆景分散放置的形式，其特点是具有灵活性和点缀作用，如大厅、楼梯平台、走廊的边角等的点缀装饰都是散置形式。

（2）线状布置　是将盆栽排列成带状的一种放置形式，可以组成直线式、折线式、方

形、四边形等，利用这种线状布置，既可组成一定的图案效果，又可起到疏导和组织隔断空间的作用。如在过道边、高空回廊边沿以线形排列的盆栽，节日期间大厅内用盆花排成的花卉图案等。

（3）块面布置 平面式将许多盆栽集中排列，形成各种几何图案的花坛，其特点是形成各种层次和不同内涵的图案，在重要宴会、节日时常常用盆花摆成各式花坛。还有墙面用蔓性植物或是较小的观叶植物栽植形成的绿色墙，作为背景或起遮蔽作用。

（4）悬吊布置 有悬空式、棚架式和壁挂式。悬空式是利用吊篮将花卉挂在空中。棚架式是用竹、木、钢筋金属等材料做成顶棚、花架立柱等，用攀缘植物缠绕，置于空中作主景。壁挂类可利用托架挂在墙上、柱上作装饰。

2. 按植物配置形式分

可分为孤植、列植、群植等。

（1）孤植 是采用较多的最为灵活的配置形式，适于室内近距离观赏，其姿态、色彩要求优美、鲜明，能给人以深刻印象，多用于视觉中心空间转变处。

（2）列植 是指两株或两株以上按一定间距整齐排列的种植方式。包括对植、线形行植和多株陈列种植。对植在门厅或出入口用得较多，起到标志和引导作用。常用南洋杉、印度榕、苏铁、金橘等。线形种植可形成通道引导人流。陈列种植适合在中庭、内庭等区域。

（3）群植 指两株以上按一定美学原理组合起来的配置方式。包括丛植和群植两种，丛植用的植物少，群植的植物较多，主要体现群体美，可用于一些中小型盆栽植物的摆放。

三、学校、企事业单位的花卉应用

1. 大门入口处

大门入口处是行人必经之处，逗留时间短，人流量大，但给人的第一印象往往是深刻的，有"门面"之说。装饰布置力求简洁、明快，具迎宾气氛。一般采用对称式的布局。两旁可各设一株大小、体型一致的观叶植物，四周边用小型观花盆栽植物作陪衬。大型盆栽植物应姿态挺拔、叶片直立，不阻挡出入视线，如龙血树、苏铁、棕榈、南洋杉等，盆花如杜鹃、矮牵牛、一品红、红掌、八仙花、菊花、一串红等，盆器宜厚重、朴实，与入口体量相称。

2. 楼道

楼道包括楼梯和走廊。在现代建筑中，楼梯已成为室内立体绿化的竖向空间。较宽的楼梯，可每隔数级放置盆花或观叶植物。扶手的栏杆也可用蔓性的常春藤、喜林芋等装饰，任其缠绕，增加周围环境的自然气氛。

（1）楼梯转角平台 楼梯转角有较大的空间，是装饰的理想地点，可选择纵向延展的植物，以流动、柔和的姿态舒缓转角僵硬的线条。如橡皮树、巴西木、棕竹、棕榈等观叶植物。也可放置立式花架，配以较耐阴的常春藤、绿萝、吊兰、吊竹梅等悬吊植物，高低错落，富有韵味。

（2）楼梯踏步平台 可靠扶手一边交替摆放低矮的小型盆花如万年青、书带草、地被菊等。若有的楼梯扶手可悬挂些长条形种植盆，盆内栽植垂吊矮牵牛、天门冬等自然下垂的观赏植物，可产生强烈的韵律感，由外向里看像一条绿瀑，层次感强。

（3）走廊 是室内交通和分隔、联络各个建筑空间的横向地段。人们在此停留时间少，空间较狭窄，一般不采用复杂的装饰，可适当分段放置些观花或观叶植物，可利用植物种类不同突出每条走廊的特色。需注意的是，一定不能妨碍人们的走动。

此外，现代办公楼有很多设有电梯，在电梯出入口也可适当装饰中小型观叶、观花植物，可单独放置一盆，也可对称放置两盆。

3. 会议室

（1）会议室植物的选择　会议室是接待、团聚、休息、议事等的多功能场所，是室内花卉景观布置的重点。布置时，可将富有生命力的室内花卉及相关要素有机地组合在一起，创造出功能完善、具有美学感染力、典雅大方的空间环境。

进行植物布置时首先要考虑会议室沙发、座椅、会议桌等陈设，注意植物形体适宜，数量不宜过多、品种不宜过杂。不一定使用色彩鲜艳的花卉，具有独特形态的观叶植物也可。如会议室墙角、茶几边放置散尾葵、龙血树、龟背竹、艺菊等，配以应时花卉等适宜的装饰物，突出会议室典雅庄重的环境气氛。会议桌可摆放仙客来、蝴蝶兰、一品红等盆栽、中小型盆景，注意不能遮挡视线。

（2）各类型会议室的花卉应用

① 大型专门会议室　主席台桌前面摆放两排盆花，前排放置密集矮小的观叶植物如天门冬、蕨类、露草等，利用下垂的枝叶挡住花盆；后排根据季节不同，可用月季、杜鹃、山茶、君子兰等观花植物，有层次地将两排植物组合在一起，营造隆重庄严的气氛。

② 较大型会议室　会议桌多为圆形、椭圆形。其中间往往留有空的地面，适宜布置3～5盆较大的观叶植物，如叶子花、杜鹃、含笑、巴西木、橡皮树等。植物高度以不遮挡人的视线为宜。也可在会议桌外围的沙发、座椅、茶几后面摆放绿萝、常春藤等蔓生花卉，消除压力，犹如置身于自然。

③ 中小型会议室　以会议桌为布置重点，可摆放低矮的小型观叶、观花植物，如花叶芋、仙客来、非洲紫罗兰、四季秋海棠等，切忌品种杂、花色多，一般不宜超过两种。墙角可摆放橡皮树、龟背竹等。

此外，会议室布置还可结合会议性质进行不同风格的设计。如较为严肃性的会议，植物装饰应显出庄严和稳定的气氛。节日庆典会场，则可以选择色、香、形俱佳的植物，使会场显得万紫千红、富丽堂皇。

4. 办公室

办公室是办公的场所，宜选用明快、柔和的色彩，营造洁净幽雅、美观朴素的环境氛围。尤其是商业写字楼，为提高办公效率，更需要布置宜人的室内景观空间，突出幽雅宁静的气氛。选择植物不宜过多，一般以观叶植物或颜色较淡的盆花为宜。办公桌面上可摆放一两盆小型盆栽植物，如文竹、仙客来、多肉类植物。文件柜上方靠墙处可悬挂垂吊植物。此外，现在写字楼在建筑设计时楼的中心空出来布置底层及层间花园，办公室内面对的大都是落地玻璃墙，这样就可以看见各层花园。因此，在这样的空间就可以布置多种类型的大、中、小型的观叶、观花植物，使植物高低错落、四季有花有景可赏，从而使人感觉置身自然环境中，气氛和谐、惬意，增加了工作效率。

5. 图书馆

图书馆的植物绿化设计应构筑舒适宁静、清新雅致的读书学习环境。植物宜选择体态轻盈、姿态潇洒的观叶植物，观花植物花色以冷色调为好，不宜太过艳丽。观叶植物如一叶兰、文竹、狼尾蕨、肾蕨、万年青、吊兰等；观花植物如兰花、菊花、君子兰、水仙等。布置形式宜简洁大方，不宜太杂，植物数量可根据空间或面积大小调整。

四、宾馆、娱乐购物中心的花卉应用

随着现代生活质量的提高，人们对自己娱乐休闲消费场所的环境条件要求越来越高。现代饭店、购物中心的装饰风格也形成形式多样、不拘一格的多元化局面。其中，植物的绿化装饰是增强环境艺术效果必不可少的手段。

1. 大堂、中庭

这是饭店、购物中心进门后一个较大的公共活动空间，有入口、服务台、通道、大厅、休息区等，是花卉装饰的重点区域。入口处是个半开放空间，宜选择耐阴性植物，如棕竹、南洋杉、旱伞草，或大型盆栽植物如榕树，常以对称形式布置在大门两侧。大厅中的花卉装饰应简洁明朗，根据空间大小，选择大型花木为主。在大堂角落墙角处可配以高脚花架，摆设龙舌兰、龟背竹、散尾葵等中型观叶植物，在架上配以吊兰、紫竹梅、花叶常春藤等。有的建筑设计时中庭空间是挑高的，可以结合山石、雕塑小品、水池喷泉等进行花卉布置，选择植物种类更加多样化。有的中庭空间高度很大，可以用巨大盆缸栽大乔木如棕榈、椰子树，在树周围设计座椅让人休息。如设有水景，还可在浅水中配置水生花卉如睡莲、碗莲、旱伞草等。在中庭回廊四周设置格栅，可以摆放藤蔓类的植物改善视角，增加安全感。如厅堂设有隐蔽的座位区，可采用植物做屏风式布置掩映分隔。

如果是购物中心，在一些节日庆典，可以选立体花卉景观形式，适当用垂、吊、挂、嵌等点缀竖向空间，显得唯美时尚而又大气，选择植物可以结合季节性，如圣诞节可以用一品红；春季可用颜色艳丽的矮牵牛、丽格海棠做成花球、吊篮悬挂，让人感觉到了姹紫嫣红的春色。

2. 餐厅、宴会厅、咖啡厅等

饭店餐饮的区域绿化装饰宜选用颜色淡雅、散发着清香的花卉植物，以免干扰食物的味道，要显得温馨而舒适，如水仙、兰花、非洲菊等。周围宜用较大型的观叶植物，并用悬挂、攀缘等形式点缀些绿色，以增添情趣。

总之，学校、企事业机关单位、娱乐购物中心的花卉装饰力求协调自然，运用多种植物景观造型手法，营造出开朗舒展、色彩协调的绿色空间。

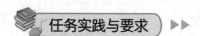 任务实践与要求 ▶▶

1. 任务布置

以学校礼堂会场、中小型会议室为对象进行绿化布置设计。

2. 任务要求

能根据不同目的和场所进行室内装饰与陈设，加深理解室内装饰设计基本原理，通过现场布置，训练掌握装饰基本环节，提高实践技巧。

3. 工具与材料

（1）工具　测量皮尺、白纸、笔、推车等。

（2）材料　各类观花、观叶、观果盆栽植物如散尾葵、龙血树、发财树、文竹、红掌、天竺葵、吊兰、盆景等（就地取材）。

4. 实践步骤

① 学生先进行分组（每组 4～5 人），每组领回自己的任务，包括要装饰布置的场所平

面图以及材料种类等。

② 教师先就整体平面图，以及各场所照片分析它的装修风格、色彩等，然后带领学生实地勘察各空间的大小如面积，长、宽、高等，以及室内其他摆设等情况。

③ 各组学生根据勘察的情况和任务进行分析，并设计绿化布置，教师加以指导修改。

④ 各组学生现场实施自己的绿化装饰布置，教师点评，学生相互讨论。

5. 任务实施

（1）整理花卉绿化装饰的设计方案。

（2）找出所拟计划的不足之处，并提出改进建议。

6. 任务考核标准

考核按照四个方面来进行，见表 5-2。

表 5-2　室内花卉布置实训考核表

考核项目	考核要点	等级分值					备注
		A	B	C	D	E	
实训态度	积极主动，实训认真，爱护公物	10～9	8.9～8	7.9～7	6.9～6	<6	视布置状况进行提问
花卉选择	选择方法正确、规范	30～28	27.9～26	25.9～24	23.9～22	<22	
摆放位置	位置正确	40～38	37.9～36	35.9～34	33.9～32	<32	
创新总结	总结装饰摆放要点	20～18	17.9～16	15.9～14	13.9～12	<12	

项目二 ▶▶ 室内切花插花的应用

任务一　插花材料的选择与造型设计

知识目标 ▶▶

1. 熟悉插花常用的花材、花器类型，能根据要求合理选择。
2. 掌握花材的剪裁和固定基本方法。

技能目标 ▶▶

1. 能识别常见不同类型的花材，合理搭配。
2. 能熟练应用各种技巧进行植物叶片、花朵、茎秆的加工处理工作。

【知识准备】

一、花材

凡插花所用的植物材料统称为花材，包括植物的根、茎、叶、花、果等。

1. 按观赏部位分

（1）观花类　植物中以花朵、花序、花苞片供观赏的称之为观花类。观花类花材需要花朵具有一定的观赏价值，如鲜艳的色彩、优美的外形、诱人的芳香、超凡的气韵等，且水养持久，观赏期长。例如"四大切花"唐菖蒲、菊花、月季、香石竹；"十大名花"的牡丹、杜鹃、山茶、海棠等；另外还有一些进口花材如石斛兰、蝴蝶兰、帝王花等。

（2）观叶类　不同植物的叶片，大小、形态、色彩各不相同，用于插花的叶材，要有一定的可观赏性，如叶形优美、风韵清雅的，或是叶片造型独特的，或是具有鲜艳的颜色。例如文竹、散尾葵、枫树、变叶木、花叶芋、龟背竹、春羽等。

（3）观茎（枝）类　此类花材要求线条流畅、曲折变化、余韵无穷，如红瑞木、水葱、龙柳等。还有一些花材可通过表面处理改头换面，如黄杨、紫藤等可做去皮和漂白，甚至染色处理，形成优美的自然曲线造型。

（4）观果类　以果实供观赏的花卉称之为观果类植物。在自然界，许多植物会开花结果，累累的果实，给人以丰盛昌硕的美感。如佛手、南天竹、火棘、石榴、冬珊瑚、朝天椒等。

2. 按花材功能分

（1）线状花材　插花的构架花材，用于勾勒造型、承接点面。主要有各种线形、条形花，以及枝、藤、叶等，如唐菖蒲、马蹄莲、散尾葵、银柳、紫藤、刚草等。线形有直、曲、粗、细之分，不同的线形具有不同的表现力。直线端庄、刚毅，生命力旺盛；曲线幽雅、抒情，潇洒飘逸；粗线条雄壮，表现阳刚之美；细线条秀丽温柔，表现清幽典雅之姿。

（2）焦点花材　处于作品的视觉中心或兴趣中心，具有表达作品主题构思的重要意义。根据花材形态可分为整齐形和异形两种。整齐形花材，花容美丽，色彩鲜艳，如月季、菊花、香石竹、非洲菊、百合、郁金香等。异形花材，花形奇特，形体较大，适宜插在作品显眼处，如马蹄莲、红掌、鹤望兰、黄金鸟、蝴蝶兰等。

（3）陪衬花材　又称散状花材，起烘托渲染、丰富层次、平衡重心、遮掩花材作用的小花和叶材，如插置得当，可令作品增色。如满天星、勿忘我、蓬莱松、天门冬、肾蕨、龟背竹等。

二、花器

凡可容放花材，满足水养要求，具有一定欣赏价值的容器均可作为插花的花器。花器对插花作品十分重要，它不仅作为一个容器盛放花材和水，以维持花材的生命、保持新鲜，更是插花艺术作品构图中不可缺少的一部分。随着插花技艺的发展和新材料、新技术的发明，花器的质地、形式和色彩也越来越丰富多样。

1. 花器的质地

（1）陶瓷类　质地稳重、造型多样、美观耐用，属于高档花器。

（2）玻璃类　轻透富丽、时尚雅致，常以拉花、刻花、模压等工艺制成。

（3）金属类　庄重高贵，古代以铸铜为主，近代以铝合金、不锈钢为多。

（4）石、木、竹、藤类　多为天然材料制成，与花材天生相通、色彩素雅、形式简洁、质地纯朴、乡土气息浓郁，有大理石盆、木桶、竹筒、竹篓、藤篮等。

（5）塑料类　轻便易携带，有许多仿制玻璃、金属、竹藤的塑料花篮，但质感和色彩相对欠佳，选材搭配时需注意协调。

2. 花器的形式

(1) 瓶类　小口高身，宜立放，可分为传统的古典型和现代的多边形两类。

(2) 盆类　浅身阔口，卧式放置，可分为规则形盆和异形盆。

(3) 篮类　阔口浅身编织器，以竹、藤、柳为主，造型各异、色彩素雅、轻便易携带。

(4) 筒类　由竹、木等制成各形花器，质地朴实、自然协调、容易自制。

3. 花器选择要点

根据用途及花材的颜色、形状等因素来确定花器的形状、色彩、质地、风韵。花器选配主要根据插花的环境、使用的花材、表达的主题以及构图的需要等因素来确定。插花时必须视花器为作品的一个内容来考虑整体效果。

花器的颜色与花材的色彩要协调。当花材颜色深时，花器宜色浅；反之，花材颜色浅，花器颜色可深些。

三、工具及配件

1. 加工工具

剪刀，剪取花材，修整枝叶；金属丝，多种型号，用于花材的加固、造型；刀，切削花枝、雕刻、去皮、切花泥；手锯，锯截粗壮枝条，整形处理；虎钳，剪铁丝。

2. 固定工具

花插，又称剑山，浅身阔口花器常用。由许多铜针固定在锡座上铸成，有一定重量以保持稳定，使用寿命较长。其形状多样，宜选择体重、底平的，带胶垫、铜针尖密最好。

花泥，是由酚醛塑料发泡制成的砖形固枝器。有绿色的鲜花花泥和褐色的干花花泥两种。其携带方便、水养性好、可随意切割、吸水性强，有一定的支撑强度，但成本高、寿命短，插后的孔洞不能复原。

花插筒（剑筒），大型作品中固定或升高花材的圆锥漏斗形金属工具。

订书机，造型定枝叶；透明胶带，连接断、短枝叶，黏结丝带。

3. 养护工具

喷雾器，保湿，清洗尘埃；注水器，花材吸水，赶水泡；水桶，养护花材，浸花泥等。

配件，一般选用一些植物材料来搭配插花作品，如几架、木制小动物、玻璃小玩具等，对插花作品一方面能起到装饰甚至点题的作用；另一方面也能起到对比、烘托的作用，从而提高整个插花作品的艺术魅力。但要注意需与作品相衬，不能喧宾夺主。

四、花材的加工技法

1. 花材的修剪技法

插花的大部分材料是植物材料，将花材剪离母体时，应选择气温低、无风无日晒的时候剪取，尤以清晨最好，傍晚也可。单朵花的以含苞时剪取为好；花序长的以整个花序有 1～2 个花开放时修剪为宜，如唐菖蒲、金鱼草等。

对剪好的木本花材，有时原有的姿态未必尽如人意，在插作前，还需根据构思、造型的需要，加以整理和修剪，再插作。首先，仔细观察枝条，区分花枝的正反面。修剪前先找出主视面（即最好看的枝条朝向和部位），然后以主视面为中心，取舍其他枝条。其次，应尽量顺应花枝的自然属性，不要轻易破坏它的自然风韵。一般四种枝条可大胆剪除：感染病虫害的枝条、干枯的枝条；过密过细弱的枝杈；不必要的交叉枝、平行枝及呆板生硬不易表现美感的枝；以及与画面垂直向前或向后伸出的枝条。另外，一些花朵外瓣枯萎可适度修剪，枝条上的枯叶、病叶、刺等也可剪去。

2. 花材的弯曲技法

弯曲整形也是插花造型的基本技法之一。无论是花叶还是枝条，保持其原来的自然姿态能表现出自然美，但有时也不完全如此。花材经过人工处理有时会产生意想不到的效果。所谓弯曲整形，就是按照作者的构思将花材弯曲到需要的程度，达到作品造型的需要。

（1）木本花材的弯曲方法

① 夹楔弯曲法　就是利用小锯在枝干上锯成裂口后加入小木楔而使枝干弯曲，小木楔可防止枝干反弹从而保持弯曲的稳定。凡是过粗过硬的枝条、脆而易折的枝条，或用其他方法不易弯曲的枝条均宜采用此法。

首先是制成一个小木楔。小木楔宜选用和花材相同的树种，将选择好的枝条剥去表皮，再锯成木楔，厚度为 3～6mm，具体厚度由所需要的花材弯度决定。弯度越大要求木楔越厚。然后在弯曲的位置将枝干锯个切口，深度约为枝干粗度的 2/3。将枝条慢慢弯曲至想要的程度，再将预先准备好的小木楔插入锯口，使其与锯口紧密吻合。最后在锯口的缝隙处涂上些泥浆，防止水分散失影响花材保鲜。

② 握曲法　握曲法适用于枝干较细、木质较软的花材。用两手横向握住花材需要弯曲的部位，两手靠紧压住需要弯曲的位置，手指和手腕同时用力，慢慢向外侧弯曲。由于两手握住枝条时会产生热量，因而易使花枝弯曲。

③ 压曲法　将两手纵向并列握于花枝上，左手紧紧握住枝条，右手拇指用力按压枝条上需弯曲的部位慢慢加力，使花枝弯曲。

④ 折曲法　首先在花枝茎上弯曲的部位用剪刀剪一浅口，然后使切口朝上握于手中，用两拇指压住切口的相反一侧，慢慢用力弯曲，至枝茎上切口处折断至茎的 1/3～1/2 为止。

⑤ 热曲法　对于易折断的花材多用此法。一般用蜡烛或酒精灯的火焰加热枝茎需要弯曲的部位，加热后稍稍加力，即可弯曲。

⑥ 扭曲法　扭曲枝茎使之弯曲，主要是扭伤枝茎内的纤维组织，要尽量避免损伤枝茎的表皮。

（2）草本花材的弯曲方法

① 穿刺弯曲法　用竹签将花材弯曲点两侧的茎穿通固定，以防止其反弹。菊花类的花茎较粗，弯曲时常用。

② 挤压弯曲法　即将草花茎用指尖或剪刀柄边压边弯曲的方法。挤压弯曲主要是通过破坏茎内的纤维组织使之变形，但不可损伤表皮。如唐菖蒲常用这种方法。

③ 捻曲法　即用拇指和食指边捻动叶片边使之弯曲的方法。

④ 扭曲法　用于叶片的平展或卷曲。

⑤ 铅丝辅助弯曲法　草本花材（或部分枝茎细弱的木本花材）要弯曲时，为了创造较大幅度的弯曲度，或由于花材过于柔软，往往要借助于铅丝进行造型。常见的方法有铅丝缠绕法和铅丝穿心法等。

五、花材的固定技法

花材的固定技法和花材的修剪技法一样，是插花造型的基本技法。花材固定根据植物材料的性质、器皿的形状不同，需要采用不同的固定法，这是插花的基本功。倘若花材固定不好，那么插花的构图就很难完成。

1. 剑山的使用

首先是剑山的放置，随插花容器的形状不同而异。在阔口圆形浅水盘之类的花器中，剑山最忌放在正中央，应放置在四个角部位置。当插置有一定重量的花材时，为防止花材倾倒，可将两个剑山组合使用。当使用长方形水盘时，剑山也要避免置于中央，偏左侧或右侧均可，使用高脚水果盘时，剑山宜置于中央。

2. 花泥的使用

花泥是盛花常用的固定材料，相对剑山而言，花泥插花较简单，可任意地、不同角度地进行插制，但用花泥插时要果断准确，不能反复地插制。

3. 瓶花花材的固定方法

瓶花不同于盛花，不适宜使用剑山，花材的固定需依赖瓶口和花瓶内壁的支撑。但是如仅靠瓶口和内壁的支撑力，往往很难保证完全按照构思完成创作，尤其当花材较多时，要使花枝在理想的位置固定不动，确需相当的固定技巧。有时需借助辅助措施。

（1）插入固定法　普通的插入固定法是指当瓶内只插入一枝或两三枝花，只需要将花枝茎端稍加处理插入花瓶即可固定的方法。根据剪切处理的方法不同，可分为剪枝固定和折枝固定两种方法。剪枝固定是利用杠杆原理，以花器的插口和内壁来支撑花枝。折枝固定是将花枝折曲或弯曲后插入瓶内，利用其反弹力使花枝固定。

（2）花器内附加支撑物固定法　利用结实的枝条或劈开的竹枝，将花器内的空间隔成几部分，借以增加花材的支撑点，易于使花枝固定。上下一般粗的筒形花器最适合采用此法。常见支撑形式有一字形支撑、十字支撑、叉木支撑、井字支撑等。

任务实践与要求 ▶▶

1. 任务布置

花材的分类与修剪、加工技法训练。

2. 任务要求

通过对常见花材的识别，主要训练折、弯、卷、揉、撕、剪等方法，掌握插花常用花材的类别，使学生掌握基本的花材、叶材加工技艺。

3. 工具与材料

（1）工具　剪刀、铅丝、美工刀、订书机、双面胶等。

（2）材料　唐菖蒲、散尾葵、月季、非洲菊、一叶兰、马蹄莲、菊花、巴西木、香石竹等花材。

4. 实践步骤

① 学生分组（每组 3～4 人），以组为单位对花材进行分类识别。

② 学生对叶材、花材进行修剪加工技法训练。

③ 教师点评，学生相互讨论，交流技巧。

5. 任务考核标准

考核按照四个方面来进行，见表 5-3。

表 5-3 花材修剪加工实训考核表

考核项目	考核要点	等级分值					备注
		A	B	C	D	E	
实训态度	积极主动,实训认真,爱护公物	10~9	8.9~8	7.9~7	6.9~6	<6	视布置状况进行提问
花卉分类识别	正确、熟练	30~28	27.9~26	25.9~24	23.9~22	<22	
花材修剪、弯曲造型	熟练,到位	40~38	37.9~36	35.9~34	33.9~32	<32	
花材固定	熟练、位置准确	20~18	17.9~16	15.9~14	13.9~12	<12	

任务二 认识插花的流派与基本技法

1. 掌握东方式插花和西方式插花的区别以及几种基本造型的特点。
2. 掌握插花的操作步骤,能确定花材之间、花材和容器之间的比例关系。

1. 能根据不同风格的造型,选择花材,确定各主枝的长度。
2. 能按照插花基本步骤插作常见的几种基本造型。

【知识准备】

世界上插花流派纷呈,风格各异。由于文化传统、风俗习惯、哲学信仰等不同,形成了风格截然不同的东西方两大插花流派。

一、东方式插花

以中国、日本为代表的东方插花,其插花最显著的特点是花朵不需太多,它起源于中国,但在日本得到了发展。现今世界各地皆以日本插花为东方式插花的代表。日本插花源于中国古代插花,它是在中国插花艺术的基础上,发展成为一门具有独特民族风格的艺术流派。

1. 东方式插花的艺术特点

（1）注重线条造型 通过不同线条的长短、粗细、强弱、刚柔、虚实、疏密、曲直、顿挫,勾画出或飘逸、或粗犷的不同形态。此类插花不失自然风姿,源于自然而高于自然,形式多样,生动活泼,典雅秀丽,婀娜多姿。

（2）讲究意境,以形传神 借物寓意,表现诗情画意,使作品细腻含蓄、雅趣诱人、情景交融,主题思想丰富多彩,意境深远,耐人寻味。

（3）色彩雅致朴素 选用花材不以量取胜,而是以姿、质取胜,以木本植物居多。常用材料有桃、杏、梅、李、玉兰、海棠、牡丹、石榴、紫藤、山茶等。草本植物有菊花、水仙、芍药、荷花、晚香玉、大丽花等。常用的配叶有八角金盘、苏铁、龟背竹、天门冬、蕨类植物等。东方式插花中还用到一些较突出民族风格的容器和配件，如几座、中国瓷器等。

2. 东方式插花的基本形式

（1）直立式 第一主枝直立在容器左后角，第二主枝插在第一主枝左前方，向左倾斜 50°～60°，第三主枝插在第一主枝的右前方，向右倾斜 40°～50°。要点是主枝要呈直立状，第二、三枝略微倾斜。作品充满了高耸挺拔、蓬勃向上的生机。

（2）倾斜式 第一主枝以 70°左右插在容器左前方，第二主枝插在第一主枝右后角，第三主枝插在第一主枝前，略倾斜。要点是主枝向左或向右倾斜，作品疏枝横斜、飘逸潇洒、富有动感。

（3）下垂式 第一主枝位置如为倾斜形，则必须由上下垂。第二主枝与倾斜式相同，但直立而不可倾斜。第三主枝位置一如倾斜形，但第一主枝不倾斜而需下垂，下垂的长度与花枝的形态、放置的环境有关，没有具体要求。

（4）平卧式 第一主枝插在容器中央，向左前方倾斜，与水平线夹角 15°左右。第二主枝插在第一主枝前向右倾斜，第三主枝插在第一主枝前方居中直立。要点是第一、第二主枝虽然左右倾斜方向不同，但花朵位置错开、一高一低，近似对称，作品平稳伸展。

二、西方式插花

以欧美为代表的西方插花，插花作品以华丽、热烈、丰满、规则为特征，重在色彩和装饰的表现，以盛取胜，布置形式多为各种几何形体，表现为人工的艺术美和图案美。

1. 西方式插花的艺术特点

① 用花数量比较大，有花木繁盛之感。一般以草木花卉为主，如香石竹、扶郎花、百合、菖兰、菊花、马蹄莲和月季等。

② 形式注重几何构图，比较多的是讲究对称型的插法，有雍容华贵之态。常见形式有半球形、椭圆形、金字塔形和扇面形等大堆头形状，亦有将切花插成高低不一的不规则变形插法。

③ 色彩力求浓重艳丽，创造出热烈的气氛，具有豪华富贵之气。花色相配，较多采用一件作品几个颜色，各个颜色组合在一起，形成多个彩色的块面，因此有人称其为色块的插花；亦有将各色花混插在一起，创造出五彩缤纷的效果。

2. 西方式插花的主要形式

（1）圆球形 圆球形插花即插花的外形轮廓线为圆球状。圆球形插花造型时宜按照从下向上的顺序，先插置立体轮廓，突出重心，然后在花朵的间隙及周缘适当插置陪衬花材。这样既可打破单调感，又有助于造型完善。造型时注意花朵与花器融为一体，使包括花器在内的整个插花体外形轮廓呈圆球状。

（2）金字塔形 也称三角形插花，这是图案式插花中最常见的一种形式。在插作此类型的插花时，应先用花枝或叶枝插成三角形的基本骨架，然后将色彩艳丽、圆形大朵的花枝配置于中央显眼的位置以及空隙处，使花朵均匀呈三角形，外形酷似金字塔形状。适宜花材的花朵中等大小，色彩要艳丽。

（3）半圆形（半球形） 该形式作对称式的构图方式，花朵四面均匀，俯视效果为 360°展开，适应任何角度，常见于布置餐桌中央。制作时要求分配均匀，花朵选择整洁、娇嫩、色彩明朗，衬托枝叶不宜过高，疏密得当，达到八面玲珑。

（4）直角三角形 直角三角形的插花是西方式插花中较普通的一种形式，其构图是典型的不对称式。构图中的两条直角边方向宜插置较长的花枝，而向着斜边方向的中间部位宜插枝较短、花朵艳丽的花材。在造型过程中宜先插直角边方向的花材，再插向着斜边方向的中间部位的花材。

（5）L形　选择挺拔的花枝为主枝，以直立的形式插于花器的一侧，又用直立的花枝作水平舒展的形式横插于另一侧，构成L形的基本形状，在基部填补的花枝要紧贴主枝，就其整体造型而言，一般长短直角边之比为3∶1或2∶1，排列的花朵不宜松散，以突出造型，色彩以统一色调为主。

（6）扇形　也称放射形，扇形的插花主要特点是主体花材由花器上侧呈扇面放射状，向上斜伸，放射状主体花材的前侧基部及空隙间配置花朵为中等大小，花朵色彩较为艳丽。

（7）曲线形　花朵排列如英文字母S的曲线形状，在制作时以大朵花构成其形，小花陪衬，注意构图中优美的线条和流动的节律感，在选择花材时不宜品种繁多、花色杂乱，以统一、完整、和谐为主。

三、艺术插花造型的比例

1. 主干和花器的比例

插花中主要依据黄金分割的美学原理来确定主干和花器的比例，确定线形花材（第一主枝）与花器之间的长短、伸缩比例，花材间的长短比例，并进一步确定构图的焦点、重心区域。

盆插，主干高度为盆宽和盆高之和的1.5~2倍。瓶插，主干高度为瓶高和瓶宽的1.5~2倍。这个比例不是绝对的，应根据实际情况的变化而调整。首先是根据花器的体量大小做相应的变化，体量大的其比例则应相应增加。其次是根据花材的姿态不同做相应的调整，瘦长的花材比例要增加，粗壮的花材比例可适当缩小。第三是根据作品陈设的环境特点做适当的调整，陈设空间是横向、低矮的，则比例要适度缩小。总之，主干和花器的比例以均衡为原则。

2. 主枝之间的比例

主枝之间的比例应根据作品的造型、观赏部位、主干所在的位置而各不相同。以不等边三角形构图为例，决定构图框架的三支骨架枝的长短首先取决于第一枝的长度，而第一枝的长短取决于插花的花器或环境，即第一枝的长度为花器高加宽之和的1.5~2倍，这样使第一枝长与花器之比约为3∶2，符合黄金分割比例。其余两枝分别是第一枝长的2/3和1/3。

3. 作品的高度和宽度的比例

作品的高度和宽度的比例是指作品完成后的整体比例。如水平构图，高∶宽＝5∶8；竖向构图，高∶宽＝8∶5。

四、插花造型的常规步骤

1. 框架的插作

根据插花的立意、花材、器皿以及花艺所处的环境等因素决定插花的造型框架。确定作品的具体框架主要以第一主枝的形态（包括直立式、倾斜式、平卧式、下垂式）和作品的整体外形（包括不等边三角形、L形、S形、圆形、放射形、塔形等）为准。确定了基本形式中的某一种或常见造型中的某一形状，就可以按照要求插作框架。花材一般以线状为宜，如唐菖蒲、银柳、蛇鞭菊、香蒲、肾蕨等。线状花材在构图中起到线条的作用，拉出框架，承接点面，使作品更加秀美灵动。

2. 焦点花的插作

焦点花是作品重心位置所在的花，作品的重心位置一般指作品主干的 1/3 处起到花器沿口处。花材可选择块状花，如非洲菊、百合、郁金香、荷花、向日葵、香石竹或各种果实等。

3. 补充花

补充花的插入，在完成框架和焦点花后，作品依然显得比较单调，缺乏立体感和层次感，这时需要在框架花和焦点花之间插入小花补充空间，位置一般在主干的 1/2 以下，花材可选择补血草、满天星、一枝黄、多头香石竹、文心兰等。花形小而细致，分散或集中应用，星星点点，是框架花和焦点花的过渡，使作品产生动感和层次感。

4. 修饰

为了使作品更显自然、富有生气，更好地起烘托焦点花材的作用。如在作品的基部插入面积大的叶片，如八角金盘、龟背竹、绿萝等，使作品重心平稳并具有自然美感。还可在花和花的间隔处插入该花的叶材，模拟自然生长状态，既做到花材的充分利用，又增加了作品的层次感。在作品最后完成之前，必须要遮盖花泥和人工痕迹。

 **任务实践与要求** ▶▶

1. 任务布置

插花主要形式（东方式、西方式）训练。

2. 任务要求

通过动手插作东方式四种基本造型和西方式的半球形、L 形、金字塔形等，使学生掌握插花造型构图和插作的基本技巧。

3. 工具与材料

（1）工具　剪刀、铅丝、美工刀、订书机、双面胶、花泥、花器等。

（2）材料　唐菖蒲、散尾葵、月季、非洲菊、一叶兰、马蹄莲、菊花、巴西木、香石竹、一枝黄、满天星等花材。

4. 实践步骤

① 学生各自选择 1～2 个器皿，根据器皿确定作品造型，然后选择花材，并且将花材做基本处理备用。

② 学生根据造型和花材，按照插花的操作步骤插作自己的作品。

③ 教师点评，学生相互讨论、交流技巧。

5. 任务考核标准

考核按照四个方面来进行，见表 5-4。

表 5-4　插花实训考核表

考核项目	考核要点	等级分值					备注
		A	B	C	D	E	
实训态度	积极主动，实训认真，爱护公物	10～9	8.9～8	7.9～7	6.9～6	＜6	视布置状况进行提问
作品构图造型	正确到位，表现力强	30～28	27.9～26	25.9～24	23.9～22	＜22	
花材修剪、弯曲造型	熟练，到位	40～38	37.9～36	35.9～34	33.9～32	＜32	
花材固定	熟练、位置准确	20～18	17.9～16	15.9～14	13.9～12	＜12	

任务三　礼仪插花与花饰设计

 **知识目标** ▶▶

1. 掌握礼仪插花常见的类型和用途。
2. 了解礼仪插花艺术与花饰制作的基本理论。

 **技能目标** ▶▶

能正确进行花篮、花束的制作，并采用合适的方法和技巧。

【知识准备】

用于各种庆典仪式、迎来送往、婚丧嫁娶、探亲访友等社交礼仪活动中的插花称为礼仪插花。礼仪插花是应用较为广泛的插花形式，其主要目的是增进友谊、表达尊敬、喜庆、慰藉等气氛。要求造型整齐简洁，花色鲜丽明快，通常体形大，花材较多，插作繁密。要求花材花形规整，不宜过于硕大粗厚或过分碎小，切忌采用有异味或毒汁等刺激、污染环境的植物。另外，还需了解不同国家、地区及不同民族用花中的爱好和忌讳等习俗，以便在插花时选用适宜的花材与花型。

一、花篮

1. 花篮的特点、用途及类型

花篮插花是以篮子为容器制作成的一种插花，是一种常见的生活及礼仪用花装饰形式之一。花篮有提梁，便于携带，同时提梁上还可以固定条幅或装饰品。现在花篮插花多出自花店，属于商业插花，因此也可叫"商品花篮"，多用于各种迎宾庆典、生日、婚礼等礼仪活动，已成为人们表达欢庆、吉祥、友谊和祝福的高尚礼品和优美装饰品。

花篮的形式有多种，根据风格特点分为东方式和西方式插法两种；根据不同的用途分为庆贺花篮、生日花篮、婚礼花篮、礼品花篮、观赏花篮等；根据花篮的造型分为单面观赏花篮和四面观赏花篮，还可分为规则式扇面型、辐射型、椭圆形及不规则的 L 形、新月形等不同造型。

2. 花篮的制作要求

花篮的外形可为圆、方、扁、弯；材料可用竹、木、藤、陶等。尽量用插花的原理，把木本、草本和藤本等花草有选择地、协调地插于一篮之中。选用花材时，要考虑送礼的对象及其喜好，选用恰当的花材插作。除鲜花外，还可用蔬菜、水果、洋酒、玩具、点心等材料配置其中，同时也可以放一些小饰物、贺卡，与花篮配合一并赠送，表达赠送者的心意。

花篮在插作前，篮内应适当放置花泥或盛水的容器，也可配备水苔、海绵泥等保湿材料，以防花材过早萎蔫。在插花构图时，除了烘托热闹欢快气氛时的庆典花篮外，一般不宜插成枝叶繁重、花朵紧密的结构，更不宜将提把和篮沿全部遮住，但可用配叶或彩带装饰提把。

3. 几种礼仪花篮的制作要点

（1）庆贺花篮　庆贺花篮是单位之间、个人之间互相致贺使用的礼品，可用于各种喜庆场合的装饰,如商店和公司的开业典礼,周年庆典,演唱会及电影节,大型工程项目的开工奠基仪式等。它在装饰美化环境的同时可以营造出热闹欢乐的气氛。为表达赠送者的心意,花篮上还会有两条写有贺语和题款的飘带,或是篮内插上写有祝福的贺卡。

庆贺花篮有多种造型,大多以单面观赏为主,花体高度不等,一般从 50～200cm 不等。常见造型如扇面型,以及在扇面型基础上变形的各式花篮。也有四面观赏的,以半球型为主的造型,套用于各种篮中。另一类花篮是采用单体或多体的不定型插花方式,用架子支撑,有单层、双层、三层以及多层等。

扇面型庆贺花篮的制作:扇面型花篮的特点是花朵呈放射形发散,如孔雀开屏形,为开敞式结构,空间辐射范围大,一般作大型花篮,常单面观赏。制作时先放置花泥,并加以固定。花枝定位的方法是:在中间最高定位点插入 1 枝花,确定花篮的中轴线及花体顶点位置;选择 2 枝花分别插入左右两侧,2 枝花长度相同,限定花篮的宽度;再用 1 枝花插于花篮前下部,由中轴线处花体的最低点向前伸出,限定花篮向前的最远距离。通过 4 枝定位,先定出最后一排花枝的高度和花体轮廓范围,然后由后往前,花枝在四点以弧线连接的范围内逐层插入。

扇面型花篮用花,在外围较多使用线状花材,如唐菖蒲、蛇鞭菊、散尾葵、针叶、肾蕨等,让其均匀向外伸展,形成放射状。花体部分使用花材不受限制,主要是为形成热烈、喜庆的效果。

(2) 礼品花篮　礼品花篮常作为祝贺生日、婚礼、探亲访友、探望病人等的馈赠礼品。这类花篮造型多变,可做规则对称或不规则形式。根据不同用途和场合形式多样,如情人节、母亲节花篮,生日、祝寿花篮,婚礼花篮,探亲访友或探望病人时有蔬果花篮等。礼品花篮除选择花材时应注意花材的象征意义和个人喜好,还可以选择加入一些礼品饰物,如红酒、玩具、书刊、光盘、工艺品、贺卡等。

生日花篮的制作:生日花篮有送给长辈、友人和儿童之分,应根据贺岁对象的年龄、性别和喜好选择花型、花材和礼物。送给老人的祝寿花篮,可以采用艺术花篮的形式,并结合中国人的习俗,用寿桃、寿糕或滋补品作祝寿馈赠礼品,花材可选择鹤望兰、松枝、南天竺、蓬莱松等,再配上其他花材。若是送给母亲可选择康乃馨,送给父亲可选择向日葵、百合等。若是送给儿童的可选用非洲菊、小苍兰、香石竹并加入气球、玩具、文具等。如果是年轻人,可选用月季、百合、马蹄莲等,表示青春常驻、前途无量等。花型可用三角形、不等边三角形、L形、弯月形以及水平形等。

二、花束

1. 花束的特点、用途及类型

花束是一种用鲜切花加工而成的礼仪用品。人们在社会活动和交往中,通过馈赠鲜花表示友好、友情,也可利用花束寄托情感,欧美许多国家,朋友间赠送花束就十分普遍。例如被友人邀请到家中做客,客人可以选择一瓶香槟或一盒巧克力,其他物品也可,但鲜花则是不可缺少的。送花的数量并不重要,可以是多枝成束,也可以是单枝。花束使用范围广泛,可用于迎接宾客、舞台献花,也可以作为探亲访友的馈赠礼品等。

花束根据观赏角度不同有单面观赏花束和四周观赏花束,常见的造型有束形、半球形、扇形、流线形、火炬形、漏斗形花束等;也有单枝型、迷你型等简易花束;有多层型、艺术型等变化造型;还有现代新潮款式架构型等。

2. 花束结构

花束是一种礼仪用品，需要在人们手中传递和表示，这要求花束能适合人的形体和体能。完整的花束由花体、装饰、手柄三部分组成。

花体部分是指花束上部以花材为主，经过艺术加工的展示部分。常规花束花体部分是以明显的花材组群来展现的。手柄部分是指花束上供握手的部分，也是花体部分的延续。为了方便手持，手柄部分不能太短，最短限制在一手握以上，即手柄≥10cm。当花束体量有所增加时，应当适度调整手柄长度，有时为体现创意会适当加长。根据花束用途的不同，手柄部分可以用包装材料包裹处理，也可以让枝干裸露。装饰部分是指花束的花体与手柄部分之间的装饰体。装饰部分在花束中起到补充与点缀作用，是花体和手柄之间过渡的纽带，其位置一般是花束绑扎位。常用缎带、网纱、艺术纸等材料，加工成花结、花球等形状供装饰花束使用。

3. 花束的制作要点

花束制作过程是由一个人单独完成的，它的制作并非简单地将花材捆绑在一起，而是包括花材的整理、绑扎、包装、装饰等。花束制作与其他插花技巧有所不同，应注意的是花束的主角是鲜花而非包装材料，最重要的是解决好花材枝干排列和固定方法，然后是包装，所以花束制作的好坏最能反映出插花者的能力。常规花束的制作一般采用螺旋式和平行式两种枝干固定法。

（1）花材的选择和处理 花束的花材选择是有讲究的，不同的用途需要不同花材去支撑，不同的花材会有不同的效果。选择时可以从主题花材、美观花材、陪衬花材三方面考虑，要注意花材的花语、被送对象的个人喜好等。如情人节送花主题花材可选择月季、郁金香、红掌、百合等，相配的花材可以是满天星、勿忘我、情人草、蓬莱松等。

在制作之前需将主题花材 1/3 茎下部的叶、刺等全部去掉，按照花材种类摆放在操作台上。花头与茎秆易分离或不宜弯曲造型的花材如非洲菊等可用铁丝加固。主花若开放得太少，可用手轻轻将其扒开一点。

（2）制作方法

① 螺旋式固定法 螺旋式花束枝干排列固定法，是制作花束最基本、最重要的技巧，一般多用于四面观花束，也可以用于单面观花束。这种方法的优点是只要捏紧焦点，可以任意拉动花枝间的距离，调整花枝位置，完善造型，不会出现因为动一枝而影响其他花枝，造成花型改变。具体操作步骤如下。

首先，确定花体部分的长度。一手先垂直拿好一枝花，大拇指和中指握紧的点也就是控制花体长度的地方。然后，把花枝按顺时针或逆时针方向逐步排列成螺旋状，也就是后枝压靠前枝，各花枝按照一定的顺序相互压靠在焦点这个位置。注意花枝排列必须统一方向，否则花体易走形。其次，花枝位的适度调整。若是中间高、四面低的四面观花束，应考虑花朵分布的匀称，在花束绑扎前可以把花枝拉出或内缩，调整花朵的朝向等。最后，绑扎、剪齐花梗。花束绑扎要求一人独立完成，一手拿花束，另一手用绳或胶带绑扎。绳子绑扎可以采用套环的方法。先用绳子做一圈用手握住，然后绕 4～5 圈，适当拉紧，绳头穿过圈，在圈处的绳头抽紧即可，然后将花束基部剪平。若是四面观花束，在基部剪平后整个花束可在平面上直立不倒。

② 平行式固定法 平行式花束枝干固定式，是将花枝以平行的状态排列，并加以固定的形式。一般以单面观花束为主要制作对象，但不宜做展示角度大的花束。其造型一般是三

角形、放射形、扇形、直线形等。其操作方法比螺旋式简单，可由一人放于手中进行，也可平放于桌面上进行造型，将各花枝平行交错摆放至所需造型，然后绑扎。

（3）花束包装 花束的包装是制作花束的一个重要环节，通过合理的包装，花束礼品会更具观赏性和装饰效果。目前，花束包装纸的种类越来越多，颜色、型号、材质、样式不断变化，使得花束包装也越来越讲究，包装的方法也有简单与复杂之分。最简单的是袋装花束，如单枝花束的塑料袋包装。平板纸类包装花束用得最多，在选择包装纸时要与花束花体部分的花色和造型相协调。平板纸类材料包花束的方法根据不同类型的纸张可有多种方法，如纸卷筒状包装、双纸平行包装、双纸正斜包装、折角包装、皱纹纸漏斗形包装等。

花束装饰部位的处理可以用包装纸类修饰，更多是用缎带、丝带等做好的花结、花球进行装饰。现在也有用一些纤小的叶材或花朵聚拢一起，做点缀装饰。

三、婚礼花饰

1. 胸花

胸花也称襟花，是婚礼、会议及其他礼仪活动中广泛应用的装饰形式。男士胸花一般装饰在西装口袋上或领片转角处；女士则佩戴在上衣胸前，显示出庄重、典雅的高贵气质。

制作胸花体量不宜过大，用花不可过繁，以 1～3 朵花形美丽的中型花为主花，再配少量衬花和轻巧的衬叶即可完成。主花材的色彩不仅应根据礼仪活动的性质不同而有所区别，更要考虑俯视的色彩和质地进行选择。如会议用花庄重典雅，婚礼用花温馨明快。此外，尼龙纱、丝带等配饰物的色泽也要与主花协调，花梗和丝带的方向朝下、花朵在上。

制作时先选好主花材及衬花材，主花材花梗保留 5cm 左右长度，衬花材摆布在周围，再用丝带加以点缀。蝴蝶兰、卡特兰、香石竹、勿忘我都是常用的胸花花材，而文竹和蕨类植物常作衬叶使用。最后将花梗束在一起，用绿胶带包裹好花梗，再用别针固定就可以了。

2. 头花

头花是插在头发上的花卉装饰，在婚礼仪式、文艺演出、服装展示等场合广泛应用，其常见的形式有如下几种。

（1）头箍式 头箍式头花的制作是将花材加工组合，做成类似弦月的形状。制作方法是在花体中部先确定两朵或三朵花形略大的花朵，如月季、非洲菊等，配上 2～3 枚衬叶，用金属丝缠绕成弦月的形状。也可用尼龙纱、丝带作衬托。可以佩戴在耳侧，如新娘的发式有发结可戴于凹处来装饰。

（2）花环式 花环式头花是一种古老而美丽的造型，制作成环形，佩戴于头顶或发髻上。制作要求均匀平和，不求突出、独立。一般在花环上使用两种或几种主导花，以中小型花为好，花的品种间以一定间距分开，切忌将发髻完全遮盖，失去美观。

（3）皇冠式 皇冠式是新娘头饰花中运用较为广泛的款式之一，一般戴在头部正中央。其造型要求主导花突出鲜明，视觉焦点明确。制作时可以由中部向两侧发展，先做正中位的主导花，将花朵用铁丝固定，略将花头抬起，然后依次将花朵向两侧排列，适当掺入衬花与叶。

（4）鬓边式 鬓边式头花是将花材做成三角形的头花造型。花材选用的品种不限，大花、小花均能找到鬓花的定位。鬓边花是戴在侧面的造型，制作时可以参照胸花的制作方法，先将花材按大花在中、小花在外的原则依次排列到位，用金属丝绑扎，然后用些小花和叶材向下掩盖花茎，也可以用缎带装饰。

3. 捧花

新娘捧花是新娘手持的婚礼花饰之一，可分为花托捧花和花束捧花两种。花托捧花是把花材固定在花托上，出售的花托均带花泥或合成树脂，使用时双手握住花托手柄放在腰前侧，使花托保持向上。花束捧花则不使用花托，可单手拿在身侧。在设计和构图上可分为圆形捧花、瀑布形捧花、半月形捧花及自由形捧花等。

（1）圆形捧花　从构图上看成圆形球面，主花材基本等长；衬花材及衬叶用来填补空间或将主花材分开，形成一个四面观的丰满构图效果。制作时先在花托边缘插上一圈花朵，用来确定整个捧花的尺度，随后在中央均匀插上花朵，并调节长度，使其成球面，最后在主花材间隙插上衬花及衬叶，再加上丝带结就完成了。

圆形捧花造型圆润、丰满，有圆满、吉利的寓意，是东方人尤为喜爱的造型之一。适用的花材有月季、菊花、非洲菊、满天星、蕨叶等。

（2）瀑布形捧花　从构图上可分为两部分，上侧近椭圆形，下侧是一条向下延伸的弧线。制作时可依据构图要求选择好花材，并用铁丝和胶带粘贴、固定。先制作捧花的上半部分，使其呈上宽下窄的椭圆形，再用小花朵和衬叶绑成一斜三角形作下半部主体，并用蔓性植物茎叶修饰下端，使其呈现流畅的线条，还可用丝带增加飘逸感。上下两部分用铁丝拉紧组成一体。

瀑布形捧花洒脱、美丽，造型易与婚纱协调，是一种受欢迎的设计形式。适用的花材有月季、香石竹、热带兰、满天星、常春藤等。

（3）半月形捧花　花朵的分布是中部集中、两端稀疏，整体构图呈非对称式的半月形。制作时先按构图需要绑扎 3 个小花束，其中较大的作为半月形的主体造型，另外两个不对等的小花束分别固定在主体花束两侧，根据需要再加衬花、饰叶和丝带。

半月形捧花可单手拿在身侧，使捧花显得端庄、丰满、大方。花材选用多以一种花为主，如百合、热带兰等，衬材可使用微型香石竹等一些小花，叶材也要用来修饰半月形造型。

（4）自由形捧花　这种造型不受传统式构图约束，可在圆形、三角形、S 形的基础上加以突破，也可用手提式花篮、扇子等进行捧花设计，能够适合不同形式婚礼仪式的需求，可与不同风格的服饰搭配。如扇子饰花与东方服饰协调，S 形捧花富有浪漫色彩，蓝色捧花端庄而典雅。另外，用色可以是单一色，也可用两三种花色混合，不宜用色过多，应有主次之分。

4. 花车

婚礼花车是一种无定式的车辆装饰，完全由当地居民的经济状况、流行车款和民风、民俗所决定。婚礼花车在制作前，首先要根据婚礼的规模、场地与新郎、新娘的装束风格和色彩，来选定花车花饰的档次、造型，以及花材主色调。

花车可装饰的部位很多，有前车盖、车顶、后车盖、车两侧和车的保险杠等。前车盖位于车辆之首，是人们视觉的第一切入点，又有较大的平面空间可以装饰花。但是这些位置是驾驶员的视线前沿，故以花体尽量不遮挡驾驶员的基本视线为宜。在近驾驶员的位置不能放花，或应贴近车盖面，副驾驶座的前方可以允许有些高的花体出现。车顶是第二装饰处，从上向下看，车顶的面积很大，可以合理使用花来装饰。后车盖是第三装饰处，是次要位置，有时可以简单化或省略。后车盖上的花是根据前车盖的用花情况确定的，前面体量大，后面也略大；前面小，后面也略小或省略。花体位置一般设置在中间，高度不能有限制，但不能比前面大。轿车两侧装饰只能作为陪衬性的点缀，可以用彩带结或花球、单枝花朵来进行装饰。

总之这些装饰部位都有各自的特色，但所有的都应该是有序的、协调的，形成统一体。

 **任务实践与要求**

1．任务布置

扇形花篮、花束、胸花的制作训练。

2．任务要求

通过动手插作花篮、花束和胸花，使学生掌握礼仪插花造型的特点和插作的基本技巧。

3．工具与材料

（1）工具　剪刀、铅丝、美工刀、订书机、双面胶、丝带、各种包装纸、花泥、花器等。

（2）材料　唐菖蒲、散尾葵、月季、非洲菊、一叶兰、马蹄莲、菊花、巴西木、香石竹、一枝黄、满天星、高山羊齿等花材。

4．实践步骤

① 学生各自选择 1～2 个花篮，根据器皿确定作品造型，然后选择花材做基本处理备用。根据造型和花材，按照插花的操作步骤插作自己的作品。

② 学生各自选择一种花束的类型绑扎一种单面观或四面观花束。

③ 学生各自用剩下的花材制作一款胸花。

④ 教师点评，学生相互讨论、交流技巧。

5．任务考核标准

考核按照四个方面来进行，见表 5-5。

表 5-5　花篮、花束及胸花制作实训考核表

考核项目	考核要点	等级分值					备注
		A	B	C	D	E	
实训态度	积极主动，实训认真，爱护公物	10～9	8.9～8	7.9～7	6.9～6	＜6	视布置状况进行提问
作品构图造型	正确到位，表现力强	30～28	27.9～26	25.9～24	23.9～22	＜22	
花材修剪、弯曲造型	熟练，到位	40～38	37.9～36	35.9～34	33.9～32	＜32	
花材固定	熟练、位置准确	20～18	17.9～16	15.9～14	13.9～12	＜12	

项目三 ▶▶ 室外花卉的应用

任务一　花坛设计与应用

 **知识目标** ▶▶

1. 了解花坛的概念及其特点和类型；了解花坛的设计和施工。

2. 掌握花坛的花卉种植设计原则及要求。

技能目标 ▶▶

1. 能正确选择适合本地生长的花卉进行花坛的种植设计。
2. 能进行花卉的种植及养护管理。

【知识准备】

在园林绿化中，除了栽植乔木、灌木外，建筑物周围、道路两旁、疏林下、空旷地、坡地、水面、块状隙地等，都是栽植花卉的场所。花卉可以使园林构成花团锦簇、绿草如茵、荷香沸水、空气清新的意境，以最大限度地利用空间来达到人们对园林文化娱乐、体育活动、环境保护、卫生保健、风景艺术等多方面的要求。为此，花卉和地被植物等是园林绿地重要的不可缺少的组成部分。花卉在园林中最常见的应用方式即是利用其丰富多彩、变化的形态等来布置出不同的景观，其中花坛是一种古老而广泛的应用形式。

一、花坛的概念及特点

1. 概念

花坛是指在具有几何轮廓的植床内种植各种不同色彩的花卉，展现观赏植物群体效果的一种应用形式，主要以缤纷鲜艳的色彩或精美华丽的纹样来表现其装饰效果。它们大多设置在公园内或大型建筑物的前面、绿地中心和道路两旁等处，常常可作为主景，对美化环境、活跃气氛、提高绿化效果，有着突出的作用，是园林绿化的重要形式。

2. 特点

花坛是花卉应用的一种特定形式，一般具有以下特征。

① 通常具有几何形的栽植床，属几何形种植设计，多用于规则式园林构图中。

② 主要表现花卉的群体美。

③ 多以时令花卉为主体材料，为保证最佳的观赏效果，常需随季节更换种类。

随着时代的变迁和文化的交流，特别是现代科学技术的发展，使得花坛形式、类型及运用等方面较过去更为开放、活泼和自由，尤其是近几年，花坛的发展具有明显的变化。

二、花坛的类型

1. 按表现的主题不同分类

（1）盛花花坛 又称花丛式花坛。主要由观花草本植物组成，表现盛花时群体所展现出的色彩美或绚丽的景观，可由一种花卉的群体组成，也可由多种花卉的群体组成。各种花卉组成的图案纹样不是盛花花坛表现的主题，图案纹样属于从属地位。根据平面长和宽的比例不同，又将盛花花坛分为花丛花坛、带状花丛花坛和花缘。花丛花坛长轴与短轴的比例在1~3倍，主要作主景；带状花坛长轴与短轴比例在3倍以上，且花坛宽度超过1m，又称花带，常作配景，布置于带状种植床；花缘宽度不超过1m，长轴与短轴之比在4倍以上，常作草坪、道路、广场的镶边或作基础栽植。

（2）模纹花坛 主要由低矮的观叶植物或花叶兼美的植物组成，表现和欣赏群体组成的精致的图案纹样。模纹花坛所表现的主题是由植物所组成的装饰纹样或空间造型，而植物本身的个体美和群体美都居于次要地位。因内部纹样及所使用的植物材料不同，模纹花坛又分为毛毡花坛、浮雕花坛和彩结花坛等。

毛毡花坛是应用各种观叶植物组成精美复杂的装饰图案，花坛表面常修剪得十分平整，使成为一个细致的平面或缓和的曲面，整个花坛好像是一块华丽的地毯。而浮雕花坛的装饰纹样一部分凸出于表面，另一部分凹陷，好像木刻和大理石的浮雕一般，通常凸出的纹样由常绿小灌木组成，凹陷的平面栽植低矮的草本植物。彩结花坛的纹样主要是模拟由绸带编成的绳结式样，图案的线条粗细一致，并以草坪、砾石或卵石为底色。

（3）现代花坛　是以上两种类型花坛相结合的形式。如在立体花坛中，立面为模纹式，基部为水平的盛花式。

2. 按空间位置分类

（1）平面花坛　花坛表面与地面平行，主要观赏花坛的平面效果，包括沉床花坛或稍高出地面的花坛。

（2）斜面花坛　花坛设置在斜坡或阶地上，也可以布置在建筑的台阶两旁或台阶上。花坛表面为斜面，是主要观赏面。

（3）高台花坛（花台）　花坛设置在高出地面的台座上。花台一般面积较小，多设于广场、庭院、阶旁以及出入口两边等处。

（4）立体花坛　花坛向空间伸展，具有竖向景观，是一种超出花坛原有含义的布置形式；它以四面观为多。如立体造型花坛、标牌花坛等形式，是以枝叶细密的植物材料种植在具有一定结构的立体造型骨架上，其造型可以是花篮、花瓶、动物和建筑等。

在城市花卉景观中，常常是不同类型花坛相结合而形成混合花坛，如平面花坛与立体花坛相结合，花坛也可与水景、雕塑等结合形成综合花坛景观。

3. 按花坛组合分类

（1）独立花坛　单个花坛独立设置，作为某一环境里的中心。通常设置在建筑广场中央、道路交叉口、公园的进出口广场上、建筑物前庭后院等处。独立花坛一般应有坡度，以使视觉效果完整。

（2）花坛群　由相同或不同形式的数个单体花坛组成，但在构图及景观上具有统一性。多设置在面积较大的广场、草坪或大型的交通环岛上。花坛群应具有统一的底色，以突出其整体感。花坛群中的单个花坛在设计构图中是整体的一部分，格调应一致，但可有主次之分。花坛群还可以结合喷泉和雕塑布置，后者可作为花坛群的构图中心，也可作为装饰。

（3）花坛组　它是常见的另一种单体花坛的组合形式，是同一个环境中设置的多个花坛。它不同于花坛群，各个单独花坛之间的联系不是非常紧密，只是在某一局部环境总体布置中它们是多个相同的因子。如沿路布置的多个带状花坛，建筑物前作基础装饰的数个小花坛等。

花坛的分类方法还有很多，如依功能不同可分为观赏花坛（包括纹样花坛、饰物花坛、雕像花坛等）、标记花坛（包括标志花坛、标题花坛、标语花坛等）、主题花坛、基础花坛等。根据花坛所用植物观赏期的长短还可分为永久性花坛、半永久性花坛和季节性花坛。

三、花坛设计的原则和要求

1. 花坛的平面布置与环境

花坛在整个规则式的园林构图中，一是作为主景，二是作为配景。不论是哪种，其与周围环境存在着协调和对比的关系。对比包括空间构图、色彩、质地等方面。空间构图上的对比如水平方向展开的花坛与规则式广场的建筑物、乔灌木等立面的和立体构图之间的对比；色彩的对比，如周围建筑和铺装与花坛在色相饱和度上的对比，草坪、树木的绿色和花坛的彩色；质地上的对比，如建筑物及道路、广场等硬质景观与花坛植物材料的质地对比等。

此外，花坛设计时还要考虑与环境统一协调。作为主景的花坛，其本身的轴线，应与周围建筑物的轴线方向一致。在道路交叉的广场上布置时，首先不能妨碍交通，花坛的轴线只能与构图的主要轴线相重合。花坛或花坛群的平面轮廓，应该与广场的平面相一致，如广场是圆形的，花坛或花坛群也应该是圆形的，广场是矩形，花坛或花坛群一般设置成矩形。在建筑群中的设置花坛时，更要考虑与建筑物的形式、风格协调统一。作为雕塑、纪念碑等基础装饰的配景花坛，其风格应简约大方，不能喧宾夺主。

花坛的比例尺度与周围环境的比例要合理，它的大小应根据建筑面积和建筑群中的广场大小同时考虑，如广场中央的花坛一般以广场面积的 1/5～1/3 为宜。花坛不宜过大，花坛过于庞大既不易布置，也不易与周围环境协调，又不利于管理，如场地过大时，可将其分割为几个小型花坛，使其相互配合形成一组花坛群，如在花坛之间开一条小径或安放上坐凳构成一个小花园。

2. 花坛的立面处理

一般情况下单体花坛主体高度不宜超过人的视平线，中央部分可以高一些。花坛为了排水，可保持 4%～10% 的坡度，并且种植床稍高于地面。花坛的高度应在人们的视平线以下，使人们能够看清花坛的内部和全貌。不论是花丛花坛，还是模纹花坛，其高度都应利于观赏。花坛四周（或单面观赏花坛的最前边）高于路面，花坛中心（或单面观赏花坛的后面）高于花坛四周（或前面地面）。

为了使花坛的边缘有明显的轮廓，且种植床内的泥土不致因水土流失而污染路面或广场，同时也防止游人踩踏花坛，花坛种植床周围常砌以边缘石进行保护，同时边缘石也具有一定的装饰作用。边缘石高度一般为 10～15cm，大型花坛以不超过 30cm 为宜。种植床靠边缘石的土面需稍低于边缘石。花坛边缘设计除砌以边缘石外，还可用建筑材料如砖、水泥、竹筒、原木等制作，以及用低矮的花卉如美女樱、沿阶草、麦冬等组成植物型的边缘。

3. 花坛的内部图案纹样设计

盛花花坛的内部图案纹样应主次分明，简洁美观。忌在花坛中布置复杂的图案和等面积分布过多的色彩，要求有大色块的效果。

模纹花坛以突出内部纹样精美华丽为主，因而植床的外轮廓以线条简洁为宜，而内部纹样应较盛花花坛精细复杂些。其点缀及纹样不可过于窄细，如由五色草组成的花坛纹样不可窄于 5cm，其他花卉组成的花坛纹样不可窄于 10cm，以保证纹样清晰。其内部图案可选择如花纹、卷云、文字、肖像、时钟、动物等。

4. 花坛的色彩设计

花坛内各种色彩所占用的面积不宜过于平均，应有主次之分。一般选用 1～3 种为主要花卉，其他种类为衬托，可使花坛色彩主次分明。忌在一个花坛或一个花坛群中花色繁多，没有主次。花坛的色彩要与其作用相结合，如装饰性花坛、节日花坛要与环境相区别。组织交通用的花坛要醒目，而基础花坛应与主体配合，起烘托主体作用，不可过分艳丽，以免喧宾夺主。

在花坛色彩的搭配中应注意颜色对人的视觉及心理的影响。对比色相配，能给视觉以强烈的对比感，引人注目。成对比色的花卉在同一花坛内不宜数量均等，应有主次。深浅色的应用，如用浅色花卉作图纹的底色、用深色花卉作图纹的边缘或文字花坛的文字，则图案清晰。冷暖色调的应用，可根据季节变化考虑色彩运用，如早春宜多用金盏菊、一串红等暖色花卉，给人以温暖感；夏季应多用冷色花卉给人以凉爽感。

5. 花坛植物材料的选择

花坛植物的选择因花坛类型和观赏时期而异。

单种花坛所选的花卉材料要求花色艳丽、生长整齐、花期集中、株丛紧密，单独布置能产生强烈的效果，常用花卉有万寿菊、洋凤仙、四季海棠等。复种花坛花卉种类选择时尽量在花卉的某一观赏性状上取得一致，常用的花卉有波斯菊、藿香蓟、一串红、毛地黄、矮牵牛等。

花丛式花坛：宜应用1~2年生草本花卉或球根、宿根花卉；模纹花坛：宜应用生长缓慢多年生观叶草本植物或木本观叶植物。

毛毡花坛：选择生长矮小，萌蘖性强、分枝密、叶子小、生长高度可控制在10cm左右，色彩有显著差别的植物，最常用的是五色草和矮生黄杨。

四、花坛设计图的绘制

运用小钢笔墨线、水粉、水彩、彩笔等绘制均可。

1. 环境总平面图

应标出花坛所在环境的道路、建筑边界线、广场及绿地等，并绘出花坛平面轮廓。依面积大小有别，通常可使用1∶100或1∶1000的比例。

2. 花坛平面图

应表明花坛的图案纹样及所用植物材料。如果用水彩或水粉表现，则按所设计的花色上色，或用写意手法渲染。绘出花坛的图案后，用阿拉伯数字或符号在图上依纹样使用的花卉从花坛内部向外依次编号，并与图旁的植物材料表相对应，表内项目包括花卉的中文名、拉丁学名、株高、花色、花期、用花量等，以便于阅图。若花坛用花随季节变化需要换，也应在平面图及材料表中予以绘制或说明。

3. 立面效果图

用来展示及说明花坛的效果及景观。花坛中某些局部，如造型物等细部必要时需绘出立面放大图，其比例及尺寸应准确，为制作及施工提供可靠数据。立体台阶式花坛还可给出阶梯架的侧剖面图。

4. 效果图

按照一定的角度所绘的花坛及周围环境的透视图（鸟瞰图），用来展示花坛的整体景观效果及其与环境的相互关系，给人以具体、清晰的感觉。

5. 设计说明书

简述花坛的主题、构思，并说明设计图中难以表现的内容，文字宜简练，也可附在花坛设计图纸内。对植物材料的要求，包括育苗计划、用苗量的计算（表5-6）、育苗方法、起苗、运苗及定植要求，以及花坛建立后的一些养护管理要求。上述各图可布置在同一图纸上，注意图纸布图的整体效果。也可把设计说明书另列出来。

表 5-6　花卉材料用苗量参考表

花卉名称	用苗量/(株数/m²)	花卉名称	用苗量/(株数/m²)
五色草类(*Alternanthera* sp.)	400~500	凤仙花(*Impatiens balsamina*)	16
雏菊(*Bellis perennis*)	36	半枝莲(*Portulaca grandiflora*)	36
金盏菊(*Calendula officinalis*)	36	一串红(*Saluia splendens*)	9
鸡冠花(*Celosis argentea*)	25	三色堇(*Viola tricolor*)	36
旱菊(*Dendronthema grandiflora*)	9		

注：1. 此表不包括耗损量；2. 花卉因生长状态及育苗方法不同，花苗质量有差别，应依据具体情况做适当修正。

A 种花卉用株数＝栽植面积/(株距×行距)＝1m²/(株距×行距)×所占花坛面积＝1m² 所栽株数×花坛中占的总面积

公式中株行距以冠幅大小为依据，不露地面为准。

实际用苗量算出后，要根据花圃及施工的条件留出 5%~15% 的耗损量。花坛总用苗量的计算：(A＋A×5%~15%)＋(B＋B×5%~15%)＋…

五、花坛植物种植施工

1. 平面式花坛种植施工

(1) 整地翻耕　花卉栽培的土壤必须深厚、肥沃、疏松。因而在种植前，一定要先整地，一般应深翻 30~40cm，除去草根、石头及其他杂物。如果栽植深根性花木，还要翻耕更深一些。如果土质较差，则应将表层更换好土（30cm 表土）。根据需要，施加适量肥性好而又持久的已腐熟的有机肥作为基肥。

平面花坛不一定呈水平状，它的形状也可以随地形、位置、环境自由处理成各种简单的几何形状，并带有一定的排水坡度。平面花坛有单面观赏和多面观赏等多种形式。

平面花坛一般采用青砖、红砖、石块或水泥预制作砌边，也有用草坪植物铺边的。有条件还可以采用绿篱及低矮植物（如葱兰、麦冬）以及用矮栏杆围边以保护花坛免受人为破坏。

(2) 定点放线　一般根据图纸规定，直接用皮尺量好实际距离，用点线做出明显的标记。如花坛面积较大，可改用方格法放线。放线时，要注意先后顺序，避免踩坏已做好的标志。

(3) 起苗栽植　裸根苗应随起随栽，起苗应尽量保持根系完整。

掘带土花苗，如花圃畦地干燥，应事先灌浇苗地。起苗时要注意保持根部土球完整，根系丰满。如苗床土质过于松散，可用手轻轻捏实。掘起后，最好于阴凉处置放 1~2 天，再运往栽植。这样做，既可以防止花苗土球松散，又可缓苗，有利其成活。盆栽花苗栽植时，最好将盆退下，但应注意保证盆土不松散。

平面花坛由于管理粗放，除采用幼苗直接移栽外，也可以在花坛内直接播种。出苗后，应及时进行间苗管理。同时应根据需要，适当施用追肥，追肥后应及时浇水。球根花卉不可施用未经充分腐熟的有机肥料，否则会造成球根腐烂。

2. 模纹式花坛种植施工

模纹式花坛施工较花费人工，一般均设在重点地区，种植施工应注意以下几点。

(1) 整地翻耕　除按照平面花坛的要求进行外，由于它的平整要求比一般花坛高，为了防止花坛出现下沉和不均匀现象，在施工时应增加一两次填压。

（2）上顶子　模纹式花坛的中心多数栽种苏铁、龙舌兰及其他球形盆栽植物，也有在中心地带布置高低层次不同的盆栽植物，称之为"上顶子"。

（3）定点放线　上顶子的盆栽植物种好后，应将其他的花坛面积翻耕均匀、耙平，然后按图纸的纹样精确地进行放线。一般先将花坛表面等分为若干份，再分块按照图纸花纹，用白色细沙，撒在所划的花纹线上。也有用铅丝、胶合板等制成纹样，再用它在地表面上打样。

（4）栽草　栽草一般按照图案花纹先里后外，先左后右，先栽主要纹样，逐次进行。如花坛面积大，栽草困难，可搭搁板或扣木匣子，操作人员踩在搁板或木匣子上栽草。栽种时可先用木槌子插眼，再将草插入眼内用手按实。要求做到苗齐，地面达到上看一平面、纵看一条线。为了强调浮雕效果，施工人员事先用土做出形来，再把草栽到起鼓处，则会形成起伏状。株行距离视五色草的大小而定，一般白草的株行距离为 3～4cm，小叶红草、绿草的株行距离为 4～5cm，大叶红草的株行距离为 5～6cm。平均种植密度为每平方米栽草 250～280 株。最窄的纹样栽白草不少于 3 行，绿草、小叶红、黑草不少于 2 行。花坛镶边植物火绒子、香雪球栽植距离为 20～30cm。

（5）修剪和浇水　修剪是保证植物花纹好看的关键。草栽好后可先进行 1 次修剪，将草压平，以后每隔 15～20 天修剪 1 次。有两种剪草法：一种为平剪，纹样和文字都剪平，顶部略高一些、边缘略低；另一种为浮雕形，纹样修剪成浮雕状，即中间草高于两边，否则会失去美观或露出地面。

浇水：除栽好后浇 1 次透水外，以后应每天早晚各喷水 1 次。

六、花坛的养护及换花

花卉在园林应用中必须有合理的养护管并定期更换，才能生长良好和充分发挥其观赏效果。主要归纳为下列几项工作。

1. 栽植与更换

作为重点美化而布置的一二年生花卉，全年需进行多次更换，才可保持其鲜艳夺目的色彩。必须事先根据设计要求进行育苗，至含蕾待放时移栽花坛，花后给予清除更换。

华东地区的园林，花坛布置至少应于 4～11 月份保持良好的观赏效果，为此需要更换花卉 7～8 次；如采用观赏期较长的花卉，至少要更换 5 次。有些蔓性或植株铺散的花卉，因苗株长大后难移栽，另有一些是需直播的花卉，都应先盆栽培育，至可供观赏时脱盆植于花坛。近年国外普遍使用纸盆及半硬塑料盆，这给更换工作带来了很大的方便。但园林中应用一二年生花卉作重点美化，其育苗、更换及辅助工作等还是非常费工的，不宜大量运用。

球根花卉按种类不同，分别于春季或秋季栽植。由于球根花卉不宜在生长期移植或花落后即掘起，所以对栽植初期植株幼小或枝叶稀少种类的株行间，应配植一二年生花卉，用其覆盖土面并以其枝叶或花朵来衬托球根花卉，是相互有益的。适应性较强的球根花卉在自然式布置种植时，不需每年采收。郁金香可隔 2 年、水仙隔 3 年、石蒜类及百合类隔 3～4 年掘起分栽一次。在作规则式布置时可每年掘起更新。

宿根花卉包括大多数岩生及水生花卉，常在春季或秋季分株栽植，根据各种花卉的生长习性不同，可 2～3 年或 5～6 年分栽一次。

地被植物大部分为宿根性，要求较粗放。其中属一二年生的如选材合适，一般不需较多的管理，可让其自播繁衍，只在种类比例失调时，进行补播或移栽小苗即可。

2. 土壤要求与施肥

普通园土适合多数花卉生长，对过劣的或工业污染的土壤（及有特殊要求的花卉），需要换入新土（客土）或施肥改良。对于多年生花卉的施肥，通常是在分株栽植时作基肥施入；一二年生花卉主要在圃地培育时施肥，移至花坛仅供短期观赏，一般不再施肥；只对长期生长于花坛中的植物追液肥 1~2 次。

3. 修剪与整理

在圃地培育的草花，一般很少进行修剪，而在园林布置时，要使花容整洁，花色清新，修剪是一项不可忽视的工作。要经常将残花、果实（观花者如不使其结实，往往可显著延长花期）及枯枝黄叶剪除；毛毡花坛需要经常修剪，才能保持清晰的图案与适宜的高度；对易倒伏的花卉需设支柱；其他宿根花卉、地被植物在秋冬茎叶枯黄后要及时清理或剔除；需要防寒覆盖的可利用这些干枝叶覆盖，但应防止病虫害藏匿及注意田园卫生。

 **任务实践与要求** ▶▶

1. 任务布置

节日宾馆门前的平面花坛设计。

2. 任务要求

掌握节日宾馆门前平面花坛的设计方法。要求设计图案简洁、鲜明，对比度强，通过花卉群体的色彩美，创造出节日宾馆门前喜庆、热烈、壮观的氛围。

3. 工具与材料

（1）工具　测量皮尺，白纸、直尺、圆规、笔，推车、铲子、石灰粉、洒水壶、卫生清理工具等。

（2）材料　常用花卉如一串红、矮牵牛、鸡冠花、三色堇、美女樱、万寿菊、四季秋海棠等。

4. 实践步骤

① 学生先进行分组（每组 4~5 人），每组领回自己的任务、要装饰布置的场所平面图以及各种材料。

② 教师带领学生实地勘察布置场所的大小如面积，以及其他建筑和道路等情况。

③ 各组学生根据勘察的情况和任务进行分析，并设计花坛的图案纹样、色彩、选择植物，教师加以指导修改。

④ 各组学生按照设计图现场实施自己的花坛布置，教师点评，学生相互讨论。

5. 任务实施

（1）整理花坛的设计方案。

（2）找出所拟计划的不足之处，并提出改进建议。

6. 任务考核标准

考核按照四个方面来进行，见表 5-7。

表 5-7 花坛设计施工考核表

考核项目	考核要点	等级分值					备注
		A	B	C	D	E	
实训态度	积极主动,实训认真,爱护公物	10~9	8.9~8	7.9~7	6.9~6	<6	
方案设计	合理、明确	30~28	27.9~26	25.9~24	23.9~22	<22	
植物选择	体量、数量、色彩等与环境相协调	40~38	37.9~36	35.9~34	33.9~32	<32	
栽植摆放	布置合理,装饰效果好	20~18	17.9~16	15.9~14	13.9~12	<12	

任务二　花境设计与应用

知识目标 ▶▶

1. 了解花境的概念及其特点和类型;了解花境的设计和施工。
2. 掌握花境的花卉种植设计原则和要求。

技能目标 ▶▶

1. 能正确选择适合本地区生长的花卉进行花境的种植设计。
2. 能熟练进行花卉的种植及养护管理。

【知识准备】

　　花境起源于英国古老而传统的私人别墅花园。它没有规范的形式,在树丛或灌木丛周围成群地混合种植一些管理简便的耐寒花卉,其中以宿根花卉为主要材料,这种花卉的应用形式便是最初的花境。人们对花境的热爱起源于文艺复兴时期。英国园艺学家 William Robinson 第一个将灌木和球根花卉以风景式的形式种植于花境中。第二次世界大战之后,草本花境的真正意义已经基本消亡了,花境的设计向另一方向努力——设计混合花境和四季常绿的针叶树花境。随着时代的变迁和文化的交流,花境的形式和内容也在变化和拓宽,但是其基本形式和种植方式仍被保留了下来,而且在西方发达国家,花境得到了广泛的应用,这不仅提高了园林绿化的艺术性,也体现了花境在城市建设及生态园林建设中的重要作用。

一、花境的概念与特点

1. 概念

　　花境是模拟自然界中林地边缘地带多种野生花卉交错生长的状态,运用艺术手法设计的一种花卉应用形式,是一种半自然式的带状种植形式,以表现植物个体自然美和它们之间自然组合的群落美为主的一种带状自然式的花卉布置形式,以树丛、林带、绿篱或建筑物作背景,常由几种花卉自然块状混合配植而成,表现花卉自然散布生长的景观。花境的边缘常依环境的变化而变化,可以是自然曲线,也可以是直线。

2. 特点

① 花境在设计形式上是沿着长轴方向演进的带状连续构图，带状两边是连续不断的平行或近似平行的直线，或有几何轨迹可循的曲线。

② 花境内部的植物配置是自然式的斑块混交，而花境的平面轮廓与平面布置是规则式的，所以花境是一种兼有规则式和自然式特点的混合构图形式。花境的基本构图单位是一组花丛，每组花丛通常由 5～10 种花卉组成，每种花卉集中栽植。

③ 花境在平面上看是各种花卉的块状混植，立面上看高低错落，犹如林缘野生花卉交错生长的自然景观。既有花卉群丛平面美，又有立面美；既有植物个体美，又有植物自然组合的群落美。

④ 花境由各种花卉共同形成季相景观，即四季（三季）美观。其中每季有 3～4 种花卉为主基调开放，形成季相景观，其他花卉作配调，用来烘托主花材。

二、花境的类型

1. 从设计形式上分，花境主要有以下三类

（1）单面观赏花境　顾名思义，单面观赏花境是指供观赏者从一（单）面欣赏的花境。通常位于道路附近，以树丛、绿篱、矮墙、建筑物等为背景。单面观赏花境一般为长条状或带状，边缘可以为规则式也可以为自然式；从整体上看种植在后面的植物较高、前面的较低，边缘应该有低矮的植物镶边，这是一种较为传统的花境形式，应用范围非常广泛。在花境中若能够等距离地种植一些有特色的植物，如高大的观赏草或常绿树等，能够产生一种节奏感和韵律感。

（2）双面（多面）观赏花境　双面（多面）观赏花境是指可供两面或多面观赏的花境。这种花境多设置在草坪中央或树丛之间，边缘以规则式居多；通常没有背景，中间的植物较高，四周或两侧的植物低矮，常常应用于公共场所或空间开阔的地方，如隔离带花境、岛式花境等。

（3）对应式花境　对应式花境通常以道路的中心线为轴心，形成左右对称形式的花境，常见于道路的两侧或建筑物周围。其边缘多为直线形，左右两侧的植物配置可以完全一样，也可以略有差别；但不宜差别太大，否则就失去了对应的意义。

2. 从植物选材上分，花境可分为以下八类

（1）宿根花卉花境　宿根花卉花境是指所用的植物材料全部由宿根花卉组成的花境，是一种较为传统的花境形式。

宿根花卉具有种类多、适应性强、栽培简单、繁殖容易、群体效果好等优点，此外，大多数宿根花卉都未经充分的遗传改良，在花期上具有明显的季节性，而且无论是花朵还是株型都保留了浓郁的自然野趣。

在宿根花境中，有些品种的宿根花卉虽然花期并不很长，但从整个花境的角度来讲，这反而会令花境的景观富于变化，每一段时期都会有不同的观赏效果。同一个花境也许在春季是由白色和粉色组成，到了秋季就变成黄色和紫色的海洋。

（2）一二年生草花花境　一二年生草花花境是指植物材料全部为一二年生草本花卉的花境。一二年生草本花卉的特点是色彩艳丽、品种丰富，从初春到秋末都可以有灿烂的景色，而冬季则显得空空落落。然而正是辉煌与萧条的对比，才会令人们对来年的盛景更加期盼。很多一二年生草本花卉具有简洁的花朵和株型，具有自然野趣，非常适合营造自然式的花境。

（3）球根花卉花境　球根花卉花境是由各种球根花卉组合而成的花境。球根花卉具有丰富的色彩和多样的株型，有些还能散发出香气，因而深受人们喜爱。

（4）观赏草花境　观赏草花境是指由不同类型的观赏草组成的花境。观赏草茎秆姿态优美，叶色丰富多彩，花序五彩缤纷，植株随风飘逸，能够展示植物的动感和韵律。而且观赏草对生境有广泛的适应性，对土壤和管理都要求不高。更重要的是，它们随风摇曳的身姿为景观增加了无限动感和风情，因而观赏草在近几年越来越受到人们的青睐。

（5）灌木花境　灌木花境是指由各种灌木组成的花境。灌木一旦种下可保持数年，但是由于其体量较大，不像草本花卉那样容易移植，因而在种植之前要考虑好位置和环境因素。

（6）混合花境　混合花境是指由多种不同种类的植物材料组成的花境。如果想获得一个四季都充满趣味和变化的花境，那么混合花境就是最好的选择。

（7）野花花境　野花花境是指由各种野生花卉组成的花境。这种花境多由株型自然、管理粗放的一二年生草本花卉和宿根花卉组成。野生花境的特点之一是，不同的品种不是以组团的形式种植，而是混种在一起，品种之间没有明显的界限。虽然由人工种植，但是看起来像是自然状态下生长的野生花卉群落，极具野趣和乡土气息，适合于乡村的庭院花境以及路缘花境等。

（8）专类植物花境　专类植物花境是由同属的不同种类或同种但不同品种的植物为主要种植材料的花境。专类花境所用的花卉要求花期、株型、花色等方面有较丰富的变化，从而体现花境的特点。

一般园林中宿根花卉花境和混合花境是最常见的花境类型。

三、花境的设置位置

花境可设置在公园、风景区、街心绿地、家庭花园及林荫路旁。它是一种带状布置方式，适合周边设置，可创造出较大的空间，也可充分利用园林绿地中的带状地段。它是一种半自然式的种植方式，因而极适合布置在园林中建筑、道路、绿篱等人工构筑物与自然环境之间，起到由人工到自然的过渡作用。园林绿地中花境可设置在以下位置。

（1）建筑物墙基前设置的花境　这种布置通常称为基础栽植。当建筑物的高度不超过4～5层时，在建筑物墙基与建筑物周围通路之间的带状空地上，可以花境作为基础装饰，这种装饰可以软化建筑的硬线条，使墙面与地面所成的直角强烈对立能够得到缓和，使建筑物的几何体形，能够与四周的自然风景和园林风景取得调和。但是当建筑物的高度超过5～6层时，由于建筑物的体量与花境的体量悬殊太大，在装饰的比例上是相称的，要有很大的过渡面积，因此花境就不能起作用了，也不能应用了。另外，围墙、栅栏、篱笆及坡地的挡土墙前也可设置花境。

（2）立脚点路旁可设置花境　园林中游园步道边适合设置花境；若在道路尽头有雕塑、喷泉等园林小品，可在道路两边设置花境。在边界处设置单面观花境，既有隔离作用又有好的美化装饰效果。通常在花境前再设置园路或草坪，供人们欣赏花境。

（3）绿地中较长的植篱、树墙前可设置花境　在规则式园林中，常常应用修剪的植篱或由常绿小乔木修剪而成的树墙来组织规则式的闭锁空间，这些空间好像是由建筑物组成的四合院空间一样。在这些绿篱和树墙的前方布置花境，是最动人的，花境可以装饰树墙单调的立面基部，树墙可以作为花境的单纯背景，二者交相辉映。然后在花境的前面再设置园路，以便游人欣赏。配置在绿篱和树墙前面的花境是单面观赏花境。

（4）宽阔的草坪上、树丛间可设置花境　在这种绿地空间适宜设置双面观赏的花境，可丰富景观，组织游览路线。通常在花境两侧辟出游步道，以便观赏。

（5）宿根园、家庭花园中可设置花境　在面积较小的花园中，花境可周边布置，这是花境最常用的布置方式。依具体环境可设计成单面观赏、双面观赏或对应式花境。

（6）沿着花架、绿廊和游廊设置花境　花境是连续构图，最好是沿着游人喜爱的散步道路设置。在雨天，游人常常沿着游廊走；在夏季有阳光的时候，游人常常在花架和绿廊下休息乘凉。游廊、花架和绿廊都有高出地面30～50cm的建筑台基，台基的立面前方可以布置花境，花境的外方再布置园路，这样游廊内或绿廊内的游人，在散步时可以沿路欣赏两侧花境，同时花境又可以装饰花架和游廊的台基，把不美观的台基立面加以美化。

四、花境设计

1. 植床设计

花境的种植床是带状的。单面观赏花境的后边缘线多采用直线，前边缘线可为直线或自由曲线。两面观赏花境的边缘线基本平行，可以是直线，也可以是流畅的自由曲线。

（1）花境的朝向要求　对应式花境要求长轴沿南北方向展开，以使左右两个花境光照均匀，从而达到设计构想。其他花境可自由选择方向。但要注意到花境朝向不同，光照条件不同，因此在选择植物时要根据花境的具体位置而考虑。

（2）花境大小的选择取决于环境空间的大小　通常花境的长轴长度不限，但为管理方便及体现植物布置的节奏、韵律感，可以把过长的植床分为几段，每段长度以不超过20cm为宜。段与段之间可留1～3m的间歇地段，设置坐椅或其他园林小品。

（3）花境的宽度有一定要求　从花境自身装饰效果及观赏者视觉要求出发，花境应有适当的宽度。过窄不易体现群落的景观，过宽超过视觉鉴赏范围而造成浪费，也给管理造成困难。通常，混合花境、双面观赏花境较宿根花境及单面观花境宽些。下述各类花境的适宜宽度可供设计时参考。

单面观赏混合花境4～5m；单面观赏宿根花境2～3m；双面观赏花境4～6m。在家庭小花园中花境可设置1～1.5m，一般不超过院宽的1/4。较宽的单面观赏花境的种植床与背景之间可留出70～80cm的小路，以便于管理，又有通风作用，并能防止做背景的树和灌木根系侵扰花卉。

（4）种植床要求　种植床依环境土壤条件及装饰要求可设计成平床或高床，并且应有2%～4%的排水坡度。一般讲，土质好、排水力强的土壤，设置于绿篱、树墙前及草坪边缘的花境宜用平床，床面后部稍高，前缘与道路或草坪相平。这种花境给人整洁感。在排水差的土质上，阶梯挡土墙前的花境，为了与背景协调，可用30～40cm高的高床，边缘用不规则的石块镶边，使花境具有粗犷风格；若使用蔓性植物覆盖边缘石，又会形成柔和的自然感。

2. 背景设计

单面观花境需要背景。花境的背景依设置场所不同而异。较理想的背景是绿色的树墙或高篱。用建筑物的墙基及各种栅栏做背景也可，以绿色或白色为宜。如果背景的颜色或质地不理想，可在背景前选种高大的绿色观叶植物或攀缘植物，形成绿色屏障，再设置花境。

背景是花境的组成部分之一，可与花境有一定距离，也可不留距离。总之设计时应从整体考虑。

3. 边缘设计

花境边缘不仅确定了花境的种植范围，也便于前面的草坪修剪和园路清扫工作。高床边缘可用自然的石块、砖头、碎瓦、木条等垒砌而成。平床多用低矮植物镶边，以 15～20cm 高为宜，可用同种植物，也可用不同植物，以后者更近自然。若花境前面为园路，边缘分明、整齐，还可以在花境边缘与环境分界处挖 20cm 宽、40～50cm 深的沟，填充金属或塑料条板，防止边缘植物侵入路面或草坪。

4. 种植设计

(1) 植物选择　全面了解植物的生态习性，并正确选择适宜材料是种植设计成功的根本保证。在诸多的生态因子中，光照和温度是主要的。植物应在当地能露地越冬。在花境中背景及高大材料可形成局部的半阴环境，这些位置宜选用耐阴植物。此外，如对土质、水肥的要求可在施工中和以后管理上逐步满足，其次是应根据观赏特征选择植物，因为花卉的观赏特征对形成花境的景观起决定作用。种植设计正是把植物的株型、株高、花期、花色、质地等主要观赏特点进行艺术性组合和搭配，创造出优美的群落景观。选择植物应注意以下几个方面。

① 以在当地能露地越冬，不需特殊管理的宿根花卉为主，兼顾一些小灌木及球根和一二年生花卉。

② 花卉有较长的花期，且花期能分散于各季节。花序有差异，有水平线条与竖直线条的交叉。花色丰富多彩。

③ 有较高的观赏价值，如芳香植物、花形独特的花卉、花叶均美的材料、观叶植物等，某些禾本科植物也可选用。但一般不选用斑叶植物，因它们很难与花色调和。

(2) 色彩设计　花境的色彩主要由植物的花色来体现，植物的叶色，尤其是少量观叶植物的叶色也是不可忽视的。

宿根花卉是色彩丰富的一类植物，加上适当选用一些球根及一二年生花卉，使得色彩更加丰富，在花境色彩设计中可以巧妙地利用不同花色来创造空间或景观效果。如把冷色占优势的植物群放在花境后部，在视觉上有加大花境深度、增加宽度之感；在狭小的环境中用冷色调组成花境，有空间扩大感。在平面花色设计上，如有冷暖两色的两丛花，且它们都具有相似的株型、质地及花序时，由于冷色有收缩感，若使这两丛花的面积或体积相当，则应适当扩大冷色花的种植面积。利用花色还可产生冷、暖的心里感觉，花境的夏季景观应使用冷色调的蓝紫色系花，给人带来凉意；而早春或秋天用暖色的红、橙色系花卉组成花境，可给人暖意。在安静休息区设置花境宜多用使用暖色调的花。

花境色彩设计中主要有 4 种基本配色方法。

① 单色系设计　这种配色法不常用，只为强调某一环境的某种色调或一些特殊需要时才使用。

② 类似色设计　这种配色法常用于强调季节的色彩特征时使用，如早春的鹅黄色、秋天的金黄色等，有浪漫的格调，但应注意与环境协调。

③ 补色设计　多用于花境的局部配色，使色彩鲜明、艳丽。

④ 多色设计　这是花境中常用的方法，使花具有鲜艳、热烈的气氛。但应注意依花境大小选择花色数量，若在较小的花境上使用过多的色彩反而会产生杂乱感。

花境的色彩设计中还应注意，色彩设计不是独立的，而必须与周围的环境色彩相协调，与季节相吻合。开花植物（花色）应散布在整个花境中，避免局部配色很好，但整个花境观赏效果差。

较大的花境在色彩设计时，可把选用花卉的花色用水彩涂在其种植位置上，然后取透明纸罩在平面种植图上，抄出某季节开花花卉的花色，检查其分布情况及配色效果，可据此修改，直到使花境的花色配置及分布合理为止。

（3）季相设计　花境的季相变化是它的特征之一。理想的花境应四季有景可观，寒冷地区可做到三季有景。

花境的季相是通过种植设计实现的。利用花期、花色及各季节所具有的代表性植物来创造季相景观。如早春的报春、夏日的福禄考、秋天的菊花等。植物的花期和色彩是表现季相的主要因素，花境中开花植物应各季都有且衔接不断，以保证各季的观赏效果。花境在某一季节中，开花植物应散布在整个花境内，以保证花境的整体效果。

（4）立面设计　花境要有较好的立面观赏效果，应充分体现群落的美观，使植株高低错落有致，花色层次分明。立面设计应充分利用植株的株型、株高、花序及植株的质感，创造出丰富美观的立面景观。

① 植株高度　宿根花卉依种类不同，高度变化极大，从几厘米到两三米，可供充分选择。花境的立面安排原则一般是前低后高，在实际应用中高低植物可有穿插，以不遮挡视线、实现景观效果为准。

② 株型与花序　株型与花序是与花境景观效果相关的另两个重要因子。这两个因子相结合构成的整体外形，可把植物分成水平型、直线型及独特形三大类。水平型植株圆浑，开花较密集，多为单花顶生或各类伞形花序，并花时形成水平方向的色块，如八宝、蓍草、金光菊等。直线型植株耸直，多为顶生总状花序或穗状花序，形成明显的竖线条，如火炬花、一枝黄花、飞燕草、蛇鞭菊等。独特花形兼有水平及竖向效果，如鸢尾类、大花葱、石蒜等。花境在立面设计上最好有这三大类植物的外形比较，尤其是平面与竖向结合的景观效果更应突出。

③ 植株的质感　不同质感的植物搭配时要尽量做到协调。粗质地的植物显得近，细质地的植物显得远等特点在设计中也可利用。

立面设计除了从景观角度出发外，还应注意植物的习性，才能维持生态的稳定性。

（5）平面设计　首先确定出不同种类的植物所占的区域范围，并确定主花材。平面种植采用自然块状混植方式，每块为一组花丛，各花丛大小有变化。一般花后叶丛景观较差的植物面积宜小些。为使开花植物分布均匀，又不因种类过多而造成杂乱，可把主花材植物分为数丛种在花境不同位置。可在花后叶丛景观差的植株前方配植其他花卉给予弥补。使用少量球根花卉或一二年生草花时，应注意该种植区的材料轮换，以保持较长的观赏期。

其次对于过长的花境，平面设计可采用标准化设计，先绘出一个演进花镜单元，然后重复出现或设计两个单元交替出现。

五、花境设计图的绘制

花境设计图可用小钢笔墨线图，也可用水彩、水粉画方式绘制。

（1）环境总平面图　用平面图表示，标出花境周围环境，如建筑物、道路、草坪及花境所在位置。依环境大小可选用 1：500～1：100 的比例绘制。

（2）花境平面图　绘出花境边缘线、背景和内部种植区域，以流畅曲线表示，避免出现死角，以求接近种植物后的自然状态。在种植区编号或直接注明植物，编号后需附植物材料表，包括植物名称、株高、花期、花色等。可选用1：100～1：50的比例绘制。

（3）花境立面图　可以一季景观为例绘制，也可分别绘出各季景观。选用1：200～1：100的比例皆可。

（4）透视效果图　选取适当的透视角度，全面反映花境植物组成的景观。此外，如果需要，还可绘制出花境种植施工图及花境设计说明书。种植施工图在种植区域内绘出每株丛植物的位置、名称、数量，比例可选用1：20～1：50。说明书可简述作者的创作意图及管理要求等，并对图中难以表达的内容做出说明。

六、花境的施工及养护管理

1. 施工

（1）整床　花境施工完成后可多年应用，因此需有良好的土壤。对土质差的地段应换土，但要注意表层肥土及生土要分别放置，然后依次恢复原状。通常混合式花境土壤需深翻60cm左右，筛出石块，距床面40cm处混入腐熟的堆肥，再把表土填回，然后整平床面，稍加镇压。

（2）放线　按平面图纸用白粉或沙在植床内放线，对有特殊土壤要求的植物，可在种植中采用局部换土的措施。要求排水好的植物可在种植区土壤下层添加石砾。对某些根蘖性过强、易侵扰其他花卉的植物，应在种植区边挖沟，埋入石头、瓦砾、金属条等进行隔离。

2. 栽植

（1）由于花境所用植物材料多为多年生的花卉，故第一年栽种时整地要深翻，一般要求深达40～50cm，若土壤过于贫瘠，要施足基肥，若种植喜酸性植物，需混入泥炭土或腐叶土，然后整好轧平即可放样栽种。栽种时，要先栽种植株较大的花卉，再栽种植株较小的花卉。先栽宿根花卉，再栽一二年生草花和球根花卉。

（2）花境虽然不要求年年更换，但日常管理非常重要。每年早春要进行中耕、施肥和补栽。有时还要更换部分植株，或播种一二年生花卉。对于不需人工播种、自然繁衍的种类，也要进行定苗、间苗。在生长季中，要经常注意中耕、除草、除虫、施肥、浇水等，对于枝条柔软或易倒伏的种类，必须及时搭架、捆绑固定，还要及时清除枯萎落叶保持花境整洁。有的包需要掘起放入室内过冬，有的需要在苗床采取措施越冬。

（3）通常按设计方案进行育苗，然后栽入花境。栽植密度以植株覆盖植床为限。若栽种小苗，则可种植密些，花前再适当疏苗；若栽植成苗，则应按设计密度栽好。栽后保持土壤湿度，直到成活。

3. 养护管理

（1）浇水　按一般的浇水程序进行。

（2）施肥　花境在每年早春可以中耕，把应该更新的植株加以分根并重新栽植，晚秋时可以用落叶或腐熟堆肥覆盖土面以防寒，早春把堆肥土埋入土壤深处。

（3）中耕除草　花境种植后，随时间推移会出现局部生长过密或稀疏的现象，需及时调整，以保证其景观效果。早春或晚秋可更新植株，并把秋末盖在地面的落叶及经腐熟的堆肥施入土壤。管理中注意灌溉和中耕除草。混合式花境中花灌木应及时修剪，花期过后及时去除残花等。

（4）补植更新 花境内，某一季节，可能有部分土壤裸露，有损美观，则可以补植一年生花卉，以覆盖土面。夏季可以应用半枝莲，早春可以用三色堇，这些花卉在暖湿带能自播繁衍，种好以后，就能够年年自然填补空缺。

（5）整形修剪 花境内植物，除背景和镶边植物外，其余均不进行整形。灌木每年在一定时期要作生理上人工修剪，但不整形。花境内的植物，枯枝败花要随时摘去。

（6）病虫害防治 以防为主，防、治结合同时进行。

1. 任务布置

花境的设计与施工。

2. 任务要求

掌握花境设计与施工的基本方法，学生能对常见场所的简易花境进行设计与施工。

3. 工具与材料

（1）工具 测量皮尺，白纸、直尺、圆规、笔，推车、铲子、石灰粉、洒水壶、卫生清理工具等。

（2）材料 常用花卉如一串红、矮牵牛、鸡冠花、三色堇、美女樱、万寿菊、四季秋海棠、荷兰菊、常春藤、山茶、桂花等。

4. 实践步骤

① 学生先进行分组（每组 4～5 人），每组领回自己的任务、要装饰布置的场所平面图以及材料种类。

② 教师带领学生实地勘察布置场所的大小如面积，以及其他建筑和道路等情况。

③ 各组学生根据勘察的情况和任务进行分析，并设计花境的图案纹样、色彩、选择植物，教师加以指导修改。

④ 各组学生按照设计图现场实施自己的花境布置，教师点评，学生相互讨论。

5. 任务实施

（1）整理花境的设计方案。

（2）找出所拟计划的不足之处，并提出改进建议。

6. 任务考核标准

考核按照四个方面来进行，见表5-8。

表5-8 花境设计施工考核表

考核项目	考核要点	等级分值					备注
		A	B	C	D	E	
实训态度	积极主动，实训认真，爱护公物	10～9	8.9～8	7.9～7	6.9～6	<6	
方案设计	合理、明确	30～28	27.9～26	25.9～24	23.9～22	<22	
植物选择	体量、数量、色彩等与环境相协调	40～38	37.9～36	35.9～34	33.9～32	<32	
种植施工	步骤合理，装饰效果好	20～18	17.9～16	15.9～14	13.9～12	<12	

任务三 花卉专类园设计与应用

 **知识目标** ▶▶

1. 了解花卉专类园的概念及其特点和类型。
2. 掌握花卉专类园的设计特点和施工要求。

技能目标 ▶▶

1. 能正确选择适合本地区生长的花卉进行花卉专类园的种植设计。
2. 能熟练进行专类花卉的种植及养护管理。

【知识准备】

一、花卉专类园的概念

《中国大百科全书》对专类花园的定义是：某一种或某一类观赏植物为主体的花园。也有书中提到专类花园是以既定的主题为内容的花园，又称专题花园。

专类园是指在一定范围内种植同一类观赏植物供游赏、科学研究或科学普及的园地。有些植物变种品种繁多并有特殊的观赏性或生态习性，宜于集中一园专门展示。其观赏期、栽培条件、技术要求比较接近，管理方便，游人乐于在一处饱览其精华。

这种布景方式中国早有记载，如梅园、牡丹圃、菊圃等至今不衰。近代更有较多的专类园出现在国内外公共园林中。用草本植物为主的如鸢尾园、报春花园、矮牵牛园、大丽菊园；用木本植物为主的如杜鹃花园、茶花园等；也有以不同种类但习性相同的植物栽植在一起形成的水生花卉专类园、岩石园等。

二、花卉专类园的类型

随着园林的发展，专类花园所表达的内容越来越丰富，常见的类型大致可分为以下几种。

1. 专类花园

在一个花园中专门收集和展示同一类著名的或具有特色的观赏植物，创造优美的园林环境，构成供游人游览的专类花园。把植物分类学上同一属内不同品种的花卉，或者同一个种内不同品种的花卉，按生态习性、花期早晚的不同，以及植株高低和色彩上的差异等进行种植、设计、组织在同一个园子里。如月季园、杜鹃园、丁香园、牡丹园、山茶园、竹园等。

① 把同一个科或不同科的花卉种植在同一个园子里，往往是由于这类花卉生态习性具有共同点，而栽培管理上又要求较特殊的条件，如对水分、光照等方面有特定的需求。这类专类园常见的有仙人掌多浆植物专类园、水生花卉专类园、岩生或高山植物专类园等。

② 根据特定的观赏特点布置的主题花园，如芳香园、彩叶园、百花园、观果园等。

③ 主要服务于特定人群或具有特定功能的花园，如以特殊质地、形态、气味等花卉布置的盲人花园、儿童花园、墓园等。

④ 按照特定的用途或经济价值将一类花卉布置在一起，如香料植物专类园、药用植物

专类园、油料植物专类园等。

2. 主题花园

这种专类园多以植物的某一固有特征，如芳香、果实丰硕或植物体本身的性状特点突出某一主题的花园，如水生花卉专类园、岩石园、仙人掌及多浆类植物专类园、香花园等。

随着园林的发展，主题花园的类型越来越丰富，可以分为以下几类。

① 植物学上未必有较近的亲缘关系，但具有相似的生态习性和形态特征的植物的专类园。如岩石园、水生花卉园等。

② 以具有特定的观赏特点布置的主题花园，如芳香园、四季花园、百花园、冬园等。

③ 主要服务于特定人群或具有特定功能的花园，如盲人花园、儿童花园、园艺疗养专用花园等。

④ 按照特定的用途或经济价值将同用途花卉布置在一起，如香料植物专类园、纤维植物专类园、药用植物专类园等。

三、花卉专类园的特点及设计要点

1. 花卉专类园的特点

专类园的性质决定其具备两个基本特点，即科学的内容和园林的外貌。在进行植物资源的收集、保存、杂交育种等研究工作及展示引种和育种成果并进行科普教育的同时，还常常可以在最佳的观赏期内集中展现同类植物的观赏特点，给人以美的感受。因此，专类花园在景观上独具特色。

建造专类园重在多方搜集特定植物的野生和栽培品种资源。有了丰富的原始材料，通过引种驯化和栽培试验后，将在当地可正常生长发育的种类集中展示。可见，一个专类园是一国一地植物资源、园艺科学及园林艺术的集中表现，游人不仅可以在有限的空间内观赏到大自然的美，而且可以获得丰富的植物学知识。因此，专类园中各种植物的种植必须严格按照定植图，品种准确，编号存档，并常常挂以铭牌，供游人辨识。专类园中主题植物的设计也要遵循一定的科学规律，既便于科学研究，也便于科普宣传和展示。这些都是专类园科学内涵的体现。

2. 花卉专类园的设计要点

专类园通常依所收集的植物种类的多少、设计形式不同，建成独立性的专类花园，也可以在风景区或公园里专辟一处，成为一个景点或园中之园。专类园的整体规划，首先应以植物的生态习性为基础。平面构图可按需要采用规则式、自然式和混合式。立面上根据植物的特点及专类园的性质进行适当的地形改造。

专类园的植物景观设计，要既能突出个体美，又能展现同类植物的群体美；既要把不同花期、不同园艺品种的植物进行合理搭配，以延长观赏期，还可以运用其他植物与之搭配，加以衬托，从而达到四季有景可观。所搭配的植物要根据不同主题花卉的特点、文化内涵、赏花习俗等选择适当的种类，并考虑生态因素、景观因素，进行合理的乔、灌、草搭配，常绿和落叶搭配等，创造丰富的季相景观。

专类园中还可适当结合园林小品、建筑、山石、雕塑以及形式适当的科普宣传栏等，来丰富和完善主题思想，同时引导群众对文化典故、科普知识进行了解，提高群众的审美情趣，使专类园真正具有科学的内涵及园林形式，达到可游、可赏的目的。

四、岩石园、水生植物园的设计与施工

1. 岩石园

岩石园是以岩石及岩生植物为主，结合地形选择适当的沼泽、水生植物，展示高山草甸、牧场、碎石陡坡、峰峦溪流等自然景观和植物群落的一种装饰性绿地。

（1）岩石园的类型　在岩石园发展过程中具有多种类型。作为园的外貌出现，其风格有自然式和规则式。此外还有墙园式及容器式。结合温室植物展览，还专辟有高山植物展览室。

① 规则式岩石园　规则式是相对自然式而言。常建于街道两旁、房前屋后、小花园的角隅及土山的一面坡上。外形常呈台地式，栽植床排成一层一层，比较规则。景观和地形简单，主要欣赏岩生植物及高山植物。

② 墙园式岩石园　这是一类特殊的岩石园。利用各种护土的石墙或用作分割空间的墙面缝隙种植各种岩生植物。有高墙和矮墙两种。高墙需做 40cm 深的基础，而矮墙则在地面直接垒起。

建造墙园式岩石园需注意墙面不宜垂直，而要向护土方向倾斜，石块插入土壤固定，也要由外向内稍向下倾斜，石块之间的缝隙不宜过大，并用肥土填实。竖直方向的缝隙要错开，不能直上直下，以免土壤冲刷及墙面不坚固。石料以薄片状的石灰岩较为理想，既能提供岩生植物较多的生长缝隙，又有理想的色彩效果。

③ 容器式微型岩石园　一些家庭中常趣味性地采用石槽或各种废弃的动物食槽、水槽，各种小水钵石碗、陶瓷容器进行种植。种植前必须在容器底部凿几个排水孔，然后用碎砖、碎石铺在底层以利排水，上面再填入生长所需的肥土，种上岩生植物。这种种植方式便于管理和欣赏，可到处布置。

④ 自然式岩石园　自然式岩石园以展现高山的地形及植物景观为主，并尽量引种高山植物。园址要选择在向阳、开阔、空气流通之处，不宜在墙下或林下。公园中的小岩石园，因限于面积，则常选择在小丘的南坡或东坡。

岩石园的地形改造很重要。模拟自然地形，应有隆起的山峰、山脊、支脉，下凹的山谷，碎石坡和干涸的河床，曲折蜿蜒的溪流和小径，以及池塘与跌水等。流水是岩石园中最愉悦的景观之一，故要尽量将岩石与流水结合起来，使具有声响，显得更有生气。因此，要创造合理的坡度及人工泉源。溪流两旁及溪流中的散石上种植植物，使外貌更为自然，丰富的地形设计才能造成植物所需的多种生态环境，以满足其生长发育的需要。一般岩石园的规模及面积不宜过大，植物种类不宜过于繁多，不然管理极为费工。

（2）岩石园的植物选择与配置　岩生植物应选择植株低矮、生长缓慢、节间短、叶小、开花繁茂和色彩绚丽的种类。一般来讲，木本植物的选择主要取决于高度；多年生花卉应尽量选用小球茎和小型宿根花卉；低矮的一年生草本花卉常用作临时性材料，是填充被遗漏的石隙最理想的材料。日常养护中要控制生长茁壮的种类。

众多的高山植物在岩石园的配植中除色彩、线条等景观设计要求外，主要需满足其对光照及土壤湿度上的要求。

岩石园中除将岩生植物配植在合适的位置外，为控制植物种类，还在很多坡面上植成草坪。为进一步具有自然外貌，在草坪上可配植各种宿根、球根花卉，模拟自然的高山草甸。

（3）岩石园建造时应注意的问题

①　石材的选择和铺设　岩石园的用石要能为植物根系提供凉爽的环境，石隙中要有贮水的能力，故要选择透气的岩石，具有吸收湿气的能力，坚硬不透气的花岗岩是不合适的。大量用表面光滑、闪光的碎砖也不合适，应选择表面起皱、美丽，厚实，符合自然岩石外形的石料。最常用的有石灰岩、砾岩、砂岩等。

a. 石灰岩：含钙化合物，外形美观。长期沉于水底的石灰岩，在水流的冲刷下，形成多孔，且质地较轻，容易分割的特性。缺点是在种植床中要填入较多的苔藓、泥炭、腐叶土等混合土，以减低 pH 值。

b. 砾石：又叫布丁石，造价便宜，含铁的成分，有利植物生长。但岩石外形有棱有角或圆胖不雅，没有自然层出，所以较难建造及施工。

c. 红砂岩：含铁多，其缺点同砾石。我国砂岩丰富，其吸水、保水能力好，缺点是太疏松。

岩石本身就是岩石园的重要欣赏对象，因此置石合理与否极为重要。岩石块的摆置方向应趋于一致，才符合自然界地层外貌。同时应尽量模拟自然的悬崖、瀑布、山洞、山坡造景。如在一个山坡上置石太多，反而不自然。岩石块至少埋入土中 $1/3 \sim 1/2$ 深，要将最漂亮的石面露出土面。

②　岩石园土壤　多数高山植物喜欢肥沃、疏松、透气及排水良好的土壤。土壤酸度可保持在 pH 值为 $6 \sim 7$。

土壤水分：夏季要创造凉爽湿润的土壤环境，冬季则要干燥和排水良好，不然有些具有莲座叶的高山植物易因湿冷而腐烂死亡，自然的野生环境中，很多高山植物生长在被松散石块覆盖的山坡上，夏季溶雪提供大量冷凉的雪水，冬季有雪窝保护其越冬。在岩石园中创造碎石缓坡来模拟这种自然环境，同时保证在夏季能获得足够的水分，并有良好的排水，而冬季又不会太潮湿，当然碎石坡的面积可大可小，甚至可以做成碎石栽植床，使一些高山植物能生长良好。

③　岩石园道路的设置　岩石园内游览小径宜设计成柔和曲折的自然线路。小径上可铺设平坦的石块或铺路石碎片。其小径的边缘和石块间种植低矮植物，故意造成不让游客按习惯走路，而需小心翼翼避开植物、踩到石面上，使游赏时更具自然野趣。同时也让游客感到岩石园中除了岩石及其阴影外，到处都是植物。

④　岩石园的除草　建立岩石园前必须用除草剂除尽土壤中的多年生杂草，特别是具有很长走茎、生长茁壮的多年生杂草，以及自播繁衍能力极强的一年生杂草，当然这要经过几年努力才能见效。

岩石园中的栽植床是极为重要的。除了在岩石块摆置时留出石隙与间隔，再填入各种栽植土壤外，多数要专门砌出栽植池。栽植池一般挖下 60cm，最底层 20cm 用不透水的砾石、黏土或水泥砌成。其上，在边缘留一排水孔，填入 20cm 深的碎石、砾石或其他排水良好的物质。然后再填入 15cm 深、直径为 $4 \sim 5cm$ 的粗石，使之堵住大石块之间的缝隙，也可阻止上面的沙石下沉堵塞排水孔。最上面再覆盖 5cm 厚的用园土、腐叶土和易保水的小碎石片均匀混合的栽培土壤。在栽培土壤上再撒些小卵石、碎石以隔开土表，既便于自然雨水的渗水，又可保护植物的根部。平时打开排水孔，以便每天充足的浇水畅通地排走。旱季堵上排水孔，以便保持土壤湿度。排水孔的水可汇集一起流入池塘，池中和池边种植水生、沼生植物，使岩石园变得更妩媚动人，砌栽植床时必须注意底部要略朝外倾斜，以利排水。土面及栽植床前的岩石块宜向内略倾斜或向外稍伸出，以利承接雨水。较扁平的石块不宜垂直插入土中，而起不到任何作用。

2. 水生植物专类园

（1）水生植物专类园的概念和类型　水生植物专类园又被称为水景园，就是以水生的观赏植物为材料布置的景区和景点。英国园艺家肯·奥斯莱特说："水景园是指园中的水体向人们提供安宁和轻快的风景，在那里有不同色彩和香味的植物，还有瀑布、溪流的声响。池中及沿岸配置有各种水生植物、沼泽植物和耐湿的乔灌木，而成为有背景和前景的园林。"

水景园的类型从设计布局上，可以分为规则式和自然式。规则式水景园是指设在规整式园林中，与规整式园林风格一致、远离自然的各种人造水体，如西方园林中规整式水体、图案水池、喷泉、规整形水池、河道等。自然式水景园是指在自然式园林中保留的自然水体或人工仿造的"宛自天开"的水景。从展示水生花卉的内容上，可以分为综合型和专类花卉展示型。如专门展示荷花、睡莲的水生花卉专类园。

（2）水生植物专类园的设计和施工

① 水生植物配置的原则

a. 水生植物的配置必须符合生态性、艺术性和多样性的原则：根据水面性质和水生植物的习性，因地制宜选择植物种类。要注重观赏、经济、水质改良三方面的结合。没有大片的水生植物景观区，可以采用单一种类配置，建立大型的荷花水景区或睡莲水景区；也可以采用几种水生植物混合搭配，考虑主次关系，以及形体、高矮、姿态、叶形、叶色、花期、花色的对比和调和以形成不同的景观效果。

在平面设计上，水面的植物配置要充分考虑水面的景观效果和水体周围的环境状况。一定要注意水面的植物不能过分拥挤，一般不要超过水面面积的1/3，并且严格控制植物材料的蔓延，方便人们观赏水中优美的倒影。控制植物的蔓延可以采用设置隔离带或盆栽方式，但是对于污染严重、具有臭味或观赏价值不高的水面，则可使用水生植物布满水面，形成一片绿色景观，如可选用凤眼莲、莲子草等。

在立体设计上，可以通过选择不同的水生植物种类形成高低错落、层次丰富的景观，尤其是在面积较大时。具有竖向线条的水生植物有荷花、香蒲、千屈菜、石菖蒲、花菖蒲、水葱等，高的可达2m；水平面的有睡莲、荇菜、凤眼莲、白睡莲等。将竖向和纵向的植物材料按照它们的生活习性选择适宜的深度进行栽植，是科学和艺术的完美结合，可构筑成美丽的水上花园。

另外，还要考虑到水体的水位深度问题，如深水区，常年水深1m以上，这个区域应以沉水植物为主；中等深水区，常年水深0.3～1m的区域，以观赏荷花、睡莲等为主，也可配置沉水植物；浅水区，常年水深0.3m以内，是挺水植物的主要生长区域，基本上所有挺水植物均可选用；水陆消落区，指水岸线上下波动覆盖的水陆交错区，这个区域需要选用具有一定耐旱性的挺水植物。

b. 水生植物的配置要注重呈现季相色彩景观：植物因春夏秋冬四季的气候变化而有不同的形态和色彩变化，映于水中，可产生丰富的季相水景。春季可以在岸边种植一些樱花、迎春、柳树等植物。夏季可以在岸边种植一些合欢、栾树、菖蒲、水生鸢尾等。各种色叶树种如槭类可大大地丰富秋季水边的色彩，水中残荷也别有一番风味。冬季则可以利用一些常绿植物点缀岸边，落叶后树姿优美的植物种在岸边，绿水和倒影非常调和，弥补了冬季景观的不足。

② 水生植物的种植和管理　水生植物应根据不同种类或品种的习性进行种植。在园林

施工时，栽植水生植物有两种不同的技术途径：一是在池底砌筑栽植槽，铺上至少 15cm 厚的培养土，将水生植物植入土中；二是将水生植物种在容器中，再将容器沉入水中。这两种方法各有利弊，用容器栽植水生植物再沉入水中的方法更常用一些，因为它移动方便，如北方冬季需把容器取出来收藏以防严寒；在春季换土、加肥、分株的时候，作业也比较灵活省工。而且这种方法能保持池水的清澈，清理池底和换水也比较方便。

a. 种植器：水池建造时，在适宜的水深处砌筑种植槽，再加上腐殖质多的培养土。种植器一般选用木箱、竹篮、柳条筐等，一年之内不致腐烂。选用时应注意装土栽种以后，在水中不致倾倒或被风浪吹翻。一般不用有孔的容器，因为培养土及其肥效很容易流失到水里，甚至污染水质。

不同水生植物对水深要求不同，容器放置的位置也不相同。一般是在水中砌砖石方台，将容器放在方台的顶托上，使其稳妥可靠。另一种方法是用两根耐水的绳索捆住容器，然后将绳索固定在岸边、压在石下。如水位距岸边很近，岸上又有假山石散点，要将绳索隐蔽起来，否则会影响景观效果。

b. 土壤：可用干净的园土细细筛过，去掉土中的小树枝、杂草、枯叶等，尽量避免用塘里的稀泥，以免掺入水生杂草的种子或其他有害生物菌。以此为主要材料，再加入少量粗骨粉及一些缓释性氮肥。

c. 管理：水生植物的管理一般比较简单，栽植后，除日常管理工作之外，还要注意以下几点：ⓐ检查有无病虫害；ⓑ检查植株是否拥挤，对繁殖过于迅速的植物进行控制，一般过 3～4 年时间分一次株；ⓒ定期施加追肥；ⓓ清除水中的杂草，池底或池水过于污浊时要换水或彻底清理；ⓔ越冬前清理枯枝败叶，北方寒冷地区水生植物需搬入室内越冬。

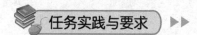 **任务实践与要求** ▶▶

1. 任务布置

水生植物专类园的设计与施工（小型坑池）。

2. 任务要求

掌握水生植物专类园的设计与施工的基本方法，学生能对简易的水生植物专类园中的种植水生植物进行设计施工。

3. 工具与材料

（1）工具 测量皮尺，吊锤、标线、标杆、白纸、直尺、圆规、笔，推车、铲子、石块、洒水壶、卫生清理工具，取水工具等。

（2）材料 已做好自然式驳岸的小型坑池一个，面积约 5m²。睡莲、香蒲、芦苇、千屈菜、金鱼藻、苦草、水葱、水生鸢尾等水生植物。

4. 实践步骤

① 学生先进行分组（每组 4～5 人），每组领回自己的任务、要装饰布置的场所平面图以及材料种类。

② 教师带领学生实地勘察布置场所的大小如面积、高度等实际情况。

③ 各组学生根据勘察的情况和任务进行分析，计算出蓄水的最高和最低水位，设计适宜的水位高度，并备好取水容易的水源。根据水池表面积、底面积和水的总体体积，设计种植施工平面图以及立面图等。

④ 各组学生按照设计图现场实施水生植物种植，根据所种植的植物需要，逐渐向池塘

注水，直到种植结束。最后清理现场。

⑤ 教师点评，学生相互讨论。

5. 任务实施

（1）整理水生植物专类园的设计方案。

（2）找出所拟计划的不足之处，并提出改进建议。

6. 任务考核标准

考核按照四个方面来进行，见表5-9。

表5-9 水生植物设计考核表

考核项目	考核要点	等级分值					备注
		A	B	C	D	E	
实训态度	积极主动，实训认真，爱护公物	10～9	8.9～8	7.9～7	6.9～6	＜6	
方案设计	合理、明确	30～28	27.9～26	25.9～24	23.9～22	＜22	
植物选择	体量、数量、色彩等与环境相协调	40～38	37.9～36	35.9～34	33.9～32	＜32	
种植施工	步骤合理，装饰效果好	20～18	17.9～16	15.9～14	13.9～12	＜12	

参考文献

[1] 陈璋，郑昭．兰花．北京：中国林业出版社，2004.

[2] 郭维明，毛龙生．观赏园艺概论．北京：中国农业出版社，2001.

[3] 秦帆等．观叶植物手册．成都：四川科学技术出版社，2006.

[4] 徐峰．观叶植物．北京：中国农业出版社，2000.

[5] 黄献胜，黄以琳．彩图多肉花卉观赏与栽培．北京：农村读物出版社，2001.

[6] 李潞滨，卢思聪．仙人掌与多浆植物．沈阳：辽宁科学技术出版社，2000.

[7] 陈宇勒．国兰鉴赏与栽培图解．沈阳：辽宁科学技术出版社，2004.

[8] 何松林，武荣花，任永红等．仙人掌类及多浆植物．郑州：中原农民出版社，2002.

[9] 李梅华，刘耿豪．多肉植物仙人掌种植活用百科．汕头：汕头大学出版社，2004.

[10] 鲁涤非．花卉学．北京：中国农业出版社，2002.

[11] 郭淑英，朱志国．园林花卉．北京：中国电力出版社，2009.

[12] 熊丽等．香石竹/现代切花生产技术丛书．北京：中国农业出版社，2003.

[13] 彭东辉．园林景观花卉学．北京：机械工业出版社，2008.

[14] 王三根．常见花卉调控保鲜贮藏实用技术．北京：金盾出版社，2005.

[15] 芦建国，杨艳容．园林花卉．北京：中国林业出版社，2006.

[16] 付玉兰．花卉学．北京：中国农业出版社，2001.

[17] 刘会超等．花卉学．北京：中国农业出版社，2006.

[18] 毛洪玉．园林花卉学．北京：化学工业出版社，2005.

[19] 柏玉平，陶正平．花卉栽培技术．北京：化学工业出版社，2009.

[20] 张秀丽．花卉生产与应用．北京：化学工业出版社，2012.

[21] 卜复鸣．花卉应用．北京：中国劳动社会保障出版社，2014.

[22] 沈玉英．花卉应用技术．北京：中国农业出版社，2006.

[23] 宛成刚．插花艺术．上海：上海交通大学出版社，2005.

[24] 劳动和社会保障部教材办公室，上海市职业技术培训教研室等．插花员．北京：中国劳动社会保障出版社，2003.

[25] 邱迎君，易官美等．插花与花艺设计．武汉：华中科技大学出版社，2012.

[26] 郑成淑．切花生产理论与技术．北京：中国林业出版社，2009.

[27] 蒋细旺．盆花与切花生产技术．北京：经济科学出版社，2009.